省级精品在线开放课程配套教材

Linux 操作系统案例教程

CentOS Stream 9/RHEL 9

张平 ◎ 编著

人民邮电出版社

北京

图书在版编目（CIP）数据

Linux操作系统案例教程 : CentOS Stream 9/RHEL 9: 微课版 / 张平编著. -- 北京 : 人民邮电出版社, 2023.7
（Linux创新人才培养系列）
ISBN 978-7-115-61453-7

Ⅰ. ①L… Ⅱ. ①张… Ⅲ. ①Linux操作系统－教材 Ⅳ. ①TP316.85

中国国家版本馆CIP数据核字(2023)第052725号

内 容 提 要

本书以应用为导向，基于 CentOS Stream 9/RHEL 9，侧重讲解 Linux 操作系统不同发行版的共性技术。本书共 12 章，分为 4 篇：快速入门篇、系统管理篇、基础应用篇、前沿应用篇。第 1 篇主要包括：Linux 操作系统概述、命令行基础。第 2 篇主要包括：文件和目录管理、用户和组管理、磁盘存储管理、进程管理。第 3 篇主要包括：软件包与网络服务管理、Shell 编程、Linux C 编程。第 4 篇主要通过综合案例介绍 Linux 操作系统在人工智能、大数据、Docker 容器等场景中的应用。

本书可作为高等院校软件工程、计算机科学与技术、物联网工程、数据科学与大数据技术、智能科学与技术、网络工程、通信工程、电子信息工程等专业的教材，也可供广大 Linux 操作系统爱好者学习使用，还可作为信息技术领域从业人员的参考用书。

◆ 编　　著 张 平
　责任编辑 王 宣
　责任印制 王 郁 陈 犇
◆ 人民邮电出版社出版发行　　北京市丰台区成寿寺路 11 号
　邮编 100164　　电子邮件 315@ptpress.com.cn
　网址 https://www.ptpress.com.cn
　三河市祥达印刷包装有限公司印刷
◆ 开本：787×1092　1/16
　印张：17.5　　　　2023 年 7 月第 1 版
　字数：518 千字　　2023 年 7 月河北第 1 次印刷

定价：69.80 元

读者服务热线：(010) 81055256　印装质量热线：(010) 81055316
反盗版热线：(010) 81055315
广告经营许可证：京东市监广登字 20170147 号

前言

编写初衷

党的二十大报告中提到："推动战略性新兴产业融合集群发展，构建新一代信息技术、人工智能、生物技术、新能源、新材料、高端装备、绿色环保等一批新的增长引擎。"随着科技的迅猛发展，人工智能、大数据、云计算、物联网、机器人等领域的新兴技术不断涌现并迅速普及，影响深远。

Linux 操作系统作为产业界广泛使用的操作系统，其影响力与日俱增。2021 年 9 月以来，编者所编写的《Ubuntu Linux 操作系统案例教程》（ISBN：978-7-115-57025-3）结合教学改革实践经验，将前沿科技引入 Linux 操作系统课堂教学之中，取得了良好反响。本书作为《Ubuntu Linux 操作系统案例教程》的姊妹篇，旨在将编者的教学改革成果总结并推广至使用 CentOS、REHL 等的另一大 Linux 主流用户群体。

技术背景

Red Hat 是 Linux 操作系统领域极为成功的企业之一。2019 年，IBM 公司耗资 340 亿美元完成对 Red Hat 的收购，这足以说明其商业价值和成功程度。Linux 操作系统发行版数量超过 500 个，大量的 Linux 操作系统发行版都可以归入 Red Hat 阵营，如 RHEL、Fedora 等。2014 年，Red Hat 成功收购 CentOS，并试图改变市场格局。2020 年 12 月 8 日，CentOS 官方宣布终结 CentOS Linux 的计划，并将重心转移到 CentOS Stream。2021 年年底，CentOS Stream 9 高调发布。作为 RHEL 9 的前置版本，CentOS Stream 9 采用了与 RHEL 相同的构建标准。目前，市面上的 Linux 操作系统图书并没有反映这一市场格局的变化，主流图书以 CentOS 7 及更低版本为基础，少数新出版的图书以 CentOS 8 为基础，而与 CentOS Stream 9、RHEL 9 相关的图书市场却暂时处于空白状态。

本书特色

本书以 CentOS Stream 9、RHEL 9 为基础，讲解 Linux 操作系统的基础知识和前沿应用。全书共 12 章，分为 4 篇：快速入门篇、系统管理篇、基础应用篇、前沿应用篇。本书特色介绍如下。

1．以应用为导向，强调案例的丰富性和应用场景的前沿性

本书通过大量实际案例（简称实例）和综合案例讲解 Linux 操作系统的使用技巧，既包括针对具体知识点的基础性实例（超 200 个），又包括针对章节知识的综合应用，以及面向人工智能、大数据、Docker 容器等前沿应用场景的多个综合案例（23 个），可以极大地帮助读者拓展科技认知边界，提升综合实战技能。

2．以共性为基础，强调案例的纵向兼容性和横向通用性

本书虽然以最新版的 CentOS Stream 9 为基础平台，但是侧重介绍 Linux 操作系统不同发行版的共性技术。一方面，本书突出纵向兼容性，考虑到 Red Hat 系列的早期版本短时间内不会彻底退出市场，因此本书设计的绝大多数案例可以兼容这些早期版本。另一方面，本书强调横向通用性，本书讲解的绝大多数案例都已经在 Ubuntu 等其他 Linux 操作系统发行版中通过测试。

3．以读者为中心，强调内容的可理解性与案例的可操作性

本书图文并茂，含约 550 幅图片，并对各个实例和综合案例进行了逐条命令的细化讲解，学习难度不高，方便初学者快速入门。

4．以育人为目的，强调综合素质教育和科技能力培养的融合与统一

本书强调立德树人，着力打造“素质+技能”协同育人新格局。本书通过融入综合素质教育元素，激发读者的爱国情怀，进而帮助读者树立科技自立自强的时代意识。

学时建议

编者针对本书内容给出 4 种较为常见的学时方案（见表 1），供院校授课教师参考。授课教师可以按照模块化结构组织教学，根据具体学时情况和专业情况对部分章节进行灵活取舍。

表 1　学时建议表

教学内容		16 学时	32 学时	48 学时	64 学时
基础部分		共 16 学时	共 22 学时	共 28 学时	共 32 学时
快速入门篇	第 1 章　Linux 操作系统概述	1 学时	2 学时	3 学时	4 学时
	第 2 章　命令行基础	3 学时	4 学时	5 学时	6 学时
系统管理篇	第 3 章　文件和目录管理	3 学时	4 学时	5 学时	5 学时
	第 4 章　用户和组管理	3 学时	4 学时	5 学时	6 学时
	第 5 章　磁盘存储管理	3 学时	4 学时	5 学时	5 学时
	第 6 章　进程管理	3 学时	4 学时	5 学时	6 学时
应用部分		共 0 学时	共 10 学时	共 20 学时	共 32 学时
基础应用篇	第 7 章　软件包与网络服务管理	自学	6 选 2	6 选 3	6 选 6
	第 8 章　Shell 编程				
	第 9 章　Linux C 编程				
前沿应用篇	第 10 章　人工智能				
	第 11 章　大数据				
	第 12 章　Docker 容器				

配套资源

党的二十大报告中提到：“坚持以人民为中心发展教育，加快建设高质量教育体系，发展素质教育，促进教育公平。”为了更好地服务院校教师，助力我国操作系统领域实战型人才培养，编者特意为本书打造了多种教辅资源，如 PPT 课件、教案、教学大纲、微课视频、慕课视频、习题答案、源代码、各类软件下载地址及安装方法等，选用本书的教师可以到人邮教育社区（www.ryjiaoyu.com）下载相关文本类资源，也可以到人邮学院（www.rymooc.com）或学银在线平台观看本书慕课视频。此外，为了实时服务院校教师，使教师能更加便利地交流教学心得、分享教学方法、获取教辅资源，编者联合人民邮电出版社建立了与本书配套的教师服务与交流群，欢迎 Linux 操作系统相关课程的各位教师加入。

由于编者水平有限，书中难免存在疏漏之处，因此编者诚挚希望广大师生、Linux 操作系统爱好者和 Linux 操作系统业界资深人士对本书提出完善意见和建议，使我们能够更好地开展自由软件教学，并为促进自由软件在我国长远稳定发展贡献力量。

编　者

2023 年春于长沙

目录

第1篇 快速入门篇

第1章 Linux 操作系统概述

第2章 命令行基础

第2篇 系统管理篇

第3章 文件和目录管理

第 4 章 用户和组管理

第 5 章 磁盘存储管理

第 6 章 进程管理

第3篇 基础应用篇

第 7 章 软件包与网络服务管理

第 8 章 Shell 编程

第 9 章 Linux C 编程

第4篇 前沿应用篇

第 10 章 人工智能

第 11 章 大数据

第 12 章 Docker 容器

知识概览

内容导读

Linux 操作系统发展迅猛，已经跨越传统服务器领域，广泛应用于人工智能、大数据、云计算、物联网、区块链等前沿场景。Linux 已经成为操作系统领域无可置疑的“王者”。

本篇将从 Linux 操作系统、命令行基础两个方面展开介绍，以帮助读者快速入门。通过学习本篇，读者可以了解 Linux 的发展历史、主要应用领域、图形用户界面解决方案，掌握 Linux 操作系统的相关背景知识、Linux 操作系统的安装和使用、Linux 命令行的基本用法等。

第1章 Linux 操作系统概述

Linux 操作系统是一套可以免费使用和自由传播的类 UNIX 操作系统，其性能稳定，得到了广大软件爱好者及不同组织与公司的支持。自 20 世纪 90 年代诞生以来，Linux 操作系统受到了用户们的广泛欢迎，应用领域不断扩大，既包括传统服务器领域，又包括新兴的云计算、大数据、人工智能等前沿科技领域，影响力长期雄踞操作系统领域榜首。本章将介绍 Linux 操作系统的发展历史、发行版和主要应用领域等内容，以使读者熟悉 Linux 操作系统的相关背景知识及安装和使用方法。

科技自立自强

国产操作系统

典型的国产操作系统包括深度（Deepin）、红旗 Linux（Red Flag Linux）、银河麒麟（Kylin）、中标麒麟（NeoKylin）、起点操作系统（StartOS）、中兴新支点（NewStart）、华为鸿蒙（Harmony OS）等。

1.1 Linux 操作系统的发展历史

Linux 操作系统的发展历史

Linux 操作系统由林纳斯·本纳第克特·托瓦兹（Linus Benedict Torvalds）发明，并在众多网络上松散的“黑客”团队的帮助下得以发展和完善。在介绍 Linux 操作系统的发展历史之前，我们先介绍一些与 Linux 诞生和发展密不可分的因素。

1.1.1 UNIX 操作系统的发展历史

UNIX 是一款强大的、支持多用户/多任务的操作系统，它支持多种处理器架构，属于分时操作系统。操作系统（Operating System，OS）的概念始于 20 世纪 50 年代。当时的操作系统主要是批处理操作系统，没有配备鼠标、键盘等设备，典型的输入设备是卡片机。系统运行批处理程序，通过卡片机读取读卡纸上的数据，然后将处理结果输出。20 世纪 60 年代初，分时操作系统出现。与批处理操作系统不同，它支持用户交互，还允许多个用户从不同的终端同时操作主机。

1965 年，美国贝尔实验室（Bell Laboratory）、麻省理工学院（Massachusetts Institute of Technology，MIT）、通用电气公司（General Electric Company）共同参与研发 MULTICS（MULTiplexed Information and Computing System，MULTiplexed 信息与计算系统）。这是一个安装在大型主机上的分时操作系统，研发的目的是让大型主机同时支持 300 个以上的终端访问。MULTICS 技术在当时非常新颖，然而项目进展并不顺利。因进度缓慢、资金短缺，贝尔实验室选择退出该项目。MULTICS 并没有取得很好的市场反响。MULTICS 项目最重要的成就是培养了很多优秀的人才，如肯·汤普森（Ken Thompson）、丹尼斯·里奇（Dennis Ritchie）、道格拉斯·麦克罗伊（Douglas Mcllroy）等。

1969 年 8 月，肯·汤普森为了移植一款名为“太空旅游”的游戏，想要开发一个小的操作系统。他在一台闲置的 PDP-7 上用汇编语言写出了一组内核程序、一些内核工具程序及一个小的文件系统。他的同事称之为 Unics（该系统就是 UNIX 的原型）。因为汇编语言对硬件具有依赖性，Unics 只能应用于特定硬件上。如果想将其安装到不同的机器上，就需要重新编写汇编语言代码。为了提高其可移植性，肯·汤普森与丹尼斯·里奇合作，试图改用高级程序设计语言来编写 Unics。他们先后尝试过 BCPL（Basic Combined Programming Language，基本的组合编程语言）、Pascal 等语言，但是编译出来的内核性能都不是很好。

1973 年，丹尼斯·里奇在 B 语言的基础上，发明了 C 语言，因此他被人们称为 C 语言之父。肯·汤普森与丹尼斯·里奇合作，用 C 语言重新改写 UNIX 的内核，并在改写过程中增加了许多新特征。例如，道格拉斯·麦克罗伊提出的“管道”的概念被引入 UNIX。经 C 语言改写后的 UNIX，可移植性非常好。理论上，只要获得 UNIX 的源码，针对特定主机的特性加以修改，就可以将其移植到对应的主机上。

由于 UNIX 的高度可移植性与强大的性能，加上当时并没有版权的纠纷，因此很多商业公司开始了 UNIX 操作系统的开发，研发了许多重要的 UNIX 分支。

1977 年，美国加利福尼亚大学伯克利分校的比尔·乔伊（Bill Joy）通过移植 UNIX，开发了 BSD（Berkeley Software Distribution，伯克利软件套件）。比尔·乔伊是美国 Sun 公司的创始人。Sun 公司基于 BSD 内核进行了商业版本 UNIX 的开发。BSD 是 UNIX 中非常重要的一个分支，FreeBSD 就是由 BSD 改版而来的，苹果的 Mac OS X 也是从 BSD 发展而来的。

1979 年，AT&T 推出了 System V 第 7 版 UNIX，开始支持 x86 架构的 PC（Personal Computer，个人计算机）平台。贝尔实验室当时还属于 AT&T。AT&T 出于商业考虑，在第 7 版 System V 中特别提到了“不能对学生提供源码”的严格限制。

1984 年，因为 UNIX 规定“不能对学生提供源码”，安德鲁·坦尼鲍姆（Andrew Tanenbaum）老师以教学为目的，编写了与 UNIX 兼容的 MINIX。1989 年，安德鲁·坦尼鲍姆将 MINIX 系统移植到 x86 架构的 PC 平台。1990 年，Linux 的创始人林纳斯首次接触 MINIX 系统，并立志开发一个比 MINIX 性能更好的操作系统。

1.1.2 GNU 计划和 GPL 许可证

Linux 的诞生离不开 UNIX 操作系统和 MINIX 操作系统，而 Linux 的发展离不开 GNU 计划（GNU Project）。

GNU 计划的诞生要早于 Linux。GNU 计划开始于 1984 年，其创始人是理查德·马修·斯托曼（Richard Matthew Stallman）。“GNU”是“GNU's Not UNIX”的首字母缩写词，“GNU”的发音为 g'noo。GNU 计划的目的是开发一款自由、开放的类 UNIX 操作系统。类 UNIX 操作系统中用于资源分配和硬件管理的程序称为“内核”，GNU 的内核称为 Hurd。Hurd 的开发工作始于 1990 年，但是 Hurd 至今尚未成熟。GNU 计划典型的产品包括 GCC、Emacs、Bash Shell 等，这些都在 Linux 中被广泛使用。

1985 年，斯托尔曼创立了自由软件基金会为 GNU 计划提供技术、法律以及财政支持。GNU 计划倡导“自由软件”。尽管 GNU 计划大部分时候依靠个人自愿无偿贡献，但自由软件基金会有时还是会聘请程序员帮助编写。当 GNU 计划开始逐渐获得成功时，一些商业公司开始介入开发和技术支持。其中非常著名的就是之后被 Red Hat 兼并的 Cygnus Solutions。

为了避免 GNU 开发的自由软件被其他人用作专利软件，GNU GPL（General Public License，通用公共许可证）于 1985 年被提出。GPL 试图保证用户共享和修改自由软件的自由。GPL 适用于大多数自由软件基金会的软件。GNU 计划一共提出了 3 个许可证条款：GNU GPL、GNU LGPL（GNU Lesser General Public License，GNU 较宽松公共许可证）、GNU FDL（GNU Free Documentation License，GNU 自由文档许可证）。

基于 GPL 的 Free Software 中的 Free 的意思是“自由”，而不是“免费”，所以只要在保证使用者充分自由（可以获取源码，可以修改或者重新发布）的前提下，完全可以收费。例如，Red Hat Enterprise Linux 是商业产品，但是它的源码是公开的。CentOS 就是在 Red Hat Enterprise Linux 的源码上，进行重新修改而形成的一个 Linux 发行版。

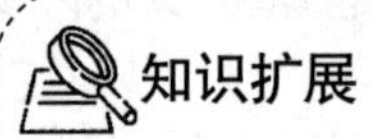
知识扩展

典型的开源许可证

开源许可证（Open Source License）种类繁多，其中最有影响力的主要包括 GNU 系列、BSD 系列、Apache 系列、MIT 系列等。不同类型的开源许可证对权利的保护范围是不一样的，用户需要根据自己的需求谨慎选择。

1.1.3 Linux 操作系统的诞生和发展

1991 年年底，林纳斯公开了 0.02 版本的 Linux 内核源码。Linux 的发布迅速吸引了一些“黑客”关注，这些“黑客”的加入使它很快就具有了许多吸引人的特性。1993 年，Linux 1.0 发行。Linux 只是一个内核，而完整的 Linux 操作系统包括 Linux 内核和 GNU 项目的大量软件。1994 年，Linux 的第一个商业发行版 Slackware 问世。1996 年，美国国家标准与技术研究院确认 Linux 1.2.13 符合 POSIX 标准。同年，Linux 2.0 发布，并确定 Linux 的标志为企鹅。

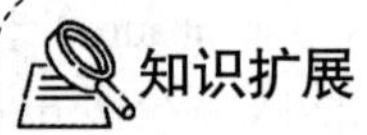
知识扩展

Linux 命名之争

自由软件社区内对 Linux 操作系统的命名存在一定的争议。自由软件基金会的创立者斯托尔曼及其支持者认为，Linux 操作系统既包括 Linux 内核，也包括 GNU 项目的大量软件，因此应当使用 GNU/Linux 这一名称。Linux 社区中的成员则认为使用 Linux 命名更好。

1.2 Linux 操作系统的发行版

根据上下文语境不同，Linux 存在两种含义：Linux 内核（Linux Kernel）和 Linux 发行版（Linux Distribution）。

1.2.1 Linux 内核与发行版

Linux 内核与发行版

Linux 内核一般特指前文所提及的、由林纳斯发明的 Linux。Linux 是全球最有影响力的开源项目之一。读者可以访问 Linux 官方网站，免费获取 Linux 内核源码和其他资讯，并可以在 GPL 许可证的框架内自由使用。截至 2022 年 10 月 6 日，官方公开的 Linux 内核最新版本为 6.0，最新的稳定版本（Latest Stable Kernel）为 5.19.14。目前官方获取到最新的Linux内核代码文件是一个超过100MB的压缩包。

Linux发行版由Linux内核以及大量基于Linux的应用软件和工具软件整合而成。根据维基百科提供的数据，目前已有超过500个Linux发行版，其中近500个正在开发中。典型的Linux发行版包括Linux内核、GNU工具和库、附加软件、文档、窗口系统、窗口管理器和桌面环境、软件包管理系统等。不同的发行版由不同的团体维护。各个发行版由于定位不同，通常具有各自的特点，可以满足不同类型用户的需求。

大多数Linux发行版包含的软件都是免费的开源软件。各个发行版中集成的软件种类和版本通常并不完全相同。大多数软件包可以在所谓的存储库中在线获得，这些存储库通常分布在世界各地。除了一些核心组件，只有极少数软件是由Linux发行版的维护人员从头编写的。Linux发行版通常也可能包括一些源码不公开的专有软件，例如某些设备驱动程序所需的二进制代码。

1.2.2 图形用户界面概述

图形用户界面概述

Linux发行版通常为用户提供了图形用户界面（Graphical User Interface，GUI）。需要注意的是，Linux操作系统本身并没有GUI。Linux发行版的GUI解决方案通常基于X Window System实现。GUI的引入，拓宽了Linux的应用场景，降低了初学者使用Linux操作系统的难度。而诸如排版、制图、多媒体等典型的桌面应用，更是离不开GUI的支持。

1．X Window System

X Window System由麻省理工学院于1984年提出。它是UNIX及类UNIX系统最流行的窗口系统之一，是一款跨网络与跨操作系统的窗口系统，可用于几乎所有的现代操作系统。需要注意的是，它与微软公司的Windows操作系统是不同的。微软公司的Windows是一种GUI的操作系统，图形环境与内核紧密结合，可直接访问Windows内核。然而，X Window System只是Linux操作系统上的一个可选组件。

X Window System采用“服务器/客户端”架构，能够通过网络进行GUI的存取。X Window System结构如图1-1所示，它由X服务器（X Server）、X客户端（X Client）和通信协议（X Protocol）3个部分组成。X Client和X Server并不一定位于同一台计算机，两者基于X Protocol进行通信。

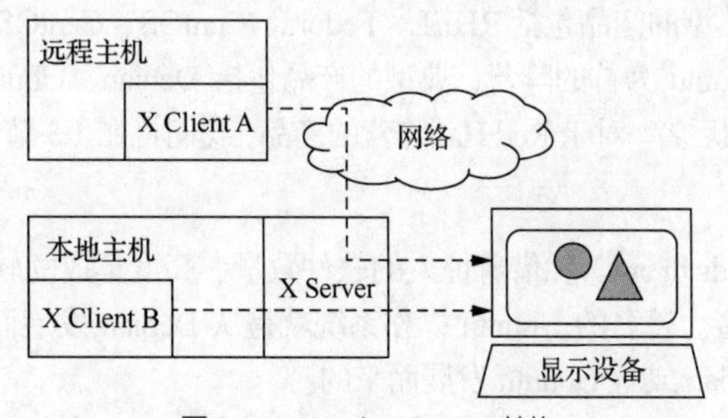

图1-1　X Window System结构

有一定计算机网络基础的读者，可能会对图1-1中X Server和X Client所处的位置产生疑惑：X Client竟然出现在远程主机中。在读者接触到的大多数C/S架构中，两者的位置应该是反过来的。注意，这里的X Server和X Client是根据图像渲染的职责来区分的。X Server管理本地主机的大部分硬件（例如键盘、鼠标、显示器），接收用户输入并进行最终显示结果的渲染工作。X Server收到用户输入后，将请求数据发送给相应X Client。X Client通过调用具体的应用来处理数据，产生结果后再将结果返回给X Server。X Server维护一个独立的显示控制器。X Server通过响应X Client的请求，在其所管理的显示设备上，完成建立窗口、绘制图形和文字等操作。

X Window System 基于 X Protocol 完成服务器和客户端之间的通信。1987 年发布了该协议的第 11 版。该版协议较为完善，且被广泛应用，因此，后来 X Window System 也被称为 X11。早期 Linux 所使用的 X Window System 的核心都是由 XFree86 计划所提供的，因此许多资料习惯将 X Windows System 与 XFree86 两个概念混用。XFree86 计划始于 1992 年，主要维护 X11R6，包括对新硬件的支持以及新增功能等。X11R6 的维护工作后来由 Xorg 基金会接手。

2．KDE 和 GNOME

X Window System 提供了一个建立窗口的标准，具体的窗口形式由窗口管理器（Window Manager）决定。窗口管理器是 X Window System 的组成部分，它用来控制窗口的外观，并提供用户与窗口交互的方法。我们可以将窗口管理器看作一类特殊的 X 客户端程序，其功能通过向 X Server 发送命令来实现。

对于具有 GUI 的操作系统的用户来说，仅有窗口管理器提供的功能是不够的。为此，开发人员在其基础上，增加了各种功能和应用程序（如会话程序、面板、登录管理器、桌面程序等），提供更完善的图形用户环境，也就是桌面环境（Desktop Environment）。

KDE 和 GNOME 是最常见的 Linux 桌面环境。KDE（K Desktop Environment），即 K 桌面环境，由一位德国人于 1996 年 10 月创建。KDE 中使用的 Qt 链接库早期并未采用开源协议，这样限制了其应用，也推动了 GNOME（GNU Network Object Model Environment，GNU 网络对象模型环境）的诞生。需要说明的是，目前 KDE 已经支持 GNU GPL、GNU LGPL 和 Commercial 等不同类型的授权协议。

GNOME 是 GNU 计划的正式桌面环境，也是开放源码运动的一个重要组成部分。GNOME 计划于 1997 年 8 月由米格尔・德・伊卡萨（Miguel de Icaza）和费德里科・梅纳（Federico Mena）发起，目的是取代 KDE。GNOME、KDE 都有自己的窗口管理器，GNOME 曾经使用 Metacity 作为其窗口管理器，2011 年，GNOME 3 发表后，默认的窗口管理器被替换成 Mutter。KDE 使用的是 KWin，也有一些单独的窗口管理器，如 FVWM、IceWM 等。CentOS 默认提供 GNOME 与 KDE。Red Hat 默认采用 GNOME。用户可以根据自己的喜好安装并配置不同类型的桌面环境。

1.2.3 典型 Linux 发行版

典型 Linux 发行版

Linux 发行版类别众多，其中比较有影响力的发行版可以分为两大主流阵营：一是以 Red Hat 为首的阵营，典型的产品包括 RHEL、Fedora、CentOS、CentOS Stream 及它们的衍生品；二是以 Ubuntu 为首的阵营，典型的产品包括 Debian、Ubuntu 以及它们的衍生品。本小节先介绍后者。对于 Red Hat 阵营的产品，我们将在 1.3 节专门介绍。

1．Debian

Debian（国际音标为/ˈdɛ.bi.ən/）凭借着惊人的软件数量、高度集成的软件包、良好的安全性等特性成为 Linux 领域的佼佼者。著名的 Ubuntu 操作系统就是从 Debian 发展而来的。目前大多数国产的 Linux 发行版都是基于 Debian 或者 Ubuntu 发展而来的。

Debian 的发行版及其软件源有 5 个分支：旧的稳定（OldStable）分支、稳定（Stable）分支、测试（Testing）分支、不稳定（Unstable）分支等。所有开发代号均出自皮克斯动画工作室（Pixar）的电影《玩具总动员》。Debian 操作系统目前采用 Linux 内核或者 FreeBSD 内核。同时，让 Debian 支持其他内核的工作也正在进行，最主要的工作就是设计 Hurd。Hurd 是由 GNU 项目所设计的自由软件。

2．Ubuntu

Ubuntu 是由南非人马克・沙特尔沃斯发起的。Ubuntu 这一名称来自非洲南部祖鲁语或豪萨语的“Ubuntu”一词，意思是“人性”“我的存在是因为大家的存在”，这是一种非洲的传统价值观。Ubuntu

的第一个正式版本于 2004 年 10 月正式推出。

Ubuntu 是基于 Debian 发行版发展而来的。早期的 Ubuntu 采用 GNOME 桌面环境。而从 11.04 版本起，Ubuntu 发行版放弃了 GNOME 桌面环境，改用 Unity。Ubuntu 早已超越桌面操作系统的范畴，成为世界领先的开源操作系统，广泛应用于个人计算机、智能物联网、容器、服务器和云端上。Ubuntu 拥有庞大的社区力量，用户可以方便地从社区获得帮助。

Ubuntu 更新速度快。Ubuntu 社区承诺每 6 个月发布一个新版本，以提供最新、最强大的软件。新版本的发布时间通常在每年的 4 月和 10 月（Ubuntu 6.06 LTS 除外）。Ubuntu 版本编号以“年份的最后一（两）位.发布月份”的格式命名。Ubuntu 的第一个版本就称为 4.10（2004.10）。除了代号之外，每个 Ubuntu 版本在开发之初还设有一个开发代号。Ubuntu 开发代号比较有意思，格式为“形容词+动物名称”，且形容词和动物名称的第一个字母要一致。例如，Ubuntu 19.04 发布于 2019 年 4 月，其开发代号是 Disco Dingo。Ubuntu 官方一般每两年会发布一个 LTS（Long Term Support，长期支持）版本。LTS 版本提供的软件包可以得到更长时间的支持，稳定性和可持续性更好。例如，2022 年 4 月发布的 Ubuntu 22.04 就是 LTS 版本。目前，诞生了大量基于 Ubuntu 的 Linux 发行版，典型的包括 Elementary OS、Linux Mint、Ubuntu Ultimate Edition 等。

1.3 Red Hat 系列产品介绍

Red Hat 系列产品介绍

Red Hat 是 Linux 领域最成功的商业企业之一。下面对 Red Hat 系列代表产品进行介绍。

1.3.1 Red Hat Linux

Red Hat Linux 是 Red Hat 早期版本使用的名称。Red Hat Linux 1.0 发布于 1994 年 11 月。1995 年，Red Hat（红帽）公司正式成立。Red Hat 公司是一家开源解决方案供应商，也是标准普尔 500 指数成员，总部位于美国北卡罗来纳州的罗利市。Red Hat 公司将开源社区项目产品化，使普通企业客户更容易使用开源创新技术。1999 年 8 月，Red Hat 公司上市，实现了华尔街历史上的第八大首日涨幅。

2003 年 4 月，Red Hat Linux 9.0 发布后，Red Hat 公司将全部力量集中在服务器版的开发上，也就是对 Red Hat Enterprise Linux 版的开发。2004 年 4 月 30 日，Red Hat 公司正式停止对 Red Hat Linux 9.0 的支持，标志着 Red Hat Linux 的正式完结。原本的桌面版 Red Hat Linux 发行套件则与来自开源社区的 Fedora 计划合并，成为 Fedora Core（第 7 版起，改为 Fedora）。

1.3.2 Fedora Linux

Fedora Linux 由 Fedora 社区开发、Red Hat 公司赞助，目标是创建一套新颖、多功能且自由（开放源码）的操作系统。Fedora 是商业化的 Red Hat Enterprise Linux 发行版的上游源码。Fedora 被 Red Hat 公司定位为新技术的实验场地，许多新的技术都会在 Fedora 中检验，为 Red Hat Enterprise Linux 的发布奠定基础。

Fedora Core 1 发布于 2003 年末，定位于桌面用户。最早 Fedora Linux 社区的目标是为 Red Hat Linux 制作并发布第三方的软件包。当 Red Hat Linux 停止发行后，Fedora 社区便集成到 Red Hat 赞助的 Fedora Project，目标是开发出由社区支持的操作系统。Red Hat Enterprise Linux 则取代 Red Hat Linux 成为官方支持的系统版本。

Fedora 大约每 6 个月发布新版本。Fedora Core 1 发布于 2003 年 11 月，前 6 版都采用 Fedora Core 命名，第 7 版起开始使用 Fedora。Fedora 7 发布于 2007 年 5 月。2021 年 11 月正式推出 Fedora 35。Fedora Project 每个版本的维护，通常会持续到其下下个版本发布后一个月，也就是每个版本大约维护 13 个月。Fedora 的版本更新频繁，性能和稳定性得不到保证，因此，一般在服务器上不推荐采用 Fedora Core。

1.3.3 Red Hat Enterprise Linux

Red Hat Enterprise Linux 即红帽公司 Linux，缩写为 RHEL。RHEL 是由 Red Hat 公司提供收费技术支持和更新的 Linux 发行版。Red Hat 现在主要做服务器版的 Linux 开发，在版本上注重性能和稳定性，以及对硬件的支持。由于企业版操作系统的开发周期较长，注重性能、稳定性和服务器端软件支持，因此版本更新相对较缓慢。RHEL 是从其他版本中更改过来的，并没有第 1 版。RHEL 2.1 基于 Red Hat Linux 7.2 开发，发布于 2002 年 3 月 23 日。由于 Red Hat Linux 停止发行，RHEL 4 开始基于 Fedora Core（已经更名为 Fedora）进行开发。2005 年 2 月开始发布的 RHEL 4 基于 Fedora Core 3 开发。2019 年 5 月 7 日，RHEL 8 发布（基于 Fedora 28）。Red Hat Enterprise Linux 又分为 AS、ES、WS 等分支。AS 是 Advanced Server 的简称；ES 是 Enterprise Server 的简称，是 AS 的精简版本；WS 是 Workstation Server 的简称，是 ES 的进一步简化的版本。

Red Hat 的 Fedora Linux 和 Enterprise Linux 都需要遵循 GNU 协议，即需要发布自己的源码。关于免费的 Fedora Linux，我们既可以下载编译后的 ISO 镜像，也可以下载软件包源码。关于收费的 Red Hat Enterprise Linux 系列，我们可以获得 AS/ES/WS 系列的软件包源码 ISO 文件，但由于其是一款商业产品，我们需要购买正式授权方可使用编译后 ISO 镜像。

1.3.4 CentOS

CentOS（Community Enterprise Operating System，社区企业操作系统）作为基于 RHEL 源码的社区重新发布版在 Linux 发行版中有相当大的影响力，特别适合需要相对稳定的开发环境且无商业支持需求的开发者。

Red Hat 发布 Red Hat 9.0 后，全面转向 RHEL 的开发。RHEL 要求用户购买正式授权，它的二进制代码不再允许免费下载。然而，由于 RHEL 依然需要遵循 GNU 协议，即需要发布自己的源码，这些文件可以被自由地下载、修改代码、重新编译和使用，从而诞生了众多的 RHEL 的副本，CentOS 是其中表现最为突出的一员。在某种意义上，CentOS 可以认为是 RHEL 免费版本。CentOS 移除了不能自由使用的 RHEL 商标和一些闭源软件。使用 CentOS，可以获得与 RHEL 相同的性能和体验感。许多要求高度稳定性的服务器以 CentOS 替代商业版的 Red Hat Enterprise Linux 使用。

CentOS 已经被 Red Hat 公司彻底改变了原有的发展方向。2014 年年初，Red Hat 和 CentOS 社区宣布将开始合作，将 CentOS 打造成全方位整合开源社区资源的稳定社区发行版。2020 年 12 月 8 日，CentOS 社区在官方博客发布“CentOS Project shifts focus to CentOS Stream”和关于该问题的维基百科说明。该博文的发布标志着 CentOS Linux 版本的终结，同时大幅缩短了 CentOS Linux 8 的支持和维护时间。官方网站的下载页显示，CentOS Linux 8 的支持和维护时间已经变更为 2021 年 12 月 31 日截止（原计划 2029 年截止）。CentOS Linux 从 2020 年 12 月以后不会再有 CentOS Linux 9 及之后的版本，仅有 CentOS Stream 版本。

1.3.5 CentOS Stream

作为 CentOS 的替代，CentOS Stream 不再是 RHEL 原生代码的重新编译版。传统的“Fedora→

RHEL→CentOS”路径已经成为历史，取而代之的将是“Fedora→CentOS Stream→RHEL”。CentOS Stream 是一个持续交付的发行版，位于 Fedora Linux 之后，RHEL 之前。Red Hat 已经将工作重点从重建 RHEL 的 CentOS Linux 转移到 CentOS Stream，后者将在当前 RHEL 发布之前进行跟踪。为了实现 CentOS Stream 的稳定性，CentOS Stream 的每个主要版本都从一个稳定的 Fedora Linux 发展而来。CentOS Stream 9 从 Fedora 34 的分支发展而来，RHEL 9 的不同子版本，将从 CentOS Stream 9 发展而来。随着更新的软件包通过测试并满足稳定性标准，它们将被合并到 CentOS Stream 9 以及每日构建的 RHEL 9 中。发布到 CentOS Stream 9 的更新与发布到 RHEL 9 子版本的更新是相同的。CentOS Stream 9 现在的形态就是将来 RHEL 9 的样子。

1.4 Linux 操作系统的主要应用领域

Linux 操作系统的主要应用领域

1.4.1 传统企业级服务器领域

常见的服务器类型包括 WWW（World Wide Web，万维网）服务器、数据库服务器、负载均衡服务器、邮件服务器、DNS（Domain Name System，域名系统）服务器、代理服务器等。Linux 因其具备稳定、开源、安全、高效、免费等特点，被广泛应用于各类传统企业级服务器中。Linux 在为企业提供具有高稳定性和高可靠性的业务支撑的同时，还有效降低了企业运营成本，避免了出现商业软件的版权纠纷问题。

1.4.2 智能手机、平板电脑、上网本等移动终端

随着移动通信技术的发展，移动终端进入智能化时代。智能手机、平板电脑、上网本等移动终端随处可见。大家对 Android（安卓）肯定不会陌生。Android 就是一种基于 Linux 的操作系统，目前已广泛应用于各类移动终端。2019 年，华为正式推出鸿蒙系统，该系统一经问世便受到产业界高度关注，充分反映出大家对优秀国产操作系统的期盼。

1.4.3 物联网、车联网等应用场景

Linux 操作系统在嵌入式应用的领域里广受欢迎。Linux 操作系统开放源码、功能强大、可靠、稳定性强，它广泛支持各类微处理体系结构、硬件设备和通信协议。Linux 操作系统在传统 Linux 内核基础上，经过裁减，就可以移植到嵌入式系统上运行。经过多年的发展，它已经成功地跻身于主流嵌入式开发平台。

很多开源组织和商业公司对 Linux 进行了一番改造，使其更符合嵌入式系统或物联网应用的需求，例如改为实时操作系统。Brillo 是一个物联网底层操作系统。Brillo 源于 Android，是对 Android 底层的细化，得到了 Android 的全部支持，例如蓝牙、Wi-Fi 等技术，并且能耗很低，安全性很高，任何设备制造商都可以直接使用。

在车联网方面，Linux Foundation 联合英特尔、丰田、三星、英伟达等十多家合作伙伴，推出了汽车端的开源车联网系统——Automotive Grade Linux，简称 AGL。作为由 Linux Foundation 牵头的开源项目，AGL 旨在为车联网提供坚实的开源基础，AGL 提供的第一批开源程序包括主屏、仪表盘、空调系统等，未来 AGL 会提供并更新车联网中更多部件的开源系统。

1.4.4 面向日常办公、休闲娱乐等的桌面应用场景

个人桌面操作系统主要面向日常办公和休闲娱乐等场景。绝大多数 Linux 发行版都可以满足这类需求。Windows 平台中常见的软件在 Linux 环境下都有替代品，许多知名软件本身就提供了针对 Linux 平台的版本，例如浏览器（如 Firefox 等）、办公软件（如 OpenOffice、WPS for Linux 等）、即时通信工具（如 QQ for Linux 等）、软件开发工具（如 Eclipse、Visual Studio Code 等）等。尽管如此，Linux 在桌面应用场景中的市场占有份额还远远不及 Windows 操作系统。其中的问题可能不在于 Linux 桌面系统产品本身，而在于用户的使用观念、操作习惯和应用技能，以及曾经在 Windows 操作系统上开发的软件的移植问题。

前沿动态

WINE

WINE（Wine Is Not an Emulator）是一个能够在多种 POSIX-compliant 操作系统（如 Linux、Mac OS X 及 BSD 等）上运行 Windows 应用的兼容层。WINE 可以工作在绝大多数的 UNIX 版本之上。借助 WINE，读者可以在非 Windows 操作系统中，运行 Windows 程序。

1.4.5 云计算、区块链、大数据、深度学习等应用场景

随着云计算、区块链、大数据、深度学习等技术迅猛发展，作为一个开源平台，Linux 占据了核心优势。据 Linux 基金会研究，超过 86%的企业已经使用 Linux 操作系统进行云计算、大数据平台的构建，目前，Linux 已开始取代 UNIX 成为极受青睐的云计算、大数据平台操作系统。

1.5 综合案例：CentOS Stream 9 的安装和使用

综合案例：CentOS Stream 9 的安装和使用

1.5.1 案例概述

本案例将以 CentOS Stream 9 为例，介绍 Linux 发行版的安装和使用。CentOS 官网免费提供 CentOS Stream 9 镜像文件，绝大多数用户适合选择包含“x86_64”字样的版本，例如编者下载的镜像文件名称为 CentOS-Stream-9-latest-x86_64-dvd1.iso。镜像文件大小超过 8GB。下载时间与网速有关，请耐心等待。部分用户的硬盘或者 U 盘如果采用 fat/fat32 格式的文件系统，可能无法存放这么大的文件，此时通过修改格式为 NTFS 可以解决这一问题。Linux 初学者若遇到此类问题，建议寻找专业人士来获取帮助，以免数据丢失。

对于初学者，直接在计算机上安装 Linux 发行版并不可取。不论是单独安装 Linux 发行版还是安装 Linux 和 Windows 双操作系统，都不建议初学者尝试；否则，操作稍有不当，就可能导致硬盘上的数据丢失。通过虚拟机安装和使用 Linux 发行版是最为常见的解决方案之一。虚拟机是指通过软件模拟的、具有完整硬件系统功能的、运行在一个完全隔离环境中的完整计算机系统。典型的虚拟机软件有 VM Workstation 和 VirtualBox。Windows 用户也可以使用微软公司提供的 Hyper-V。

本案例中，编者将以 VM Workstation 为基础，演示 CentOS Stream 9 的安装过程。在 VirtualBox 和 Hyper-V 中安装 CentOS Stream 9 的过程基本类似，有兴趣的读者可以自行尝试。完成 CentOS Stream 9 的安装后，我们将简要介绍其 GUI。需要注意的是，对于 Linux 用户，使用 GUI 的机会极其有限，因此其并不是学习的重点，本书此后也将不再涉及 GUI 相关内容。此外，我们还将介绍 VM Workstation 提

供的快照功能。初学者容易遇到各类问题，快照有助于快速备份和恢复。

1.5.2 案例详解

1．安装准备

首先，创建 VM Workstation 虚拟机。关于 VM Workstation 的安装、虚拟机的创建和配置方法，请读者通过百度等搜索引擎查询或者访问人民邮电出版社网站上的本书主页获取帮助。

然后，在 VM Workstation 主界面左侧的列表中，选择刚才创建的虚拟机，并在界面右侧中，单击“编辑虚拟机设置”按钮，打开“虚拟机设置”对话框，执行效果如图 1-2 所示。图 1-2 中显示编者为该虚拟机分配的内存是 4GB，编者宿主机内存是 8GB。读者应当在内存允许的情况下尽可能为虚拟机分配更大内存。但是过多为虚拟机分配内存会降低宿主机性能，读者应当均衡考虑。图 1-2 中显示编者为该虚拟机分配的硬盘空间为 20GB。本书第 4 篇“前沿应用篇”所讲案例需要占用较大的空间，实际 20GB 并不够用。建议读者在宿主机硬盘空间允许的情况下尽量设置一个更大的空间（至少 40GB），否则后期可能硬盘空间不够，需要自行清理多余文件，而这需要丰富的经验。VM Workstation 默认动态分配空间，即使设置一个很大的硬盘空间值也不会在一开始就真正占用指定大小的空间。

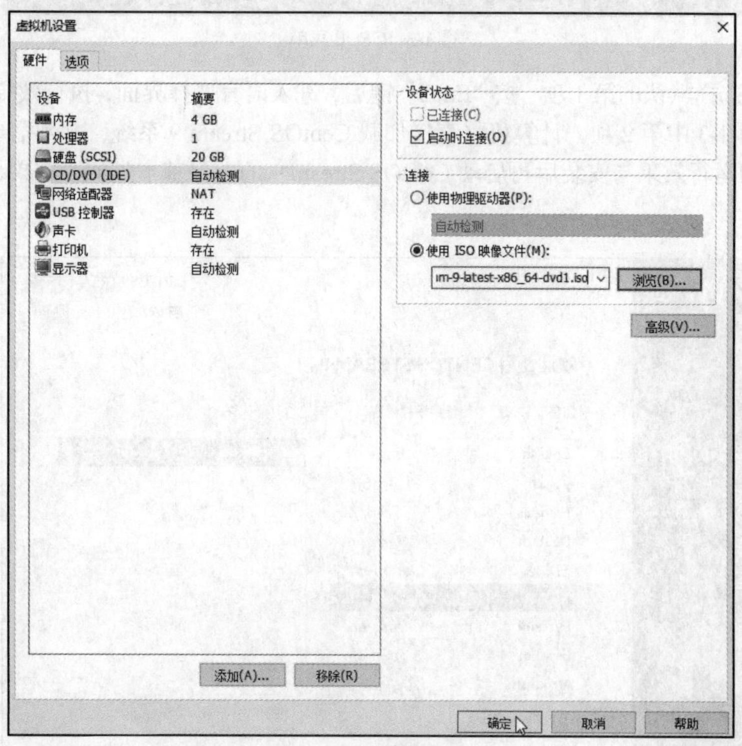

图 1-2　选择安装镜像文件

在“虚拟机设置”对话框的硬件列表中，选择“CD/DVD（IDE）”，然后在右侧的“连接”选项组中选择“使用 ISO 映像文件”，单击“浏览”按钮，选择之前下载的 CentOS Stream 9 安装镜像文件，最后单击“确定”按钮保存设置。至此，虚拟机配置完成。

2．安装过程

接下来我们开启虚拟机。单击菜单栏上绿色的三角形按钮，虚拟机启动后，屏幕显示 GRUB 菜单，并默认选中第 1 项，执行效果如图 1-3 所示。

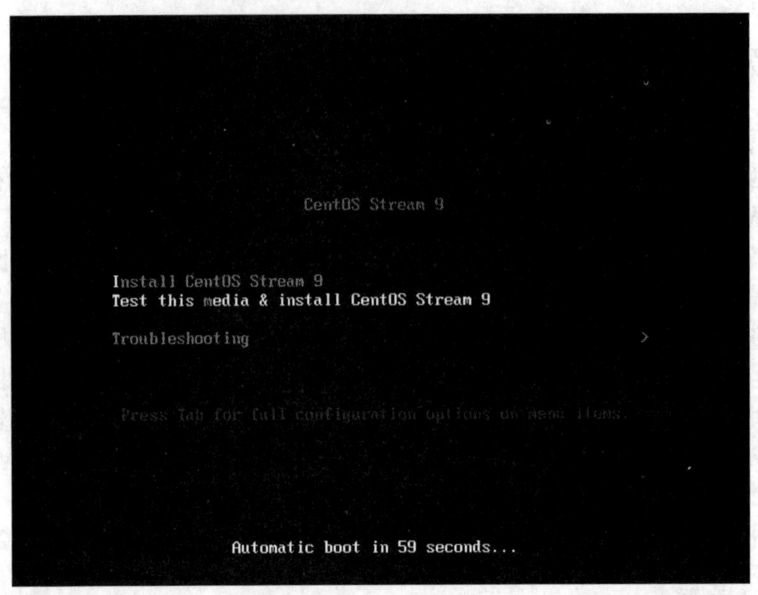

图 1-3　GRUB 菜单

此时，编者选择默认的第 1 项，按 “Enter” 键后，进入语言选择界面，执行效果如图 1-4 所示。读者如果选择图 1-3 中第 2 项，计算机将直接加载 CentOS Stream 9 系统，并不需要用户进行过多设置。试用时的运行效果与安装后再启动 CentOS Stream 9 的效果基本类似，有兴趣的读者可以自行尝试。

图 1-4　选择语言

在左侧的列表中选择 “中文”，然后在右侧的列表中选择 “简体中文（中国）”，单击 “继续” 按钮，系统将显示 “安装信息摘要” 界面。执行效果如图 1-5 所示。图 1-5 中有两处内容用红色文字显示（纸书中不易看出），并且它们的旁边有带感叹号的小三角形图案。在该界面的最下面，显示一条带感叹号的提示信息 “请先完成带有此图标标记的内容再进行下一步。”。

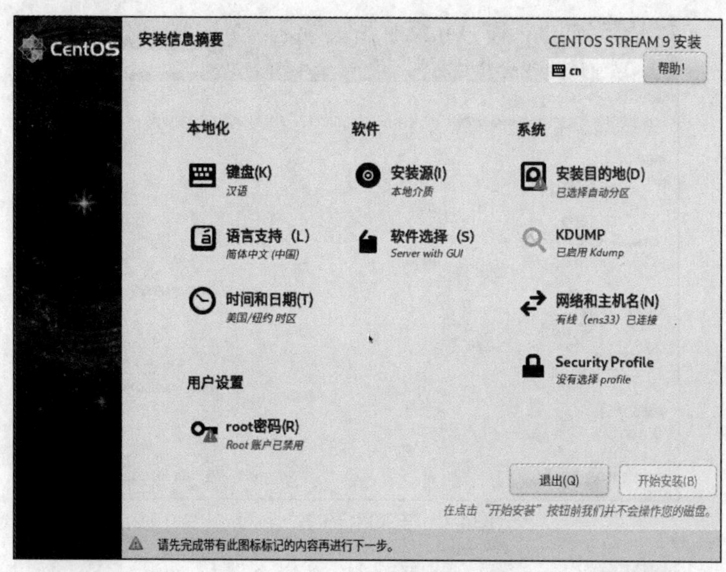

图 1-5　安装信息摘要

首先，在图 1-5 所示界面中，单击“root 密码”，进入“ROOT 密码”界面，并为 root 用户设置密码。编者习惯使用 SSH 登录，因此勾选了“允许 root 用户使用密码进行 SSH 登录”，建议读者跟编者的设置保持一致。执行效果如图 1-6 所示。单击左上角的“完成”按钮可以返回到图 1-5 所示界面。

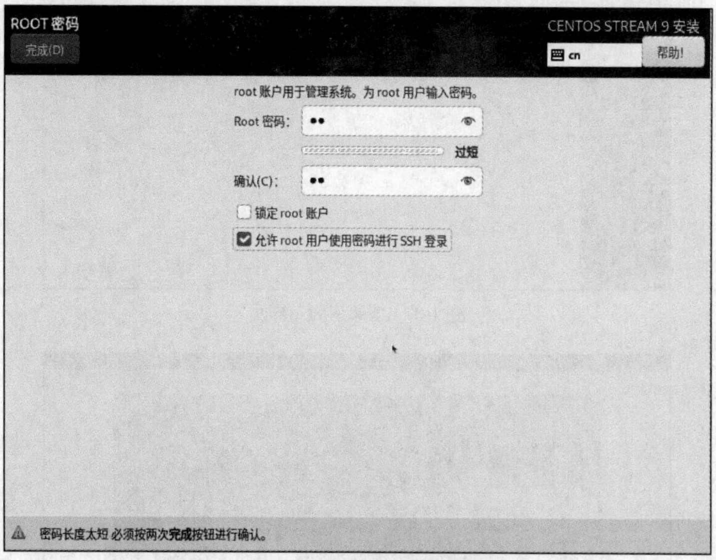

图 1-6　“ROOT 密码”界面

然后，在图 1-5 所示界面中，单击“安装目的地”，进入“安装目标位置”界面，存储配置默认选择“自动”，初学者不需要进行更改。执行效果如图 1-7 所示。单击左上角的“完成”按钮可以返回到图 1-5 所示界面。

完成上述操作后，图 1-5 中的红色提示信息消失，并且界面右下角的“开始安装”按钮变成蓝色。单击“开始安装”按钮，进入“安装进度”界面，执行效果如图 1-8 所示。安装过程耗时较长。例如，编者演示用的计算机配置一般，耗时约 20 分钟。安装完成后，图 1-8 界面右下角的“重启系统”按钮将变为蓝色。单击“重启系统”按钮启动系统。

首次启动系统，将显示“欢迎”界面，执行效果如图 1-9 所示。

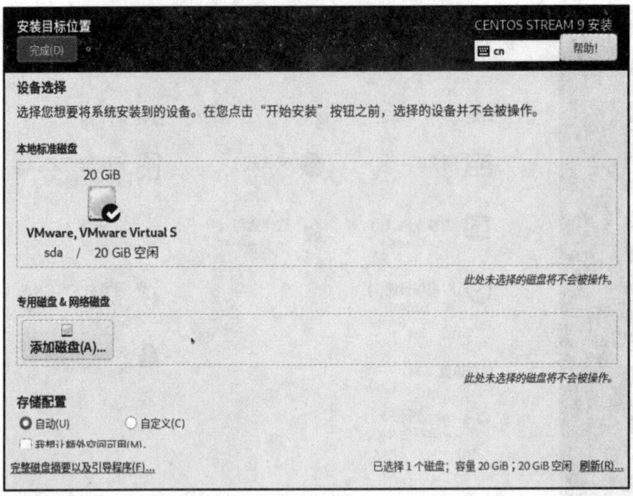

安装目标位置
完成(D)
CENTOS STREAM 9 安装
cn
帮助!
设备选择
选择您想要将系统安装到的设备。在您点击“开始安装”按钮之前，选择的设备并不会被操作。
本地标准磁盘
20 GiB
VMware, VMware Virtual S
sda / 20 GiB 空闲
此处未选择的磁盘将不会被操作。
专用磁盘 & 网络磁盘
添加磁盘(A)...
此处未选择的磁盘将不会被操作。
存储配置
自动(U)
自定义(C)
完整磁盘摘要以及引导程序(F)...
已选择 1 个磁盘；容量 20 GiB；20 GiB 空闲 刷新(R)...

图 1-7 “安装目标位置”界面

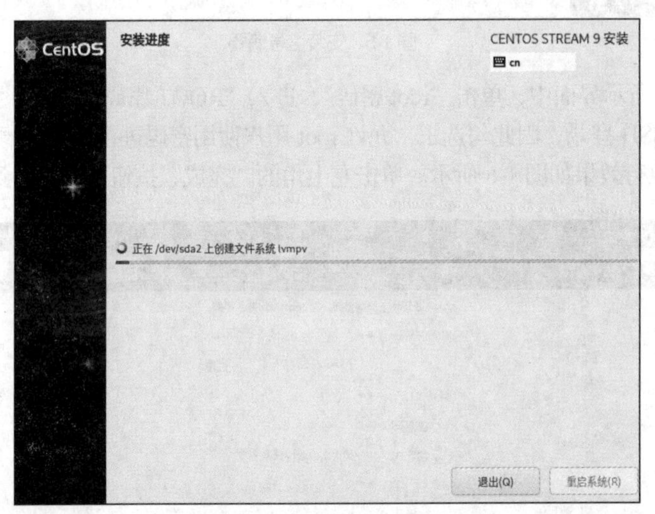

CentOS
安装进度
CENTOS STREAM 9 安装
cn
正在 /dev/sda2 上创建文件系统 lvmpv
退出(Q)
重启系统(R)

图 1-8 “安装进度”界面

设置
欢迎来到 CentOS Stream 9!

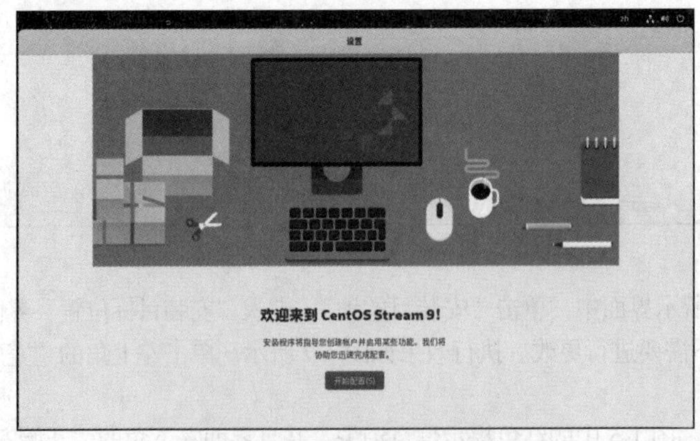

图 1-9 首次启动系统时显示“欢迎”界面

单击图 1-9 所示界面下方的“开始配置”按钮，将依次显示“隐私”界面，“在线账号”界面。读者依次单击界面右上方的“前进”按钮和“跳过”按钮，此时将出现“关于您”界面，执行效果如图 1-10 所示。

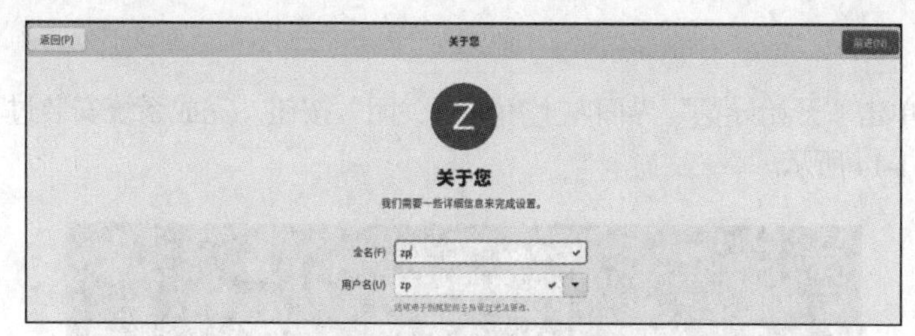

图1-10 “关于您”界面

读者在图1-10所示界面中的“全名”后面的文本框中输入内容，下方“用户名”后面的文本框中将自动填充同样的内容。本书后续实例中经常要用到用户名“zp”，并且许多路径和变量都与用户名“zp”直接相关。为避免犯错，建议读者与编者保持一致，也使用“zp”作为用户名。如果读者坚持要使用其他用户名，建议尽量设置一个简单的用户名，并且确保在英文半角状态下输入。设置完用户名后，单击界面右上角的“前进”按钮，进入“设置密码”界面，如图1-11所示。

图1-11 “设置密码”界面

设置密码后，单击界面右上角的“前进”按钮，进入“配置完成”界面，执行效果如图1-12所示。

图1-12 “配置完成”界面

单击“开始使用CentOS Stream”按钮，显示“开始导览”界面，执行效果如图1-13所示。

图1-13 “开始导览”界面

3．界面简介

读者可以直接单击“开始导览”界面左上角的“关闭”按钮，完成系统安装过程，再正常启动系统。执行效果如图 1-14 所示。

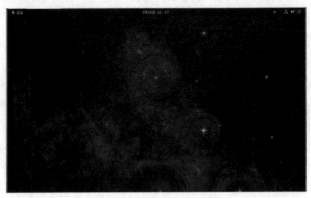

图 1-14　系统正常启动完成界面

单击图 1-14 所示界面左上角的“活动”按钮，可以查找需要启动的应用程序。执行效果如图 1-15 所示。

图 1-15　“活动”界面

读者也可以在界面正上方的搜索框中输入内容，查找所需要的应用程序。界面下方显示了常用的应用程序列表。读者将鼠标指针停留在各个按钮上，可以查看相应的提示信息。单击列表右侧的九宫格按钮，可以显示更多内容。执行效果如图 1-16 所示。

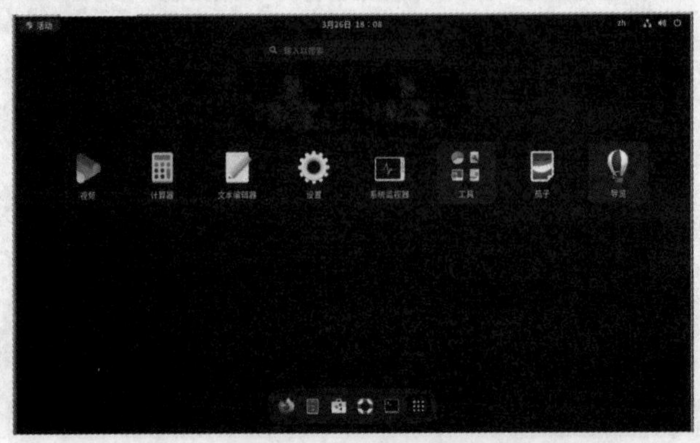

图 1-16　显示更多内容

系统基本设置、网络设置、开关机等相关功能入口主要位于界面的右上角。界面右上角依次是输入法、网络设置、声音、开关机等相关功能图标。单击右上角的图标（以声音图标为例），可以显示更详细的选项。执行效果如图 1-17 所示。

图 1-17　右上角的菜单内容

需要注意的是，在 Linux 学习内容中，GUI 的操作并不是重点，本书不打算过多涉及。GUI 的操作本身较为简单，有 Windows 等其他操作系统的 GUI 使用经验的读者很容易自行操作。

4．创建快照

安装完成后，建议读者做好备份。VM Workstation 提供了一种称为“快照”的轻量级备份工具。读者可以依次单击“虚拟机”→“快照”→“拍摄快照”使用该工具，如图 1-18 所示。

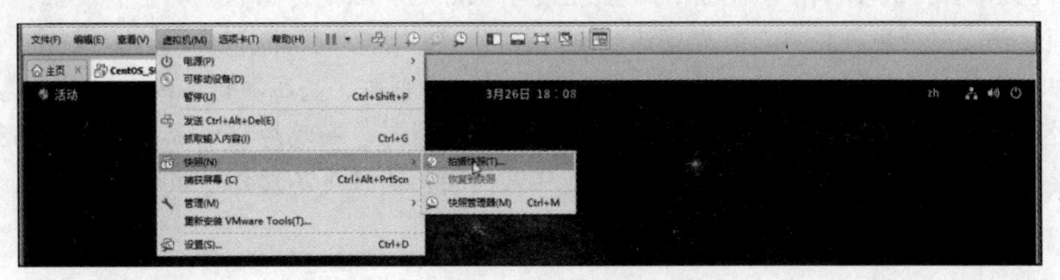

图 1-18　拍摄快照

执行效果如图 1-19 所示。读者可以对快照进行命名，并添加描述信息，以方便管理快照。

读者可以不定期创建和维护快照。后续如因操作不当损坏系统，可以使用特定的快照进行快速恢复。与快照以及虚拟机相关的更多信息，读者可访问本书主页或自行搜索相关信息获取。

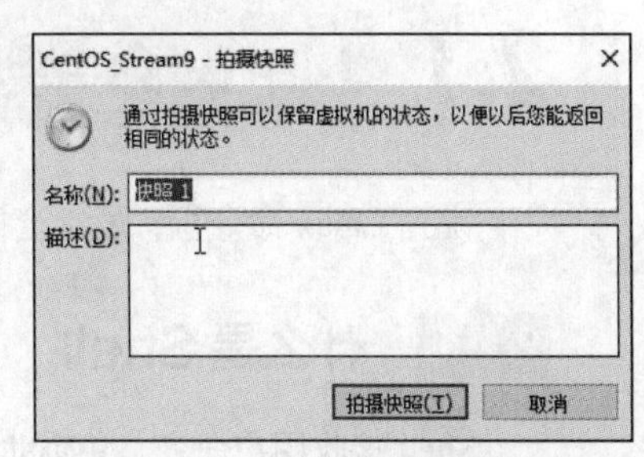

图 1-19　“拍摄快照”对话框

习题 1

1. 简述 Linux 操作系统的发展历史。
2. 简述 Linux 操作系统版本的含义。
3. 调研常见的 Linux 发行版及其特点。

实训 1

1. 安装 VM Workstation、VisualBox 或者 Hyper-V，熟悉其基本用法。
2. 安装 CentOS Stream、RHEL 或者其他 Linux 发行版的最新版，并熟悉其基本界面环境。

第2章 命令行基础

尽管面向桌面应用场景的 Linux 发行版都提供了 GUI，但命令行交互依然是进行 Linux 操作系统配置和管理的首选模式。在大多数真实的应用场景中，Linux 操作系统通常位于远程服务器、嵌入式设备之中，并没有为管理人员或者开发人员提供 GUI。熟练掌握一定的命令行知识是使用 Linux 操作系统的基本要求。本章将介绍 Linux 命令行基础知识，以帮助读者掌握 Linux 命令行的基本用法。

科技自立自强

"卡脖子"技术

《科技日报》曾推出系列文章，报道了制约我国工业发展的 35 项"卡脖子"技术，主要包括光刻机、芯片、操作系统、航空发动机短舱、触觉传感器、真空蒸镀机、手机射频器件、重型燃气轮机、激光雷达、适航标准、核心工业软件、核心算法、航空钢材、铣刀、高端轴承钢、高压柱塞泵、航空设计软件、光刻胶、高压共轨系统、透射式电镜、掘进机主轴承、微球、水下连接器、燃料电池关键材料、高端焊接电源、锂电池隔膜、医学影像设备元器件、超精密抛光工艺、环氧树脂、高强度不锈钢、数据库管理系统、扫描电镜等。

2.1 Linux 命令行概述

Linux 命令行概述

说到 Linux 命令行，通常会提到 Shell 和 Bash 等相关概念。

2.1.1 什么是 Shell

Shell 接收用户命令，并协助用户完成与系统内核的交互，以完成命令的执行。我们可以从以下 3 个方面来理解 Linux 中 Shell 的功能和含义。

（1）Shell 是 Linux 操作系统的用户界面。Shell 提供了用户与系统内核进行交互操作的接口。与目前广泛使用的 GUI 交互方式不同，Shell 提供的是一种命令行交互方式。Shell 本身不是 Linux 内核的一部分，但是它调用了系统内核的大部分功能来执行程序。Shell 支持个性化的用户环境配置，这种配置通常由 Shell 初始化配置文件实现。

（2）Shell 是一个命令解释程序，它能解释用户在命令行界面输入的命令。Shell 拥有自己内建的命令集，它能执行的命令包括内部命令和外部命令。典型的 Shell 解释程序包括 Bourne Shell、C Shell、Korn Shell、POSIX Shell 及 Bourne Again Shell（Bash）等。大多数 Linux 发行版默认使用 Bash 作为 Shell 解释程序。Bash 基于 Bourne Shell，它吸收了 C Shell 和 Korn Shell 的一些特性。Bash 提供了几百个内部命令，尽管这些命令的功能不同，但它们的使用方式和规则是统一的。

（3）Shell 是一种程序设计语言。使用 Shell 语言编写的程序文件称为 Shell 脚本（Shell Script）。Shell 作为一种程序设计语言，有自己完整的语法规则，支持分支结构、循环结构和函数定义等。Shell 脚本中还可以直接调用常用的 Linux 命令。通过编写 Shell 脚本，可以实现更为复杂的管理功能。

2.1.2 Linux 命令行界面

命令行界面是操作 Linux 最常用的人机交互界面。读者既可以通过终端仿真器进入命令行界面，也可以将计算机系统配置成启动后默认进入命令行界面，还可以直接使用远程登录的方式进入命令行界面。不同类型 Linux 发行版的命令行界面会略有差别。通过不同方式进入命令行界面后，其界面样式也存在细微差异。

大多数 Linux 发行版中都配置了终端仿真器（Terminal Emulator）。这是一种 GUI 环境下的终端窗口（Terminal Window）应用程序，方便用户使用命令行方式与 Linux 内核交互。用户启动终端仿真器时，系统将自动启动一个默认的 Shell 解释程序（通常是 Bash），以解释用户在终端窗口中输入的命令。用户可以看到 Shell 的提示符，用户在提示符后输入一串字符，Shell 解释程序将对这一串字符进行解释。我们可以使用以下多种方式打开终端仿真器。

- 单击桌面左上角的“活动”按钮，在进入的界面中浏览/搜索“终端”（或“gnome-terminal”）。
- 在文件系统中查找 gnome-terminal 可执行文件。路径通常是/usr/bin/gnome-terminal。
- 读者也可以设置键盘快捷键。其中命令设置为“/usr/bin/gnome-terminal”，快捷键建议设置为 Ctrl+Alt+T。因为在 Ubuntu 等操作系统中默认预置该快捷键。

【实例 2-1】查看默认 Shell 解释程序和所有有效的 Shell 解释程序。

在命令行界面中输入 echo $SHELL，可以查看当前使用的 Shell 解释程序。绝大多数 Linux 发行版默认 Shell 解释程序都是 Bash。文件/etc/shells 中保存了当前系统中有效的 Shell 程序列表，读者可以通过 cat 命令查看该文件内容。执行如下命令。

```
[zp@localhost ~]$ echo $SHELL
[zp@localhost ~]$ cat /etc/shells
```

执行效果如图 2-1 所示。

```
[zp@localhost ~]$ echo $SHELL
/bin/bash
[zp@localhost ~]$ cat /etc/shells
/bin/sh
/bin/bash
```

图 2-1 当前系统的 Shell 程序列表

2.1.3 Linux 命令提示符

打开 Linux 命令行界面后，通常会在界面的最后一行显示标准的 Linux 命令提示符。完整的 Linux 命令提示符包括当前用户名、登录的主机名、当前所在的工作目录和提示符。Linux 命令提示符的基本格式如下：

```
[当前用户名@主机名 当前目录] 提示符
```

【实例 2-2】查看 Linux 操作系统命令提示符。

图 2-2 展示了 CentOS Stream 操作系统命令提示符的典型样式及其变化情况。

```
[zp@localhost ~]$ cd /home/
[zp@localhost home]$
```

图 2-2　Linux 操作系统命令提示符（普通用户）

图 2-2 的第 1 行显示的命令提示符格式为“[zp@ localhost ～]$”。其内容表明：当前用户名为 zp，主机名是 localhost，“～”代表当前登录用户的主目录。需要注意的是，不同用户的主目录通常并不相同。本实例中，“～”表示当前工作目录是用户 zp 的主目录，即/home/zp。提示符$表示当前登录用户为普通用户。常见的提示符有两个：$和#。#表示当前用户为 root 用户。以 root 用户身份登录系统时，完整的命令提示符样式如图 2-3 所示。root 用户具有最高的权限，但使用 root 用户身份操作存在较大的风险，一旦操作不当容易导致极具破坏性的结果，因此不建议读者频繁以 root 用户身份登录。不同发行版的 Linux 命令提示符并不完全相同。Linux 命令提示符每一部分的样式都可以根据需要进行修改，有兴趣的读者可以自行查阅资料尝试修改。

```
[root@lab ~]# cd ..
[root@lab /]#
```

图 2-3　Linux 操作系统命令提示符（root 用户）

用户在命令提示符$或者#之后输入 Linux 命令，然后按“Enter”键执行该命令。例如，在图 2-2 的第 1 行中，我们输入了命令“cd /home/”，命令 cd 用于改变 Shell 工作目录，输入的命令表示将工作目录切换成“home”。用户进行目录切换等操作后，当前工作目录会发生变化，原来显示“～”的位置，其内容也随之变成“home”。与此类似，在图 2-3 中的第 1 行，我们输入了命令“cd ..”，其中“..”代表当前目录的父目录，本实例中该父目录为根目录“/”。

2.2 Linux 命令行基本操作

Linux 命令行基本操作

2.2.1 Linux 命令语法格式

Linux 命令语法格式如下：

```
命令 [选项] [参数]
```

用户在 Linux 命令提示符之后输入命令、选项和参数，按“Enter”键即可执行 Linux 命令。Linux 命令行严格区分字母大小写，命令、选项和参数都是如此。本书后续章节在不产生歧义的情况下，通常也会将选项和参数统称为参数。

选项和参数都是可选项。命令的语法格式说明中，通常使用“[ ]”来标记可选项。选项常用于调整命令功能。通过添加不同的选项，可以改变命令执行动作的类型。选项有短选项和长选项两种。短选项之前通常使用连字符“-”，长选项之前通常使用连字符“--”。短选项更为简洁，本书后续章节一般采用短选项。Linux 命令中，参数通常是命令的操作对象，多数命令都可使用参数。一般而言，文件、目录、用户和进程等都可以作为参数被命令操作。【实例 2-1】和【实例 2-2】中涉及的几条命令都只包含参数，而没有包含选项。这些参数中，既有变量名，也有文件和文件的路径。

大多数命令都提供了数量众多的选项。读者可以使用本章后面将要介绍的帮助功能获取更为详细的命令帮助信息，因此不用试图记住所有命令的所有选项。各条命令的常用选项或者选项组合并不多。许多命令执行时，甚至可以不使用选项或参数，但此时命令只能执行最基本的功能。本书给出的实例中涉及的选项大多是常用的选项。读者可以根据实例熟悉各条命令常见的选项功能。

【实例 2-3】执行不包含选项和参数的命令。

本实例中，我们以 ls 命令为例，解释 Linux 命令的基本格式。ls 命令用于列出目录中的内容。执行如下命令。

```
[zp@localhost ~]$ ls
```

执行效果如图 2-4 所示。本实例中，ls 命令后面不包括任何选项或参数。此时列出的是当前目录（本实例中为用户 zp 的主目录）下的内容。

```
[zp@localhost ~]$ ls
公共  模板  视频  图片  文档  下载  音乐  桌面  anaconda3
```

图 2-4 执行不包含选项和参数的命令

【实例 2-4】执行包含选项的命令。

执行如下命令。

```
[zp@localhost ~]$ ls -l
```

与【实例 2-3】相比，本实例增加了一个“-l”选项，此时返回的结果信息更加详细。执行效果如图 2-5 所示。限于篇幅，这里只给出部分截图。

```
[zp@localhost ~]$ ls -l
总用量 674676
drwxr-xr-x.  2 zp zp        6  3月 26 18:06 公共
drwxr-xr-x.  2 zp zp        6  3月 26 18:06 模板
drwxr-xr-x.  2 zp zp        6  3月 26 18:06 视频
drwxr-xr-x.  2 zp zp        6  3月 26 18:06 图片
drwxr-xr-x.  2 zp zp        6  3月 26 18:06 文档
```

图 2-5 执行包含选项的命令

【实例 2-5】执行包含参数的命令。

执行如下命令。

```
[zp@localhost ~]$ ls /dev/
```

本实例中，目录“/dev/”被用作 ls 命令的参数。本实例的“/dev/”也可以写成“/dev”。事实上，最后面的那个“/”是编者使用自动补全功能时自动生成的。关于自动补全，后面会详细介绍。通过传入目录名称作为参数，ls 将显示指定目录下的内容。执行效果如图 2-6 所示。

图 2-6 执行包含参数的命令

【实例 2-6】执行同时包含参数和选项的命令。

执行如下命令。

```
[zp@localhost ~]$ ls /dev/ -l
```

执行效果如图 2-7 所示。本实例同时增加了“-l”选项和“/dev/”参数，两者的位置可以交换。交换后的效果如下所示。

```
[zp@localhost ~]$ ls -l /dev/
```

需要注意的是，并不是所有的选项和参数都可以交换位置。如果某个参数是某个选项对应的参数，那么该参数通常只能放在该选项之后。

```
[zp@localhost ~]$ ls /dev/ -l
总用量 0
crw-r--r--. 1 root root     10, 235  6月  4 22:24 autofs
drwxr-xr-x. 2 root root         160  6月  4 22:25 block
drwxr-xr-x. 2 root root          80  6月  4 22:24 bsg
drwxr-xr-x. 3 root root          60  6月  4 22:24 bus
lrwxrwxrwx. 1 root root           3  6月  4 22:24 cdrom -> sr0
```

图 2-7　执行同时包含参数和选项的命令

【实例 2-7】积累更多的 Linux 命令。

Linux 常见命令的功能和用法是重要的学习内容，请读者有意识地进行积累。本实例分别执行了 pwd、hostname、uname 3 条新命令，针对 uname 命令还演示了携带不同选项时的执行效果，如图 2-8 所示。pwd 命令用于输出当前的工作目录名称。hostname 命令用于显示或者设置系统主机名。uname 命令用于输出系统信息。

```
[zp@localhost ~]$ pwd
/home/zp
[zp@localhost ~]$ hostname
localhost.localdomain
[zp@localhost ~]$ uname
Linux
[zp@localhost ~]$ uname -r
5.14.0-96.el9.x86_64
[zp@localhost ~]$ uname -n
localhost.localdomain
```

图 2-8　使用命令行界面执行 Linux 命令

2.2.2 命令自动补全

在 Linux 操作系统中，经常要输入大量的命令或者文件名，这样无形之中增加了用户的输入工作量。幸运的是，Linux 操作系统的 Bash 相当智能化，支持命令和文件名自动补全功能。用户可以通过“Tab”键使用自动补全功能，将输入的部分命令或者文件名快速补充完整。例如，输入命令或者文件名的时候，通常只需要输入该命令或者文件名的前几个字符，然后按“Tab”键，Shell 就可以自动将其补全。当匹配结果只有一个时，按“Tab”键可以自动补全命令。对于存在多个可能匹配结果的情况，连续按“Tab”键两次可查看以指定字符开头的所有相关匹配结果。

【实例 2-8】自动补全功能。

以按一次“Tab”键自动补全命令或者文件名为例，首先，在命令行界面中输入“ls /e”，然后按“Tab”键，系统会自动将该命令补全成“ls /etc/”，接下来按“Enter”键，可以执行该命令。

```
[zp@localhost ~]$ ls /e【Tab】
```

执行效果如图 2-9 所示。

```
[zp@localhost ~]$ ls /etc/
accountsservice             machine-info
adjtime                     magic
aliases                     mailcap
alsa                        makedumpfile.conf.sample
```

图 2-9　自动补全命令

读者还可以进行更复杂的尝试。执行如下命令。首先，在命令行界面中输入“cat /e”，接着按“Tab”键，系统会自动将该命令补全成“cat /etc/”。但是这次，我们不是直接按“Enter”键，而是继续在后面输入“ad”，接着按“Tab”键，系统会自动将该命令补全成“cat /etc/adjtime”，此时按“Enter”键显示的将是文件“/etc/adjtime”的内容。

```
[zp@localhost ~]$ cat /e【Tab】ad【Tab】
```

执行效果如图 2-10 所示。

```
[zp@localhost ~]$ cat /etc/adjtime
0.0 0 0.0
0
UTC
```

图 2-10 自动补全命令和参数

【实例 2-9】自动列出候选项。

以按两次“Tab”键自动列出候选项为例，依次执行如下命令。

```
[zp@localhost ~]$ ls /b【Tab】【Tab】
[zp@localhost ~]$ ls /bo【Tab】
```

首先，在命令行界面中输入“ls /b”，然后按“Tab”键，系统并没有自动补全命令，而是发出提示音。此时再按“Tab”键，系统将反馈“bin/”和“boot/”两个候选项供选择。我们继续输入一个字符“o”，然后继续按“Tab”键，系统自动将该命令补全成“ls /boot/”。最后按“Enter”键，可以执行该命令。执行效果如图 2-11 所示。

```
[zp@localhost ~]$ ls /b
bin/  boot/
[zp@localhost ~]$ ls /boot/
config-5.14.0-71.el9.x86_64
config-5.14.0-96.el9.x86_64
efi
```

图 2-11 自动列出候选项

2.2.3 强制中断命令执行

部分命令执行时间较长，例如，许多与网络相关的命令由于网络状况不佳，可能会出现长时间等待被执行的情况。如果想提前终止该命令，此时可以使用“Ctrl+C”组合键强制中断命令执行。

【实例 2-10】强制中断命令执行。

执行如下命令。

```
[zp@localhost ~]$ ping 127.0.0.1
```

ping 命令是一种比较基础的网络诊断命令。它通过向特定的目的主机发送 ICMP（Internet Control Message Protocol，因特网报文控制协议）Echo 请求报文，测试目的主机是否可达以了解其有关状态。“127.0.0.1”是本机的回环地址，读者也可以将该地址换成其他有效的域名地址。该命令在默认情况下，将持续执行。读者可以随时通过 Ctrl+C 组合键结束命令的执行过程，执行效果如图 2-12 所示。

```
[zp@localhost ~]$ ping 127.0.0.1
PING 127.0.0.1 (127.0.0.1) 56(84) 比特的数据。
64 比特，来自 127.0.0.1: icmp_seq=1 ttl=64 时间=0.050 毫秒
64 比特，来自 127.0.0.1: icmp_seq=2 ttl=64 时间=0.044 毫秒
64 比特，来自 127.0.0.1: icmp_seq=3 ttl=64 时间=0.059 毫秒
^C
--- 127.0.0.1 ping 统计 ---
已发送 3 个包， 已接收 3 个包, 0% packet loss, time 2073ms
rtt min/avg/max/mdev = 0.044/0.051/0.059/0.006 ms
```

图 2-12 强制中断命令执行

2.2.4 使用 root 权限

Linux 操作系统部分命令的执行需要 root 权限。如果确实需要 root 权限执行某些操作，此时可以使用 su 或 sudo 命令。建议读者使用 sudo 命令，临时获取 root 权限，以便执行一条需要 root 权限的命令。sudo 命令的常用格式如下：

```
sudo cmd_name [其他可选的参数或选项]
```

【实例 2-11】使用 root 权限执行命令。

本实例中，我们试图使用 cat 命令查看/etc/shadow 文件内容。cat 命令可以将指定文件内容写到标准输出，也就是可以查看文件内容。文件/etc/shadow 保存了与密码相关的信息，属于对安全性要求较高的内容，访问者需要有 root 权限才能执行查看命令。本实例涉及两条命令。前一条命令直接使用 zp 用户身份查看文件内容，结果提示权限不够。后一条命令前增加了 sudo 命令，用于临时获取 root 权限，结果命令得以成功执行。

执行如下命令。

```
[zp@localhost ~]$ cat /etc/shadow
[zp@localhost ~]$ sudo cat /etc/shadow
```

执行效果如图 2-13 所示。

```
[zp@localhost ~]$ cat /etc/shadow
cat: /etc/shadow: 权限不够
[zp@localhost ~]$ sudo cat /etc/shadow
[sudo] zp 的密码:
root:$6$NU.LDVJsPHTK2r.z$ndokwPMFBJ7GRjut1QJFrUaol8QegRIkz95tpRxEeC
```

图 2-13　使用 root 权限执行命令

【实例 2-12】切换到 root 用户身份。

在命令行里执行 su 命令可以切换到 root 用户身份。执行 su 命令后会提示输入密码。因为 root 用户拥有最高的系统控制权，稍有不慎则可能完全破坏 Linux 操作系统，所以在实际使用中，不建议直接使用 root 用户身份。如果已经切换成功，建议使用 exit 命令退出。部分操作系统（例如 Ubuntu）为了安全起见，甚至默认不启用 root 用户身份，此时执行本实例命令将不会成功。执行效果如图 2-14 所示。

```
[zp@localhost ~]$ su
密码:
[root@localhost zp]# exit
exit
```

图 2-14　切换到 root 用户身份

2.2.5 Linux 命令行帮助信息

本小节介绍 3 种查看命令帮助信息的方法。由于这 3 种方法的信息来源不同，显示的结果并不完全一致，但任何一种基本上都能满足需要。由于编者安装时选择的是中文版的操作系统，最后一种方法显示的提示信息通常也是中文的，因此该方法适合英语基础一般的用户。

1. 使用 man 命令获取帮助信息

man 命令用于查看 Linux 操作系统的手册，是 Linux 中使用最为广泛的帮助形式。一般情况下，man 手册资源主要位于/usr/share/man 目录下。man 命令的基本格式如下：

```
man 命令名称
```

在命令提示符后输入“man 命令名称”可以显示该命令的帮助信息。man 命令格式化并显示在线的手册页，其内容包括命令语法、各选项的含义以及相关命令等。

【实例 2-13】使用 man 命令获取帮助信息。

在命令行中输入“man sudo”可以获取 sudo 的帮助信息。执行如下命令。

```
[zp@localhost ~]$ man sudo
```

执行效果如图 2-15 所示。在该界面中，使用键盘上、下方向键可以滚动屏幕，以查看更多内容。输入“q”，可以退出该帮助信息界面，返回到命令行界面。

```
SUDO(8)            BSD System Manager's Manual            SUDO(8)

NAME
     sudo, sudoedit - execute a command as another user

SYNOPSIS
     sudo -h | -K | -k | -V
     sudo -v [-ABknS] [-g group] [-h host] [-p prompt] [-u user]
     sudo -l [-ABknS] [-g group] [-h host] [-p prompt] [-U user]
         [-u user] [command]
     sudo [-ABbEHnPS] [-C num] [-D directory] [-g group]
          [-h host] [-p prompt] [-R directory] [-r role]
 Manual page sudo(8) line 1 (press h for help or q to quit)
```

图 2-15 使用 man 命令获取帮助信息

2．使用 info 命令获取帮助信息

info 文档是 Linux 操作系统提供的另一种格式的文档。info 命令的基本格式如下：

```
info 命令名称
```

【实例 2-14】使用 info 命令获取帮助信息。

在命令行提示符后输入“info uname”可以获取 uname 的帮助信息。执行如下命令。

```
[zp@localhost ~]$ info uname
```

执行效果如图 2-16 所示。在界面中输入“q”（没有回显）后，可以退回到命令行界面。

```
Next: hostname invocation,  Prev: nproc invocation,  Up: System co\
ntext

21.4 'uname': Print system information
======================================

'uname' prints information about the machine and operating system \
it is
run on.  If no options are given, 'uname' acts as if the '-s' opti\
on
were given.  Synopsis:
-----Info: (coreutils)uname invocation, 97 lines --Top-------------
Welcome to Info version 6.7.  Type H for help, h for tutorial.
```

图 2-16 使用 info 命令获取帮助信息

3．使用--help 选项获取帮助信息

使用--help 选项可以显示命令的使用方法以及命令选项的含义。只要在需要显示帮助信息的命令后面输入“--help”选项，就可以看到所查命令的帮助信息了。使用--help 选项的基本格式如下：

```
命令名称 --help
```

与前两种方法不同，使用--help 选项获取到的帮助信息直接在用户输入的命令的下一行开始显示，并且鼠标光标将停留在新的命令提示符之后。在该界面中，使用鼠标中键（滚轮键）可以上下滚动屏幕，查看更多内容。在中文环境中，使用--help 选项通常可以得到中文内容的帮助信息，但其内容相对也更为简单。

【实例 2-15】使用--help 选项获取帮助信息。

执行如下命令。

```
[zp@localhost ~]$ ls --help
```

执行效果如图 2-17 所示。

```
[zp@localhost ~]$ ls --help
用法：ls [选项]... [文件]...
列出给定文件（默认为当前目录）的信息。
如果不指定 -cftuvSUX 中任意一个或--sort 选项，则根据字母大小排序。

必选参数对长短选项同时适用。
  -a, --all                  不隐藏任何以 . 开始的项目
  -A, --almost-all           列出除 . 及 .. 以外的任何项目
      --author               与 -l 同时使用时，列出每个文件的作者
  -b, --escape               以 C 风格的转义序列表示不可打印的字符
      --block-size=大小       与 -l 同时使用时，将文件大小以此处给定
的大小为
```

图 2-17　使用--help 选项获取帮助信息

2.2.6 历史命令记录

Bash 还具备完善的历史命令记录功能。在用户操作 Linux 操作系统的时候，每一个操作的命令都会被记录到历史命令记录中，因此用户可以通过历史命令记录查看和使用以前操作的命令。为了保持知识结构的完整性，本小节将介绍使用历史命令记录的 3 类方法，并给出详细的实例。

注意，初学者实在记不住历史命令记录的相关使用方法也没关系。编者使用 Linux 的时间已超过 20 年，但平时用得最多的与历史命令记录相关的快捷键，其实还是上方向键和下方向键。

1．使用快捷键方法

Shell 环境提供了许多快捷键，用以搜索历史命令的快捷键如表 2-1 所示。

表 2-1　用于搜索历史命令的快捷键

快捷键	描述
↑（上方向键）	查看上一条命令
↓（下方向键）	查看下一条命令
Ctrl+P	查看历史命令记录中的上一条命令
Ctrl+N	查看历史命令记录中的下一条命令
Ctrl+R	进入反向搜索模式
Alt+>	移动到历史命令记录末尾

【实例 2-16】使用快捷键搜索历史命令。

首先，执行 pwd 和 whoami 两条命令。执行效果如图 2-18 所示。

```
[zp@localhost ~]$ pwd
/home/zp
[zp@localhost ~]$ whoami
zp
```

图 2-18　执行 pwd 和 whoami 两条命令

接下来，通过使用键盘上的上方向键和下方向键，读者不仅可以快速地查找出这两条命令，还可以查找出之前使用的命令。读者可以自行尝试使用表 2-1 中的其他快捷键。

注意，对于表 2-1 中的快捷键，读者了解即可；即便没有掌握，也不影响对本书后续内容的学习。

2．使用history命令方法

使用history命令可以列出所有使用过的命令并为其编号。这些信息被存储在用户主目录的.bash_history文件中，这个文件默认情况下可以存储1 000条历史命令记录。Bash启动的时候会读取～/.bash_history文件，并将其载入内存中。Bash退出时也会把内存中的历史命令记录回写到～/.bash_history文件中。读者可以直接使用cat命令查看该文件内容，也可以使用history命令查看历史命令记录，此时每一条命令前面都会标示一个序列号。

history命令语法格式如下：

```
history [选项]
```

【实例2-17】查看历史命令记录。

使用不带参数的history命令可以查看所有近期命令记录。执行如下命令。

```
[zp@localhost ~]$ history
```

执行效果如图2-19所示。

```
[zp@localhost ~]$ history
    1  ifconfig
    2  ssh localhost
    3  python -v
    4  python --version
    5  ls /mnt/hgfs/
    6  ls
```

图2-19 查看所有的历史命令记录

读者也可以指定查看最近的5条历史命令记录。执行如下命令。

```
[zp@localhost ~]$ history 5
```

【实例2-18】清空所有历史命令记录。

使用“history -c”会立即清空所有历史命令记录。执行如下命令。

```
[zp@localhost ~]$ history -c       #清空所有历史命令记录
[zp@localhost ~]$ history          #查看所有历史命令记录，此时只有一条记录，即当前命令
```

执行效果如图2-20所示。

```
[zp@localhost ~]$ history -c
[zp@localhost ~]$ history
    1  history
```

图2-20 清空所有历史命令记录

3．使用历史命令方法

使用“!+编号”可以执行特定编号对应的历史命令，使用fc命令可以编辑历史命令。表2-2中给出了一些典型的历史命令用法，读者可以在命令行界面中输入实例进行尝试。需要说明的是，该表部分实例，特别是最后几行的实例对历史命令记录的内容存在要求。如果读者的命令列表中没有包含这些命令或者文本，并不一定能得到相应的结果。

表2-2 历史命令使用实例

使用实例	功能描述
!!	重复执行上一条命令
!3	执行历史命令记录中的第3条命令

续表

使用实例	功能描述
!w	执行上一条 w 命令（或执行以 w 开头的历史命令）
fc	编辑并执行上一条历史命令
fc -2	编辑并执行倒数第 2 条历史命令
!-4	执行倒数第 4 条命令
!$	使用前一条命令最后的参数

【实例 2-19】使用历史命令记录。

首先，读者输入若干条命令，这些命令将作为历史命令被记录下来，后续可以直接操作这些命令。执行如下命令。

```
[zp@localhost ~]$ whoami
[zp@localhost ~]$ date
[zp@localhost ~]$ time
[zp@localhost ~]$ pwd
[zp@localhost ~]$ uname
```

执行效果如图 2-21 所示。

```
[zp@localhost ~]$ whoami
zp
[zp@localhost ~]$ date
2022年 06月 10日 星期五 04:10:16 EDT
[zp@localhost ~]$ time

real    0m0.000s
user    0m0.000s
sys     0m0.000s
[zp@localhost ~]$ pwd
/home/zp
[zp@localhost ~]$ uname
Linux
```

图 2-21　执行若干条命令

然后，读者可以通过快捷方式直接调用前述历史命令。各条命令的含义请参考表 2-2 的实例进行理解。执行如下命令。

```
[zp@localhost ~]$ !!
[zp@localhost ~]$ !-2
[zp@localhost ~]$ !w
[zp@localhost ~]$ fc -3
```

执行效果如图 2-22 所示。其中，执行“fc -3”时，将弹出一个命令行编辑器（一般是 Vi/Vim，也可能是其他。例如，部分版本的 Ubuntu 操作系统中使用的是 GNU nano），显示命令“uname”。读者首先在键盘上按“I”键，然后在命令编辑界面可以将“uname”修改为“uname -r”。接下来，读者先按“Esc”键，然后按“Shift+:”组合键，此时在屏幕的左下角将出现“:”提示符，读者在该提示符后面输入“wq”，按“Enter”键确认即可，如图 2-23 所示。执行成功后将得到与【实例 2-7】中等价命令的执行效果。

```
[zp@localhost ~]$ !!
uname
Linux
[zp@localhost ~]$ !-2
pwd
/home/zp
[zp@localhost ~]$ !w
whoami
zp
[zp@localhost ~]$ fc -3
uname -r
5.14.0-96.el9.x86_64
```

图 2-22 调用历史命令记录

```
uname -r
~
~
~
:wq
```

图 2-23 命令编辑界面

2.3 Linux 命令行高级技巧

Linux 命令行高级技巧

2.3.1 管道

Shell 可以将两条或者多条命令（程序或者进程）连接到一起。把一条命令的输出作为下一条命令的输入，以这种方式连接两条或者多条命令就形成了管道（Pipe）。管道在 Linux 中发挥着重要的作用。通过运用 Shell 的管道机制，可以将多条命令串联到一起完成一个复杂任务。

Linux 管道使用竖线“|”连接多条命令，该竖线被称为管道符。通过管道机制，可以将某条命令的输出当作另一条命令的输入。管道命令语法紧凑且使用简单。Linux 管道的具体语法格式如下：

```
命令 1 | 命令 2|…| 命令 n
```

在两条命令之间设置管道时，管道符“|”左边命令的输出就变成了右边命令的输入。如果第 1 条命令向标准输出写入，而第 2 条命令从标准输入读取，那么这两条命令就可以形成一个管道。大部分 Linux 命令都可以用来形成管道。这里需要注意的是，命令 1 必须有正确输出，而命令 2 必须可以处理命令 1 的输出结果，依此类推。

【实例 2-20】管道使用实例。

本实例通过管道机制将 cat、grep 和 wc 3 条命令连接起来。grep 用于查找特定内容，tty 是待查找的字符串。wc -l 用于统计行数。执行如下命令。

```
[zp@localhost ~]$ ls /dev/ |grep tty |wc -l
```

执行效果如图 2-24 所示。本实例主要实现对/dev/目录下文件名中包括 tty 字样的文件的数量统计。

```
[zp@localhost ~]$ ls /dev/ |grep tty |wc -l
69
```

图 2-24 管道使用实例

2.3.2 重定向

从字面上理解，输入/输出重定向就是改变输入与输出的方向。如果希望将命令的输出结果保存到文件中，或者以文件内容作为命令的参数，就需要用到输入/输出重定向。

一般情况下，我们都是从键盘读取用户输入的数据，然后把数据传入程序中使用，这就是标准的输入方向，也就是从键盘到程序。如果改变了这个方向，数据就从其他地方流入，这就是输入重定向。与此相对，程序中也会产生数据，这些数据一般都是直接呈现到显示器上，这就是标准的输出方向，也就是从程序到显示器。如果改变了这个方向，数据就流向其他地方，这就是输出重定向。

计算机的硬件设备有很多，常见的输入设备有键盘、鼠标、麦克风、手写板等，输出设备有显示器、投影仪、打印机等。但是，在 Linux 中，标准输入设备指的是键盘，标准输出设备指的是显示器。Linux 中一切皆文件，包括标准输入设备（键盘）和标准输出设备（显示器）在内的所有计算机硬件都是文件。为了表示和区分已经打开的文件，Linux 会给每个文件分配一个 ID。这个 ID 是一个整数，被称为文件描述符（File Descriptor）。表 2-3 列出了 3 个与输入/输出有关的文件描述符。重定向不使用系统的标准输入文件、标准输出文件或标准错误输出文件，而是进行新的指定。重定向有许多类型，如输出重定向、输入重定向、错误重定向等，前两者比较常用。

表 2-3　与输入/输出有关的文件描述符

文件描述符	文件名	类型	硬件
0	stdin	标准输入文件	键盘
1	stdout	标准输出文件	显示器
2	stderr	标准错误输出文件	显示器

1．输出重定向

输出重定向是指命令的执行结果不再输出到显示器上，而是输出到其他地方，一般是输出到文件中。这样做的最大好处就是把命令的执行结果保存起来，当我们需要的时候可以随时查询。Bash 支持的输出重定向符号包括“>”和“>>”。

需要说明的是，输出重定向将某一命令执行的结果输出到文件中时，如果其中已经存在相同的内容，则会覆盖它。

命令语法：

```
[命令] > [文件]
```

另外一种特殊的输出重定向是输出追加重定向，即将某一命令执行的结果添加到已经存在的文件中。

命令语法：

```
[命令] >> [文件]
```

【实例 2-21】输出重定向。

执行如下命令。

```
[zp@localhost ~]$ ls
[zp@localhost ~]$ ls > zp01
[zp@localhost ~]$ ls
[zp@localhost ~]$ cat zp01
```

执行效果如图 2-25 所示。第 1 条 ls 命令查看当前目录下的内容；第 2 条 ls 命令将结果重定向到 zp01 文件中；第 3 条 ls 命令的输出结果表明，当前目录下确实增加了一个名为 zp01 的文件；最后使用 cat 命令查看 zp01 文件的内容。

```
[zp@localhost ~]$ ls
公共  模板  视频  图片  文档  下载  音乐  桌面  anaconda3
[zp@localhost ~]$ ls > zp01
[zp@localhost ~]$ ls
公共  模板  视频  图片  文档  下载  音乐  桌面  anaconda3  zp01
[zp@localhost ~]$ cat zp01
公共
模板
```

图 2-25 输出重定向

继续执行如下命令。

```
[zp@localhost ~]$ ls /boot/ > zp01
[zp@localhost ~]$ cat zp01
```

执行效果如图 2-26 所示。第 1 行命令中使用了单个 “>”，此时原来 zp01 的内容被新内容覆盖掉。第 2 行的 cat 命令也验证了这一点。

```
[zp@localhost ~]$ ls /boot/ > zp01
[zp@localhost ~]$ cat zp01
config-5.14.0-71.el9.x86_64
config-5.14.0-96.el9.x86_64
efi
```

图 2-26 输出重定向（覆盖）

继续执行如下命令。

```
[zp@localhost ~]$ ls >> zp01
[zp@localhost ~]$ cat zp01
```

第 1 行命令中使用了 “>>”。此时，当前目录下的文件列表内容将追加到 zp01 的末尾部分，原来的内容依然存在。由于显示的内容太多，这里不方便截图，读者请自行测试。

2．输入重定向

输入重定向就是改变输入的方向，不再使用键盘作为命令输入的来源，而是使用文件作为命令的输入。

命令语法：

```
[命令] < [文件]
```

在该输入重定向命令中，将文件的内容作为命令的输入。

【实例 2-22】输入重定向。

执行如下命令。

```
[zp@localhost ~]$ wc -l < /etc/passwd
```

执行效果如图 2-27 所示。本实例用于统计/etc/passwd 文件的行数。由于/etc/passwd 文件中每一行存放一个用户的数据，因此本实例相当于统计了用户数量。

```
[zp@localhost ~]$ wc -l < /etc/passwd
37
```

图 2-27 输入重定向

【思考】如果去掉本实例中的重定向符 “<”，结果如何？有什么变化？

另外一种特殊的输入重定向是输入追加重定向。这种输入重定向告诉 Shell，当前标准输入来自命令行的一对分隔符之间的内容。

命令语法：

```
[命令] << [分隔符]
> [文本内容]
> [分隔符]
```

【实例 2-23】输入追加重定向。

执行如下命令。

```
[zp@localhost ~]$ wc -w << EOF
> #这里输入读者自己的内容
> EOF
```

执行效果如图 2-28 所示。注意，本实例中 wc 的选项已改成“-w”，用于统计输入内容中的单词个数。

```
[zp@localhost ~]$ wc -w << EOF
> Bad times make a good man.
> Variety is the spice of life.
> Doubt is the key to knowledge.
> There is no royal road to learning.
> EOF
25
```

图 2-28　输入追加重定向

3．错误重定向

错误重定向，即将某一命令执行时出现的错误提示信息输出到指定文件中。

命令语法：

```
[命令] 2> [文件]
```

另外一种特殊的错误重定向是错误追加重定向，即将某一命令执行时出现的错误提示信息添加到已经存在的文件中。

命令语法：

```
[命令] 2>> [文件]
```

例如，下面这条区块链中常用的命令就是一个很好的关于错误追加重定向的例子。

```
[zp@localhost zp]$ geth --datadir . --nodiscover console 2>> geth.log
```

2.3.3　命令排列

如果希望一次执行多条命令，Shell 允许在不同的命令之间放上特殊的连接字符。命令排列时所使用的连接字符通常有“;”“&&”“||”3 种。

（1）使用“;”连接。

命令语法：

```
命令1 ; 命令2
```

使用“;”连接时，先执行命令 1，不管命令 1 是否出错，接下来都会执行命令 2。

（2）使用“&&”连接。

命令语法：

```
命令1 && 命令2
```

使用“&&”连接时，只有当命令 1 运行完毕并返回正确结果时，才能执行命令 2。

（3）使用“||”连接。

命令语法：

```
命令1 || 命令2
```

使用“||”连接时，只有当命令1执行不成功（产生非0的退出码）时，才能执行命令2。

【实例2-24】命令排列综合实例。

本实例中，涉及3条命令的排列。命令1和命令3均为pwd，该命令用于显示当前工作目录。这是一条有效的命令，执行成功将在屏幕上输出“/home/zp”。命令2为ls /I_do_not_exist/，该命令试图查看一个不存在的目录，执行时会提示“无法访问”。

这3条命令分别使用“;”“&&”“||”进行连接时，将输出不一样的结果。执行如下命令。

```
#使用“;”连接
[zp@localhost ~]$ pwd ; ls /I_do_not_exist/ ; pwd
#使用“&&”连接
[zp@localhost ~]$ pwd && ls /I_do_not_exist/ && pwd
#使用“||”连接
[zp@localhost ~]$ pwd || ls /I_do_not_exist/ || pwd
```

执行效果如图2-29所示。

由运行结果可知：使用“;”连接时，3条命令均被执行，而不管它们是否执行成功；使用“&&”连接时，只有前两条命令被执行，这是因为第2条命令执行失败，后面命令直接被忽略；使用“||”连接时，命令1被执行成功，后面两条命令都被忽略。关于“&&”和“||”的用法，有C语言编程基础的读者可以类比记忆，道理类似。

```
[zp@localhost ~]$ pwd ; ls /I_do_not_exist/ ; pwd
/home/zp
ls: 无法访问 '/I_do_not_exist/': 没有那个文件或目录
/home/zp
[zp@localhost ~]$ pwd && ls /I_do_not_exist/ && pwd
/home/zp
ls: 无法访问 '/I_do_not_exist/': 没有那个文件或目录
[zp@localhost ~]$ pwd || ls /I_do_not_exist/ || pwd
/home/zp
```

图2-29 命令排列

2.3.4 命令续行

Linux部分命令的参数较多，并且参数通常比较长，如果直接写在一行，书写起来很长，既不美观也容易遗漏参数。例如，读者在第9章将会接触到的configure命令就属于这种情况，此时可以使用命令续行功能将一行命令拆成多行。Shell通过续行符（反斜杠“\”）来实现命令续行功能。反斜杠“\”在Shell中有转义符和命令续行符两种含义。

1. 转义符

转义符用来对特殊字符进行转义。例如，执行如下命令。

```
[zp@localhost ~]$ echo "\$zp"
```

echo是Shell中常见的输出命令。本实例的输出结果为$zp，如图2-30所示。

【思考】如果去掉反斜杠“\”，会报错吗?

执行如下命令。

```
[zp@localhost ~]$ echo "$zp"
```

执行效果如图 2-30 所示。此时显示了一行空行。能猜出原因来吗？更多信息会在第 8 章“Shell 编程”中详细介绍。

```
[zp@localhost ~]$ echo "\$zp"
$zp
[zp@localhost ~]$ echo "$zp"

[zp@localhost ~]$
```

图 2-30　转义及输出空行

2．命令续行符

在反斜杠后面按“Enter”键，表示下一行是当前行的续行。例如：

```
./configure --sbin-path=/usr/local/nginx/nginx \
--conf-path=/usr/local/nginx/nginx.conf \
--pid-path=/usr/local/nginx/nginx.pid \
--with-http_ssl_module \
--with-pcre=/usr/local/src/pcre-8.21 \
--with-zlib=/usr/local/src/zlib-1.2.8 \
--with-openssl=/usr/local/src/openssl-1.0.1c
```

【实例 2-25】命令续行实例。

本实例将演示用“&&”连接的命令“pwd && cd /etc && pwd && cd /boot && ls”采用命令续行方式实现，视觉效果会更好。执行如下命令。

```
#命令续行
[zp@localhost ~]$ pwd  \
> && cd /etc \
> && pwd \
> && cd /boot \
> && ls
```

执行效果如图 2-31 所示。

```
[zp@localhost ~]$ pwd \
> && cd /etc/ \
> && pwd \
> && cd /boot/ \
> && ls
/home/zp
/etc
config-5.14.0-71.el9.x86_64
config-5.14.0-96.el9.x86_64
efi
```

图 2-31　命令续行

2.3.5　命令别名

在使用 Linux 操作系统的过程中，会使用到大量命令。某些命令非常长且参数较多，如果这类命令需要经常使用，可能就需要用户重复输入命令、选项和参数，这样既费时费力，也容易出现错误。此时可以使用命令别名功能，以期通过使用比较简单的命令别名来提高工作效率。

1．查看已定义的别名

使用 alias 命令可以查看已经定义的命令别名。

【实例 2-26】查看已定义的命令别名。

执行如下命令。

```
[zp@localhost ~]$ alias
```

执行效果如图 2-32 所示。

```
[zp@localhost ~]$ alias
alias egrep='egrep --color=auto'
alias fgrep='fgrep --color=auto'
alias grep='grep --color=auto'
alias l.='ls -d .* --color=auto'
```

图 2-32　查看已定义的命令别名

2．创建别名

使用 alias 命令可以为命令定义别名。命令语法：

```
alias [别名]=[需要定义别名的命令]
```

如果命令中有空格（例如命令与选项或参数之间就存在空格），就需要使用双引号将整条命令进行标识。

3．使用别名

别名的用法与普通命令的用法基本相同。

4．取消别名

当用户需要取消别名的定义时，可以使用 unalias 命令。命令语法：

```
unalias [别名]
```

【实例 2-27】命令别名综合实例。

本实例将演示别名创建、使用和取消的全过程。执行如下命令。

```
[zp@localhost ~]$ mkdir test
[zp@localhost ~]$ alias zp="pwd; cd test; pwd"     #创建别名 zp
[zp@localhost ~]$ zp                                #使用别名 zp
[zp@localhost test]$ unalias zp                     #取消别名 zp
[zp@localhost test]$ zp                             #使用已经被取消的别名 zp
```

执行效果如图 2-33 所示。

```
[zp@localhost ~]$ mkdir test
[zp@localhost ~]$ alias zp="pwd; cd test; pwd"
[zp@localhost ~]$ zp
/home/zp
/home/zp/test
[zp@localhost test]$ unalias zp
[zp@localhost test]$ zp
bash: zp: command not found...
```

图 2-33　命令别名综合实例

【思考】本实例中，如果在第 3 行调用 zp 别名之后，再继续调用一次 zp，结果如何？为什么？

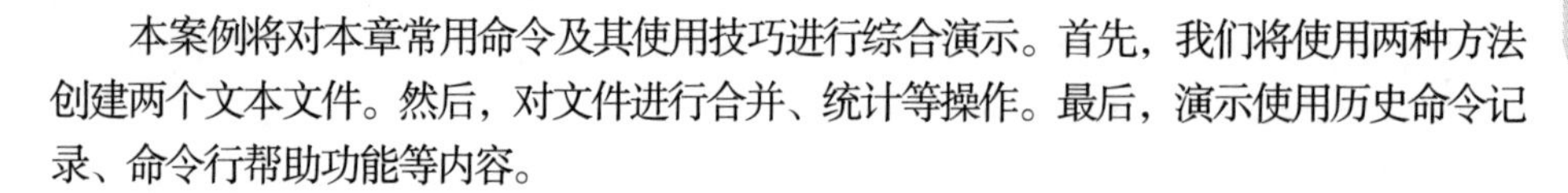

2.4 综合案例：命令行基础综合实践

综合案例：命令行基础综合实践

2.4.1 案例概述

本案例将对本章常用命令及其使用技巧进行综合演示。首先，我们将使用两种方法创建两个文本文件。然后，对文件进行合并、统计等操作。最后，演示使用历史命令记录、命令行帮助功能等内容。

2.4.2 案例详解

1．创建一个文件 file01

文件 file01 的内容如下。

```
Never give up,
never lose hope.
Always have faith,
it allows you to cope.
Just have patience,
your dreams will come true.
```

创建文件 file01 的方法有很多，这里我们使用输入重定向和输出重定向的组合来实现文件 file01 的创建。该方法具有较强的技巧性，初学者理解起来可能会比较吃力。执行如下命令。

```
[zp@localhost ~]$ cat > file01 << EOF
> #这里输入文件内容
> EOF
```

执行效果如图 2-34 所示。接下来，我们可以使用 ls 命令验证，并发现当前目录下增加了一个名为 file01 的文件。我们还可以进一步使用 cat 命令查看文件 file01 的内容。

```
[zp@localhost ~]$ cat > file01 << EOF
> Never give up,
> never lose hope.
> Always have faith,
> it allows you to cope.
> Just have patience,
> your dreams will come true.
> EOF
[zp@localhost ~]$ ls
公共  视频  文档  音乐  anaconda3  test
模板  图片  下载  桌面  file01     zp01
[zp@localhost ~]$ cat file01
Never give up,
never lose hope.
Always have faith,
it allows you to cope.
Just have patience,
your dreams will come true.
```

图 2-34　创建文件 file01

2．创建另一个文件 file02

文件 file02 的内容如下。

```
Thank you for comforting me when I'm sad.
Loving me when I'm mad.
Picking me up when I'm down.
```

这一次我们使用 Vi 来创建文件 file02。Vi 是一款经典的命令行编辑器，Vim 是 Vi 的增强版。大多数 Linux 发行版会内置 Vi/Vim 命令行编辑器。使用文本模式进行 Linux 操作系统管理时，一般会用到 Vi/Vim 等的命令行编辑器。由于 Vi 并不是 Linux 操作系统的核心内容，且 Vi/Vim 的详细用法较为复杂，因此本书并不打算过多展开，有兴趣的读者可以自行查阅相关资料。为帮助初学者聚焦 Linux 操作系统的核心内容，降低学习门槛，除了接下来这个例子外，本书尽量减少 Vi/Vim 的使用。对于 GUI，读者一般可以直接使用 GUI 程序 gedit 替代所接触到的命令中的 Vi/Vim。程序 gedit 类似于 Windows 操作系统中的记事本。

在命令行提示符后输入“vi file02”可以打开一个命令行编辑器以供用户输入 file02 的正文内容。读者首先在键盘上按“I”键，然后在命令编辑界面输入文件 file02 的内容。接下来，读者先按“Esc”键，然后按“Shift+:”组合键，此时在屏幕的左下角将出现“:”提示符，读者在该提示符后面输入“wq”，按“Enter”键确认，即可保存输入内容并退出编辑界面。执行效果如图 2-35 所示。

```
Thank you for comforting me when I'm sad.
Loving me when I'm mad.
Picking me up when I'm down.
~
~
~
:wq
```

图 2-35　创建文件 file02

接下来，我们可以使用 ls 命令验证，并发现当前目录下增加了一个名为 file02 的文件。我们还可以进一步使用 cat 命令查看文件 file02 的内容。执行如下命令。

```
[zp@localhost ~]$ vi file02
[zp@localhost ~]$ ls
[zp@localhost ~]$ cat file02
```

执行效果如图 2-36 所示。

```
[zp@localhost ~]$ vi file02
[zp@localhost ~]$ ls
公共  视频  文档  音乐  anaconda3  file02  zp01
模板  图片  下载  桌面  file01     test
[zp@localhost ~]$ cat file02
Thank you for comforting me when I'm sad.
Loving me when I'm mad.
Picking me up when I'm down.
```

图 2-36　验证并查看文件 file02

3．文件合并与输出

将 file01 和 file02 合并，并将合并结果输出到 zp02 中。

执行如下命令。

```
[zp@localhost ~]$ cat file01 file02 >> zp02
[zp@localhost ~]$ cat zp02
```

执行效果如图 2-37 所示。

```
[zp@localhost ~]$ cat file01 file02 >> zp02
[zp@localhost ~]$ cat zp02
Never give up,
never lose hope.
Always have faith,
it allows you to cope.
Just have patience,
your dreams will come true.
Thank you for comforting me when I'm sad.
Loving me when I'm mad.
Picking me up when I'm down.
```

图 2-37　文件合并与输出

4．统计文件 zp02 的行数和单词的个数

执行如下命令。

```
[zp@localhost ~]$ wc -l zp02
[zp@localhost ~]$ wc -w zp02
```

执行效果如图 2-38 所示。

```
[zp@localhost ~]$ wc -l zp02
9 zp02
[zp@localhost ~]$ wc -w zp02
41 zp02
```

图 2-38　统计文件 zp02 的行数和单词的个数

5．在文件 zp02 中查找单词 you

执行如下命令。

```
[zp@localhost ~]$ grep you zp02 |wc -l
[zp@localhost ~]$ grep you zp02
```

执行效果如图 2-39 所示。

```
[zp@localhost ~]$ grep you zp02 |wc -l
2
[zp@localhost ~]$ grep you zp02
It allows you to cope.
Thank you for comforting me when I'm sad.
```

图 2-39　查找指定字符串

6．查看最近输入的 5 条命令

执行如下命令。

```
[zp@localhost ~]$ history 5
```

执行效果如图 2-40 所示。

```
[zp@localhost ~]$ history 5
  367  wc -l zp02
  368  wc -w zp02
  369  grep you zp02 |wc -l
  370  grep you zp02
  371  history 5
```

图 2-40　查看历史命令记录

7．使用历史命令记录

从历史命令记录中调出第 4 步中执行的命令，并重新执行。前面介绍了多种方法可以实现这一功能。不过编者还是喜欢直接使用键盘的上、下方向键去查看并使用最近用过的命令。这里不方便截图，读者请自行尝试。

8．查看 rm 命令的帮助信息

执行如下命令。

```
[zp@localhost ~]$ rm --help
```

执行效果如图 2-41 所示。

```
[zp@localhost ~]$ rm --help
用法：rm [选项]... [文件]...
删除 (unlink) 指定<文件>。

  -f, --force           强制删除。忽略不存在的文件，不提示确认
  -i                    每次删除前提示确认
  -I                    在删除超过三个文件或者递归删除前提示一次并
要求确认；此选项比-i提示内容更少，但同样可以阻止

大多数错误发生
```

图2-41 使用帮助功能

9．借助帮助信息学习新命令

根据帮助信息，尝试使用rm命令删除zp02。

根据图2-41中第2行提供的“用法”，我们推测该命令的最基本用法是在rm命令后面直接加文件名。为了帮助读者理解，我们在rm命令的前后分别增加了一条ls命令。第1条ls命令表明在rm命令执行前，文件zp02是存在的。而第2条ls命令表明rm命令执行之后，该文件已经不存在。执行如下命令。

```
[zp@localhost ~]$ ls zp02
[zp@localhost ~]$ rm zp02
[zp@localhost ~]$ ls zp02
```

执行效果如图2-42所示。

```
[zp@localhost ~]$ ls zp02
zp02
[zp@localhost ~]$ rm zp02
[zp@localhost ~]$ ls zp02
ls: 无法访问 'zp02': 没有那个文件或目录
[zp@localhost ~]$
```

图2-42 尝试使用新命令

习题2

1. 什么是Shell，它有什么作用？
2. 为什么要学习Linux命令行？
3. 简述管道的用途。
4. 重定向是什么，有哪些常见的类型？
5. 获取Linux命令行帮助信息的方法有哪些？
6. 简述Linux命令行命令的语法格式。

实训2

1. 使用命令行帮助功能查看date、more、less等命令的帮助信息。注意：实训2的第2题和第4题中会用到这3个命令。

2. 显示当前计算机上的日期和时间。

3. 为命令“cat /etc/passwd”设置别名catpasswd。使用别名查看文件内容，然后将查看到的内容保存到一个新文件zppasswd中。最后取消别名。

4. 借助管道，分页显示/etc/shadow的内容，然后统计该文件行数。

5. 使用自动补全、历史命令记录等功能重新执行上述某条命令。

知识概览

内容导读

Linux 操作系统专业性较强，与部分读者常用的 Windows 操作系统存在诸多显著的差异，我们对其进行管理和维护具有一定的难度。本篇旨在介绍 Linux 操作系统管理和维护过程中所涉及的基本技术和方法，以帮助读者掌握管理和维护 Linux 操作系统所需要的基础知识。

本篇将从文件和目录管理、用户和组管理、磁盘存储管理、进程管理 4 个方面展开介绍，除了会介绍基础性的原理外，还会结合具体实例来讲解各类相关知识点。通过学习本篇的内容，读者可以掌握 Linux 操作系统中文件和目录管理方法、用户和组管理方法、磁盘存储管理方法和进程管理方法等。

第 3 章 文件和目录管理

文件和目录管理是 Linux 操作系统管理和维护的重要组成部分。本章将对 Linux 文件和目录的基本知识、常见的命令进行系统介绍，以帮助读者掌握文件和目录管理的基本技巧。

科技自立自强

办公软件

WPS Office 是由北京金山办公软件股份有限公司自主研发的，目前已被推广到 50 多个国家和地区。其历史最早可以追溯到 1988 年，比 Microsoft Office 1.0 还早一年。2020 年 12 月，教育部教育考试院宣布将 WPS Office 列为全国计算机等级考试（National Computer Rank Examination，NCRE）科目之一。

3.1 Linux 文件和目录概述

Linux 文件和目录概述

3.1.1 Linux 文件基础

Linux 与 Windows 存在较大的差异，这样可能会让习惯于 Windows 环境的读者心生畏惧。在本节中，编者就从它们在文件和目录管理方面的差异入手进行介绍。就文件和目录管理而言，Linux 与 Windows 主要存在以下几个方面的差异。

（1）Linux 操作系统中，一切都是文件。与 UNIX 操作系统类似，Linux 操作系统将一切资源都看作文件。例如，系统中的每个硬件都被当作一个文件，通常称为设备文件。用户可以通过读写文件的方式实现对硬件的访问。

（2）Linux 中文件名是区分字母大小写的，所有的 UNIX 操作系统也遵循这个规则。

（3）Linux 文件通常没有扩展名。给 Linux 文件设置扩展名通常是为了方便用户使用。Linux 文件的扩展名和它的种类没有任何关系，例如，zp.exe 可以是文本文件，zp.txt 可以是可执行文件，当然一般不建议采用此类不符合常规的命名方式。

（4）Linux 中没有盘符的概念（如 Windows 中的 C 盘），不同的硬盘分区是被挂载在不同目录下的。Linux 的目录结构为树状结构，顶层的目录为根目录“/”。其他目录通过挂载可以添加到目录树中。例如，对于文件 file01.txt，它在 Linux 中的绝对路径可能是/home/zp/file01.txt，而在 Windows 中的绝对路径可能是 C:\Users\zp\file01.txt。

Linux 中常见的文件类型主要包括常规文件、目录文件、设备文件、衔接文件、管道文件和套接字文件等。其中设备文件又可以分为块设备文件和字符设备文件。Linux 文件的类型可以通过其文件属性标志进行区分。Linux 中常见的属性标志及文件类型如表 3-1 所示。

表 3-1　Linux 中常见的属性标志及文件类型

属性标志	文件类型
-	常规文件
d	目录文件
b	块设备（Block Device）文件，如硬盘。支持以块为单位进行随机访问
c	字符设备（Character Device）文件，如键盘。支持以字符为单位进行线性访问
l	符号链接（Symbolic Link）文件，又称软链接文件
p	命名管道（Named Pipe）文件
s	套接字（Socket）文件，用于两个进程通信的实现

【实例 3-1】查看文件类型信息。

读者可以通过 ls -l 命令，查看文件的属性标志。例如，执行如下命令。

```
[zp@localhost ~]$ ls -l /
```

执行效果如图 3-1 所示。本实例中，我们使用 ls -l 查看“/”目录下的文件详细信息。ls 是用于显示文件内容的命令，-l 表示以长格式显示文件的详细信息，“/”代表根目录。Linux 操作系统中，所有文件和目录都应当位于根目录或者从根目录开始的某一级目录之下。

```
[zp@localhost ~]$ ls -l /
总用量 24
dr-xr-xr-x.   2 root root    6 8月   9  2021 afs
lrwxrwxrwx.   1 root root    7 8月   9  2021 bin -> usr/bin
dr-xr-xr-x.   5 root root 4096 6月   4 22:26 boot
drwxr-xr-x.  20 root root 3360 6月   4 22:25 dev
drwxr-xr-x. 130 root root 8192 6月  20 08:35 etc
drwxr-xr-x.   3 root root   16 3月  26 18:06 home
lrwxrwxrwx.   1 root root    7 8月   9  2021 lib -> usr/lib
```

图 3-1　查看文件类型

图 3-1 所示的列表中，最左侧的 10 个字符表示文件的属性。这些字符的含义如表 3-2 所示。其中，最左侧第一个字符表示文件类型，其含义如表 3-1 所示。例如，afs 和 boot 等文件的最左侧字符都为 d，其代表它们都是目录文件。而 bin 和 lib 等文件的最左侧字符都为 l，其代表它们都是链接文件，更具体地说，它们都是符号链接文件。关于链接文件，后文还会详细介绍。

表 3-2　属性字符含义

字符	含义	字符	含义
第 1 个字符	代表文件类型	第 5～7 字符	代表用户组权限
第 2～4 字符	代表用户权限	第 8～10 字符	代表其他用户权限

文件属性字符串中的第 2～10 个字符一般由“r”“w”“x”“-”组成。其中的“r”代表可读，“w”代表可写，“x”代表可执行，“-”代表没有该权限。这些字符可以依次分为 3 组，分别代表用户权限、用户组权限和其他用户权限。第 2～10 个字符的含义和用途还会在第 4 章进一步介绍。

【实例 3-2】查看设备文件类型信息。

作为与【实例 3-1】的对比，请读者输入如下命令。

```
[zp@localhost ~]$ ls -l /dev
```

执行效果如图 3-2 所示。细心的读者可以发现，编者输入命令时故意做了一些调整。图 3-2 中，“-l”的位置与上面命令中的并不相同，但是这两条命令的执行效果是相同的。图 3-2 中“/dev”后面的“/”也是可以删除的。还记得这个多余的“/”是怎么产生的吗？

```
[zp@localhost ~]$ ls /dev/ -l
总用量 0
crw-r--r--. 1 root root     10, 235 6月  4 22:24 autofs
drwxr-xr-x. 2 root root         160 6月  4 22:25 block
drwxr-xr-x. 2 root root          80 6月  4 22:24 bsg
drwxr-xr-x. 3 root root          60 6月  4 22:24 bus
lrwxrwxrwx. 1 root root           3 6月  4 22:24 cdrom -> sr0
drwxr-xr-x. 2 root root        3140 6月  4 23:14 char
crw--w----. 1 root tty       5,   1 6月  4 22:24 console
```

图 3-2　查看设备文件类型信息

本实例中，我们查看的是“/dev”目录中的信息。由于这个目录下包括的是设备文件，因此输出结果与其他文件目录下的输出结果会略有不同。通常情况下，设备文件在第 5 列会有两个以逗号隔开的数字。其中第 1 个数字为主设备号，用于区分设备类型（不同类型设备的主设备号不同），进而确定需要加载设备的驱动程序；第 2 个数字为次设备号，用于区分同一类型的不同设备。

【**实例 3-3**】使用 file 查看更详细的文件类型信息。

读者还可以使用 file 查看更详细的文件类型信息，依次执行如下命令。

```
[zp@localhost ~]$ file /boot/          #目录文件
[zp@localhost ~]$ file /lib            #链接文件
[zp@localhost ~]$ file /dev/tty        #字符设备文件
[zp@localhost ~]$ file /dev/sda        #块设备文件
[zp@localhost ~]$ file ~/.bashrc       #文本文件
```

执行效果如图 3-3 所示。

```
[zp@localhost ~]$ file /boot/
/boot/: directory
[zp@localhost ~]$ file /lib
/lib: symbolic link to usr/lib
[zp@localhost ~]$ file /dev/tty
/dev/tty: character special (5/0)
[zp@localhost ~]$ file /dev/sda
/dev/sda: block special (8/0)
[zp@localhost ~]$ file ~/.bashrc
/home/zp/.bashrc: ASCII text
```

图 3-3　使用 file 查看更详细的文件类型信息

3.1.2 Linux 目录基础

在 Linux 中，目录也是一种文件类型。Linux 操作系统以目录的方式来组织和管理系统中的所有文件。Linux 目录结构遵循 FHS（Filesystem Hierarchy Standard，文件系统层次化标准），因此主流 Linux 发行版的目录结构基本类似。Linux 目录采用了一种层次化结构，在各个目录节点下可以进一步包括文件和子目录。下面介绍一些与目录相关的常见术语。

（1）根目录。Linux 的根目录“/”是 Linux 操作系统中最特殊的目录。每一个文件和目录都从根目录开始。注意，尽管 root 的中文含义是根，但根目录和/root 目录不同。/root 目录是 root 用户的主目录。

（2）工作目录。用户在操作过程中会经常进行目录切换。但用户每时每刻都处在某个目录之中，此目录被称作工作目录（Working Directory）或当前目录。用 pwd 命令可以查看用户的当前目录。

（3）用户主目录。用户主目录一般是在添加用户时建立起来的。每个用户都有自己的主目录，不同用户的主目录一般互不相同。用户打开终端，或者远程登录 Linux 操作系统，通常首先进入自己的主目录。普通用户的主目录通常位于/home 目录之下。例如，本书编写过程通常使用 zp 和 john 两个用户，他们的主目录分别是/home/zp 和/home/john。Linux 用户主目录用“～”表示，读者可以使用“cd ～”或者“cd”快速切换到当前用户的主目录；读者还可以使用“cd ～用户名”快速切换到指定用户的主目录，例如“cd ～john”。需要注意的是，root 用户的主目录一般位于“/root”。

（4）路径。路径是指从树状目录中的某个目录层次到某个文件的“道路”。路径又可以分为相对路径和绝对路径。绝对路径从根目录开始，相对路径通常从当前目录开始。例如【实例 3-3】中，前 4 条命令中的路径（如“/dev/tty”）都是绝对路径，而最后一条命令中的路径（如“～/.bashrc”）是相对路径。相对路径在不同的上下文环境中具有不同的含义，读者使用时要保持谨慎。

（5）当前目录和父目录。当前目录用“.”表示，当前目录的父目录用“..”表示。例如，输入“cd ..”可以进入上一级目录。借助这两个符号，读者可以轻松构造出不同的相对路径。

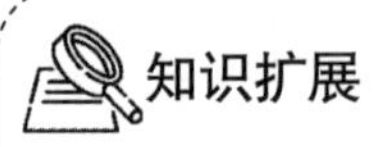

FHS

FHS 定义了类 UNIX 操作系统中的目录结构和目录内容。它由 Linux 基金会维护，初始版本于 1994 年发布，2015 年发布了 3.0 版本。主流的 Linux 发行版都遵循 FHS。

3.2 文件操作命令

接下来，我们需要学习文件创建、查看、复制、链接、移动、删除等操作。为了避免操作不当，破坏系统原有文件，建议读者在自行创建的文件上进行文件操作等相关实践。

3.2.1 创建文件命令 touch（或 Vi/Vim、gedit）

在前面的章节中，我们至少介绍了 3 种创建文本文件的方法。我们既可以通过输出重定向创建文件，也可以通过输出重定向和输入重定向的组合创建文件，还可以通过 Vi 或者 Vim 等命令行编辑器或者 gedit 等 GUI 程序创建文件。

本小节重点介绍一个与创建文件存在一定关联的命令 touch。

命令功能：touch 命令既可以用于创建空文件，也可以更改现有文件时间戳。这里所说的更改时间戳意味着更新文件和目录的访问以及修改时间。

命令语法：touch [选项] [文件]。

主要选项：该命令中，主要选项的含义如表 3-3 所示。

表 3-3　touch 命令主要选项的含义

选项	选项含义
-a	只更新访问时间
-m	只更新修改时间
-c	不创建新的文件
-t	使用指定时间，而不是使用当前时间
-r	把指定的文件或目录的日期和时间设置为与参考文件或目录的相应值相同

【实例 3-4】创建空文件。

使用 touch 命令可以根据给定的新文件名，创建空文件。执行如下命令。

```
[zp@localhost ~]$ touch zp01.txt
[zp@localhost ~]$ ls -l zp01.txt
[zp@localhost ~]$ stat zp01.txt
```

执行效果如图 3-4 所示。使用 touch 命令创建空文件的应用场景较为广泛。例如，我们可以用它来创建空文件，以用于本章后续的复制、移动、删除等操作。再如，我们可以用它来创建 README、NEWS、ChangeLog 等空白占位文件，这一操作在 Autotools 等工具中经常会用到（详见第 9 章“Linux C 编程”）。

本实例中，我们使用 stat 查看文件更详细的状态信息。本书中，为了降低初学者的学习难度，我们经常会将一些命令的用法放在实例或者综合案例中，供初学者选择性学习。

```
[zp@localhost ~]$ touch zp01.txt
[zp@localhost ~]$ ls -l zp01.txt
-rw-r--r--. 1 zp zp 0  6月 20 10:43 zp01.txt
[zp@localhost ~]$ stat zp01.txt
  文件: zp01.txt
  大小: 0               块: 0          IO 块: 4096   普通空文件
设备: fd00h/64768d      Inode: 1242991     硬链接: 1
权限: (0644/-rw-r--r--)  Uid: ( 1000/      zp)   Gid: ( 1000/
 zp)
环境: unconfined_u:object_r:user_home_t:s0
最近访问: 2022-06-20 10:43:52.625151001 -0400
最近更改: 2022-06-20 10:43:52.625151001 -0400
最近改动: 2022-06-20 10:43:52.625151001 -0400
创建时间: 2022-06-20 10:43:52.625151001 -0400
```

图 3-4 创建空文件

【实例 3-5】更新文件和目录的时间信息。

通过在 touch 命令中使用-m 选项，我们可以使用系统当前时间更新某个已经存在的文件或目录的修改时间。为了看到明显差异，在【实例 3-4】执行完后，请等待一定时间，再执行如下命令。

```
[zp@localhost ~]$ touch -m zp01.txt
[zp@localhost ~]$ stat zp01.txt
```

执行效果如图 3-5 所示。通过与图 3-4 对比，我们可以发现“最近更改”和“最近改动”两项发生了变化。

```
[zp@localhost ~]$ touch -m zp01.txt
[zp@localhost ~]$ stat zp01.txt
  文件: zp01.txt
  大小: 0               块: 0          IO 块: 4096   普通空文件
设备: fd00h/64768d      Inode: 1242991     硬链接: 1
权限: (0644/-rw-r--r--)  Uid: ( 1000/      zp)   Gid: ( 1000/
 zp)
环境: unconfined_u:object_r:user_home_t:s0
最近访问: 2022-06-20 10:43:52.625151001 -0400
最近更改: 2022-06-20 10:48:02.161372133 -0400
最近改动: 2022-06-20 10:48:02.161372133 -0400
创建时间: 2022-06-20 10:43:52.625151001 -0400
```

图 3-5 更新文件和目录的时间信息

【实例 3-6】设定文件和目录的时间信息。

默认情况下，touch 命令使用系统当前时间来更新文件和目录的访问及修改时间。假设我们想要将其设定为特定的日期和时间，可以使用-t 选项来实现。

```
[zp@localhost ~]$ touch -c -t 202811201234 zp01.txt    #指定了年、月、日和时间信息
[zp@localhost ~]$ stat zp01.txt
```

执行效果如图 3-6 所示。本实例中，我们成功穿越到了 2028 年，并留下了访问记录。

```
[zp@localhost ~]$ touch -c -t 202811201234 zp01.txt
[zp@localhost ~]$ stat zp01.txt
  文件：zp01.txt
  大小：0            块：0          IO 块：4096   普通空文件
设备：fd00h/64768d     Inode：1242991     硬链接：1
权限：(0644/-rw-r--r--)  Uid：( 1000/      zp)   Gid：( 1000/
 zp)
环境：unconfined_u:object_r:user_home_t:s0
最近访问：2028-11-20 12:34:00.000000000 -0500
最近更改：2028-11-20 12:34:00.000000000 -0500
最近改动：2022-06-20 11:04:39.431248876 -0400
创建时间：2022-06-20 10:43:52.625151001 -0400
```

图 3-6　设定文件和目录的时间信息

【实例 3-7】创建具有特定时间记录信息的文件。

创建新文件 zp02.txt，其时间记录与 zp01.txt 中的部分时间记录相同。执行如下命令。

```
[zp@localhost ~]$ touch -r zp01.txt zp02.txt
[zp@localhost ~]$ stat zp02.txt
```

执行效果如图 3-7 所示。zp02.txt 是新创建的文件。通过查看文件的状态信息，并与【实例 3-6】的结果进行对比，可以发现两者时间记录的相同部分和不同部分。

```
[zp@localhost ~]$ touch -r zp01.txt zp02.txt
[zp@localhost ~]$ stat zp02.txt
  文件：zp02.txt
  大小：0            块：0          IO 块：4096   普通空文件
设备：fd00h/64768d     Inode：1242992     硬链接：1
权限：(0644/-rw-r--r--)  Uid：( 1000/      zp)   Gid：( 1000/
 zp)
环境：unconfined_u:object_r:user_home_t:s0
最近访问：2028-11-20 12:34:00.000000000 -0500
最近更改：2028-11-20 12:34:00.000000000 -0500
最近改动：2022-06-20 11:04:55.002387475 -0400
创建时间：2022-06-20 11:02:32.554119540 -0400
```

图 3-7　创建具有特定时间记录信息的文件

3.2.2 查看文件内容命令 cat、more、less、head、tail

查看（文本）文件内容的命令比较多，典型的命令包括 cat、more、less、head、tail 等。cat 命令在之前的实例与综合案例中已经反复使用。

more 和 less 命令适用于查看篇幅较大的文件。它们可以让使用者以分页的形式查看文件内容，方便使用者逐页阅读，这是它们与 cat 命令的最大区别之一。读者通常可以通过空格键、PageDown 键或下方向键前向翻页，也可以通过 B 键、PageUp 键或上方向键后向翻页。less 命令出现的时间相对更晚，这让它有机会解决了 more 命令遇到的问题，因此业界流传着"Less is more"的说法。此外，它们还提供了搜索功能，有兴趣的读者可以自行研究。使用 more 或 less 命令进入分页界面后，可以使用 Q 键退出该界面。

head 和 tail 命令分别可以显示文档的开始或者结束部分的几行内容。默认一般显示 10 行，我们也可以指定显示的行数。tail 命令通常用来查看日志文件。由于日志文件更新内容一般追加在文件的末尾，通过使用 tail -f zp.log 可以即时输出文件更新部分的内容。

【实例 3-8】查看文件内容。

执行如下命令。

```
[zp@localhost ~]$ man cat more less head tail > bigfile
[zp@localhost ~]$ wc -l bigfile
```

执行效果如图 3-8 所示。第 1 条命令利用重定向创建一个内容较多的文件。第 2 条命令统计文件行数，所创建的 bigfile 文件内容接近 2 500 行。

```
[zp@localhost ~]$ man cat more less head tail > bigfile
troff: <standard input>:860: warning [p 14, 8.2i]: cannot adjust li
ne
[zp@localhost ~]$ wc -l bigfile
2448 bigfile
```

图 3-8 创建实验文件

接下来，我们依次测试上述命令的使用。它们的用法都比较简单，最常用的用法是命令名称后面接指定的文件名。

```
[zp@localhost ~]$ cat bigfile
[zp@localhost ~]$ more bigfile
[zp@localhost ~]$ less bigfile
[zp@localhost ~]$ head -5 bigfile
[zp@localhost ~]$ tail -5 bigfile
```

由于 cat、more、less 命令显示内容的篇幅较大，并且完整演示后两条命令还涉及前面提及的其他操作，因此不方便截图。head 和 tail 命令的执行效果截图如图 3-9 所示。head 和 tail 命令中，我们都使用了“-5”，用于指定各显示 5 行内容（含空白行）。

```
[zp@localhost ~]$ head -5 bigfile
CAT(1)                    User Commands                    CAT(1)

NAME
       cat - concatenate files and print on the standard output

[zp@localhost ~]$ tail -5 bigfile
       utils/tail>
       or  available  locally via: info '(coreutils) tail invoca-
       tion'

GNU coreutils 8.32         August 2021                    TAIL(1)
```

图 3-9 使用 head 和 tail 命令查看文件内容

3.2.3 文件复制命令 cp

命令功能：cp 命令用于复制文件或目录。若同时指定两个以上的文件或目录，且最后的目的地是一个已经存在的目录，则它会把前面指定的所有文件或目录复制到这个已存在的目录中。若同时指定两个以上的文件或目录，而目的地并非一个已经存在的目录，则会出现错误提示信息。

命令语法：cp [选项] source dest。

主要选项：该命令中，主要选项的含义如表 3-4 所示。

表 3-4 cp 命令主要选项的含义

选项	选项含义
-f	覆盖已经存在的目标文件而不给出提示
-i	与-f 选项相反，在覆盖目标文件之前给出提示，要求用户确认是否覆盖，回答“y”时目标文件将被覆盖
-p	除复制文件的内容外，还把修改时间和访问权限也复制到新文件中
-r	递归复制目录及其子目录内的所有内容
-l	不复制文件，只生成硬链接文件（Hard Link File）
-s	只创建符号链接而不复制文件

【实例 3-9】复制文件。

复制文件 zp01.txt 到 zp01。假定读者已经完成了本章前面的实例，当前目录下存在一个名为 zp01.txt 的文件。执行如下命令。

```
[zp@localhost ~]$ cp zp01.txt zp01
[zp@localhost ~]$ ls -l zp01*
```

执行效果如图 3-10 所示。注意，zp01 的时间是当前系统的时间。那么，这里显示的 zp01.txt 的时间具体又是前面实例中的哪个时间呢？第 2 条命令中的“*”是一种常用的通配符，代表任意长度的字符串。

```
[zp@localhost ~]$ cp zp01.txt zp01
[zp@localhost ~]$ ls -l zp01*
-rw-r--r--. 1 zp zp 0  6月 20 11:14 zp01
-rw-r--r--. 1 zp zp 0 11月 20  2028 zp01.txt
```

图 3-10　文件复制

【实例 3-10】复制文件且保留时间信息。

如果把修改时间等信息也复制到新文件中，此时需要使用-p 选项。执行如下命令。

```
[zp@localhost ~]$ cp -p zp01.txt zp01p
[zp@localhost ~]$ ls -l zp01*
```

执行效果如图 3-11 所示。

```
[zp@localhost ~]$ cp -p zp01.txt zp01p
[zp@localhost ~]$ ls -l zp01*
-rw-r--r--. 1 zp zp 0  6月 20 11:14 zp01
-rw-r--r--. 1 zp zp 0 11月 20  2028 zp01p
-rw-r--r--. 1 zp zp 0 11月 20  2028 zp01.txt
```

图 3-11　文件复制且保留时间信息

【实例 3-11】同时复制多个文件到指定目录。

首先，使用 mkdir 创建目录 zpdir。关于 mkdir 的用法，3.3.2 小节还会详细讲解。

然后，将 3 个文件复制到该目录中。

执行如下命令。

```
[zp@localhost ~]$ mkdir zpdir
[zp@localhost ~]$ cp zp01 zp01.txt zp01p zpdir/
[zp@localhost ~]$ ll zpdir/
[zp@localhost ~]$ cp zp01 zp01.txt zp01p  #错误示例：zp01p 并不是目录
```

执行效果如图 3-12 所示。第 3 行命令中“ll”的功能与“ls -l”的功能基本类似。最后一行命令是一个错误示例。

```
[zp@localhost ~]$ mkdir zpdir
[zp@localhost ~]$ cp zp01 zp01.txt zp01p zpdir/
[zp@localhost ~]$ ll zpdir/
总用量 0
-rw-r--r--. 1 zp zp 0  6月 20 11:24 zp01
-rw-r--r--. 1 zp zp 0  6月 20 11:24 zp01p
-rw-r--r--. 1 zp zp 0  6月 20 11:24 zp01.txt
[zp@localhost ~]$ cp zp01 zp01.txt zp01p
cp: 目标'zp01p' 不是目录
```

图 3-12　同时复制多个文件到指定目录

【实例 3-12】复制目录。

目录是一类特殊的文件，因此许多文件命令也可以用于目录操作，这其中就包括 cp 命令。本实例将演示如何将目录 zpdir 复制到目录 zpdir01。假定读者已经完成【实例 3-11】，当前目录下存在一个名为 zpdir 的目录。执行如下命令。

```
[zp@localhost ~]$ cp zpdir/ zpdir01  #错误示例：复制目录时没有使用-r 选项
[zp@localhost ~]$ cp -r zpdir/ zpdir01
[zp@localhost ~]$ ll zpdir01/
```

执行效果如图 3-13 所示。注意，第 1 条命令在执行过程中会出现提示。因为复制的是目录，需要使用-r 选项。在截图（见图 3-13）中，编者故意将第 2 条命令中的“-r”调整到了最后，结果是一样的。读者可以将本实例第 3 条命令的输出结果与【实例 3-11】的结果对比，以比较 zpdir 和 zpdir01 两个目录中的内容。

```
[zp@localhost ~]$ cp zpdir/ zpdir01
cp: 未指定 -r; 略过目录'zpdir/'
[zp@localhost ~]$ cp zpdir/ zpdir01 -r
[zp@localhost ~]$ ll zpdir01/
总用量 0
-rw-r--r--. 1 zp zp 0  6月 20 11:37 zp01
-rw-r--r--. 1 zp zp 0  6月 20 11:37 zp01p
-rw-r--r--. 1 zp zp 0  6月 20 11:37 zp01.txt
```

图 3-13 目录复制

【实例 3-13】复制链接文件。

链接文件可以进一步分为硬链接文件和软链接文件两种，后者又称为符号链接文件。软链接与 Windows 操作系统中的快捷方式有点类似，它给文件或目录创建了一个快速的访问路径。硬链接即给源文件的 inode 分配多个文件名，然后我们可以通过任意一个文件名找到源文件的 inode，从而读取到源文件的信息。使用-l 可以创建硬链接文件，使用-s 可以创建软链接文件。执行如下命令。

```
[zp@localhost ~]$ cp -l zp01.txt linkhard01
[zp@localhost ~]$ cp -s zp01.txt linksoft01
[zp@localhost ~]$ ll link*
```

执行效果如图 3-14 所示。细心的读者可以发现，两种链接文件的“ll”命令显示结果存在较大的差异。前者被识别成链接文件（“l”），而后者被识别成普通文件（“-”）。读者可以使用 file 命令进一步查看并比较差异。关于链接文件，后面还会介绍一个新的命令。

```
[zp@localhost ~]$ cp -l zp01.txt linkhard01
[zp@localhost ~]$ cp -s zp01.txt linksoft01
[zp@localhost ~]$ ll link*
lrwxrwxrwx. 1 zp zp 8  6月 21 03:59 linkhard01 -> zp01.txt
-rw-r--r--. 2 zp zp 0 11月 20  2028 linksoft01
```

图 3-14 复制链接文件

3.2.4 文件链接命令 ln

命令功能：使用 ln 命令可以创建链接文件（包括软链接文件和硬链接文件）。

命令语法：ln [选项] … [-T] TARGET LINK_NAME。

主要选项：该命令中，主要选项的含义如表 3-5 所示。

表 3-5 ln 命令主要选项的含义

选项	选项含义	选项	选项含义
（空）	创建硬链接文件	-s	创建软链接文件

【实例 3-14】创建链接文件。

本实例中，我们将为文件 zp01.txt 分别创建硬链接文件 linkhard02 和软链接文件 linksoft02。执行如下命令。

```
[zp@localhost ~]$ ls -il zp01.txt
[zp@localhost ~]$ ln zp01.txt linkhard02
[zp@localhost ~]$ ls -il linkhard02
[zp@localhost ~]$ ln -s zp01.txt linksoft02
[zp@localhost ~]$ ls -il linksoft02
```

执行效果如图 3-15 所示。本实例中，我们在 ls 命令中使用了-il 的选项，以显示文件的 inode 编号信息。通过对比，读者不难发现 zp01.txt、linkhard02 和 linksoft02 这 3 个文件 inode 编号的关系。

```
[zp@localhost ~]$ ls -il zp01.txt
1242991 -rw-r--r--. 2 zp zp 0 11月 20  2028 zp01.txt
[zp@localhost ~]$ ln zp01.txt linkhard02
[zp@localhost ~]$ ls -il linkhard02
1242991 -rw-r--r--. 3 zp zp 0 11月 20  2028 linkhard02
[zp@localhost ~]$ ln -s zp01.txt linksoft02
[zp@localhost ~]$ ls -il linksoft02
1410907 lrwxrwxrwx. 1 zp zp 8  6月 21 04:01 linksoft02 -> zp01.txt
```

图 3-15　创建链接文件

【实例 3-15】创建指向目录的链接文件。

创建链接文件 linkyum，指向/etc/yum 目录，然后通过 linkyum 可以直接访问/etc/yum 目录中的内容。执行如下命令。

```
[zp@localhost ~]$ ls /etc/yum
[zp@localhost ~]$ ln -s /etc/yum linkyum
[zp@localhost ~]$ ls -l linkyum
[zp@localhost ~]$ ls linkyum
[zp@localhost ~]$ cd linkyum/
[zp@localhost linkyum]$ pwd
[zp@localhost linkyum]$ ls
```

执行效果如图 3-16 所示。读者注意比较第 3 条和第 4 条命令的差别。在第 5 条命令中，我们使用创建的链接文件 linkyum 代替/etc/yum 作为 cd 的参数，可以达到切换到/etc/yum 目录的目的。

```
[zp@localhost ~]$ ls /etc/yum
pluginconf.d  protected.d  vars
[zp@localhost ~]$ ln -s /etc/yum linkyum
[zp@localhost ~]$ ls -l linkyum
lrwxrwxrwx. 1 zp zp 8  6月 21 04:17 linkyum -> /etc/yum
[zp@localhost ~]$ ls linkyum
pluginconf.d  protected.d  vars
[zp@localhost ~]$ cd linkyum/
[zp@localhost linkyum]$ pwd
/home/zp/linkyum
[zp@localhost linkyum]$ ls
pluginconf.d  protected.d  vars
```

图 3-16　创建指向目录的链接文件

3.2.5　文件移动命令 mv

命令功能：mv 命令是 move 的简写。用户可以使用 mv 命令将文件或目录移入其他位置，也可以使用 mv 命令将文件或目录重命名。

命令语法：mv [选项] [源文件|目录] [目标文件|目录]。

主要选项：该命令中，主要选项的含义如表 3-6 所示。

表 3-6　mv 命令主要选项的含义

选项	选项含义	选项	选项含义
-f	覆盖前不询问	-b	若需覆盖文件，则覆盖前进行备份
-i	覆盖前询问	-v	显示详细的步骤

【实例 3-16】文件重命名。

将 zp01.txt 重命名为 zp01.newname。假定读者已经完成了本章前面的实例，当前目录下存在一个名为 zp01.txt 的文件。执行如下命令。

```
[zp@localhost ~]$ ls zp01*
[zp@localhost ~]$ mv zp01.txt zp01.newname
[zp@localhost ~]$ ls zp01*
```

执行效果如图 3-17 所示。比较第 1 条和第 3 条命令的输出结果，可以发现原来的 zp01.txt 被成功重命名为 zp01.newname。

```
[zp@localhost ~]$ ls zp01*
zp01  zp01p  zp01.txt
[zp@localhost ~]$ mv zp01.txt zp01.newname
[zp@localhost ~]$ ls zp01*
zp01  zp01.newname  zp01p
```

图 3-17　使用 mv 实现文件重命名

【实例 3-17】移动文件并重命名文件夹。

假定读者已经完成了本章前面的实例，当前目录下存在一个名为 zp01.newname 的文件和一个名为 zpdir01 的目录。执行如下命令。

```
[zp@localhost ~]$ ls zpdir01/
[zp@localhost ~]$ mv zp01.newname zpdir01/
[zp@localhost ~]$ ls zp01.newname
[zp@localhost ~]$ ls zpdir01/
[zp@localhost ~]$ mv zpdir01 zpdir02
[zp@localhost ~]$ ls zpdir02/
```

执行效果如图 3-18 所示。第 2 条命令将当前目录下的 zp01.newname 文件移动到 zpdir01 目录。比较第 1 条和第 4 条命令的输出结果，可以发现原来的 zp01.newname 被成功移动到 zpdir01 目录。第 3 条命令也证实当前目录下原有的 zp01.newname 已经不存在（被移走）。第 5 条命令将 zpdir01 目录重命名为 zpdir02。

```
[zp@localhost ~]$ ls zpdir01/
zp01  zp01p  zp01.txt
[zp@localhost ~]$ mv zp01.newname zpdir01/
[zp@localhost ~]$ ls zp01.newname
ls: 无法访问 'zp01.newname': 没有那个文件或目录
[zp@localhost ~]$ ls zpdir01/
zp01  zp01.newname  zp01p  zp01.txt
[zp@localhost ~]$ mv zpdir01 zpdir02
[zp@localhost ~]$ ls zpdir02/
zp01  zp01.newname  zp01p  zp01.txt
```

图 3-18　移动文件并重命名文件夹

【实例 3-18】移动文件并提示是否覆盖同名文件。

假定读者已经完成了本章前面的实例，当前目录和 zpdir02 目录下分别存在一个名为 zp01 的文件，并假定两个 zp01 文件都保存了重要资料，且内容各不相同。如果我们直接执行 mv 命令将当前目录下的 zp01 文件移动到 zpdir02 目录下，会导致 zpdir02 目录中原有的 zp01 文件丢失。因此，移动文件之前判断目标目录中是否存在同名文件是一个比较好的习惯。这个判断可以通过在 mv 命令中增加-i 实现。之后，一旦遇到同名文件，将提示是否覆盖，此时用户可以输入"n"，放弃移动操作；如果用户输入"y"，将继续移动，并覆盖原有文件。执行如下命令。

```
[zp@localhost ~]$ ls zp01
[zp@localhost ~]$ ls zpdir02/zp01
[zp@localhost ~]$ mv -i zp01 zpdir02/
[zp@localhost ~]$ mv -i zp01 zpdir02/
```

执行效果如图 3-19 所示。前两条命令证实两个 zp01 文件同时存在于相应位置。后面两条命令相同，它们都将就是否覆盖同名文件给出提示。我们在第 3 条命令提示信息后输入"n"，表示放弃移动。此时，两个 zp01 文件仍然存在于各自原来的位置。我们在第 4 条命令提示信息后输入"y"，此时 zpdir02 目录下原有的 zp01 文件将被新移入的 zp01 文件覆盖。

```
[zp@localhost ~]$ ls zp01
zp01
[zp@localhost ~]$ ls zpdir02/zp01
zpdir02/zp01
[zp@localhost ~]$ mv -i zp01 zpdir02/
mv: 是否覆盖'zpdir02/zp01'?  n
[zp@localhost ~]$ mv -i zp01 zpdir02/
mv: 是否覆盖'zpdir02/zp01'?  y
```

图 3-19　移动文件并提示是否覆盖同名文件

【实例 3-19】覆盖同名文件之前备份。

读者也可以选择在使用 mv 命令覆盖同名文件之前进行简单备份，这一操作可以通过在 mv 命令中增加-b 选项实现。通过在 mv 命令中增加-v 选项，还可以显示 mv 操作的详细信息。假定读者已经完成了本章前面的实例，当前目录下存在名为 zp01p 和 zp02.txt 的两个文件，在 zpdir02 目录下存在一个 zp01p 文件，但没有 zp02.txt 文件。执行如下命令。

```
[zp@localhost ~]$ ls zp0*
[zp@localhost ~]$ ls zpdir02/
[zp@localhost ~]$ mv -bv zp01p zp02.txt zpdir02/
[zp@localhost ~]$ ls zp0*
[zp@localhost ~]$ ls zpdir02/
```

执行效果如图 3-20 所示。前两条命令证实前述各个文件存在于指定位置。第 3 条命令用于将当前目录下的 zp01p 和 zp02.txt 两个文件移动到 zpdir02 目录下。第 3 条命令中使用了-b 和-v 两个选项，前者使得存在同名文件时进行自动备份操作，后者用提示信息详细描述了整个备份过程。第 4 条命令的输出结果证实当前目录下原有的两个文件已经不存在（被移走）。第 5 条命令的输出结果表明 zpdir02 目录下不仅存在移入的文件，还存在一个同名文件的备份文件 zp01p～。

```
[zp@localhost ~]$ ls zp0*
zp01p  zp02.txt
[zp@localhost ~]$ ls zpdir02/
zp01  zp01.newname  zp01p  zp01.txt
[zp@localhost ~]$ mv -bv zp01p zp02.txt zpdir02/
已重命名 'zp01p' -> 'zpdir02/zp01p' (备份: 'zpdir02/zp01p~')
已重命名 'zp02.txt' -> 'zpdir02/zp02.txt'
[zp@localhost ~]$ ls zp0*
ls: 无法访问 'zp0*': 没有那个文件或目录
[zp@localhost ~]$ ls zpdir02/
zp01  zp01.newname  zp01p  zp01p~  zp01.txt  zp02.txt
```

图 3-20　覆盖同名文件之前备份

3.2.6 文件删除命令 rm

命令功能：rm 命令用于删除文件或者目录。rm 可以删除一个目录下的多个文件或者目录，也可以将某个目录及其下的所有子文件均删除。

命令语法：rm [选项] [文件|目录]。

主要选项：该命令中，主要选项的含义如表 3-7 所示。

表 3-7　rm 命令主要选项的含义

选项	选项含义
-i	删除文件或者目录时提示用户
-f	删除文件或者目录时不提示用户
-r	递归地删除目录，包含目录下的文件或者各级目录

【实例 3-20】删除文件之前进行确认。

假定读者已经完成了本章前面的实例，当前目录的 zpdir02 子目录下存在与编者当前机器中类似的多个文件。执行如下命令。

```
[zp@localhost ~]$ ls zpdir02/
[zp@localhost ~]$ rm -i zpdir02/zp01*
[zp@localhost ~]$ ls zpdir02/
[zp@localhost ~]$ rm zpdir02/zp02.txt
[zp@localhost ~]$ ls zpdir02/
```

执行效果如图 3-21 所示。第 1 条命令用于查看 zpdir02 目录下的现有文件列表。第 2 条命令中使用了通配符“*”以匹配所有以 zp01 开头的文件；第 2 条命令中还使用了“-i”选项，以方便用户对是否删除特定文件做出选择。实际执行中，我们对其中 3 个文件输入“y”，而对另外两个文件输入“n”。第 3 条命令的输出结果证实文件删除操作与我们的选择是一致的。第 4 条命令中没有使用通配符和“-i”选项，该文件将直接被删除。第 5 条命令用于查看文件删除后的结果，我们可以发现 zp02.txt 已经消失。

```
[zp@localhost ~]$ ls zpdir02/
zp01  zp01.newname  zp01p  zp01p~  zp01.txt  zp02.txt
[zp@localhost ~]$ rm -i zpdir02/zp01*
rm: 是否删除普通空文件 'zpdir02/zp01'? y
rm: 是否删除普通空文件 'zpdir02/zp01.newname'? n
rm: 是否删除普通空文件 'zpdir02/zp01p'? y
rm: 是否删除普通空文件 'zpdir02/zp01p~'? n
rm: 是否删除普通空文件 'zpdir02/zp01.txt'? y
[zp@localhost ~]$ ls zpdir02/
zp01.newname  zp01p~  zp02.txt
[zp@localhost ~]$ rm zpdir02/zp02.txt
[zp@localhost ~]$ ls zpdir02/
zp01.newname  zp01p~
```

图 3-21　删除文件之前进行确认

【实例 3-21】删除目录。

目录是一类特殊的文件。rm 命令也可以用来删除目录，删除目录时需要使用-r 选项。假定读者已经完成了本章前面的实例，当前目录下存在一个名为 zpdir02 的目录。执行如下命令。

```
[zp@localhost ~]$ ls zpdir02/
[zp@localhost ~]$ rm zpdir02/
[zp@localhost ~]$ rm -r zpdir02/
[zp@localhost ~]$ ls zpdir02/
```

执行效果如图 3-22 所示。第 2 条命令中，我们在删除目录时没有添加-r 选项，此时将提示无法删除。第 3 条命令对此进行了修正。相对于上述命令，在截图（见图 3-22）中，我们故意更改了“-r”的位置，这两个位置都是可以的。第 4 条命令证实该目录已经被删除。

```
[zp@localhost ~]$ ls zpdir02/
zp01.newname  zp01p~
[zp@localhost ~]$ rm zpdir02/
rm: 无法删除 'zpdir02/': 是一个目录
[zp@localhost ~]$ rm zpdir02/ -r
[zp@localhost ~]$ ls zpdir02/
ls: 无法访问 'zpdir02/': 没有那个文件或目录
```

图 3-22　删除目录

目录中可能存在很多文件，读者如果希望删除其中某几个文件，保留其他文件，此时可以使用-i 选项，以交互方式删除目录，以便在删除文件之前进行确认。假定读者已经完成了本章前面的实例，当前目录下存在一个名为 zpdir 的目录。执行如下命令。

```
[zp@localhost ~]$ ls zpdir/
[zp@localhost ~]$ rm -ri zpdir/
[zp@localhost ~]$ ls zpdir/
[zp@localhost ~]$ rm -r zpdir/
[zp@localhost ~]$ ls zpdir/
```

执行效果如图 3-23 所示。

```
[zp@localhost ~]$ ls zpdir/
zp01  zp01p  zp01.txt
[zp@localhost ~]$ rm -ri zpdir/
rm: 是否进入目录'zpdir/'? y
rm: 是否删除普通空文件 'zpdir/zp01'? n
rm: 是否删除普通空文件 'zpdir/zp01.txt'? y
rm: 是否删除普通空文件 'zpdir/zp01p'? n
rm: 是否删除目录 'zpdir/'? n
[zp@localhost ~]$ ls zpdir/
zp01  zp01p
[zp@localhost ~]$ rm -r zpdir/
[zp@localhost ~]$ ls zpdir/
ls: 无法访问 'zpdir/': 没有那个文件或目录
```

图 3-23　以交互方式删除目录

【实例 3-22】强制删除文件或目录。

一般情况下，要删除的文件或者目录应当存在，否则会提示没有文件或目录。如果添加-f 选项，则不管有没有文件或者目录都立即执行删除操作。假定读者已经完成了本章前面的实例，当前目录下并没有一个名为 zpdir02 的文件或者目录。执行如下命令。

```
[zp@localhost ~]$ ls zpdir02
[zp@localhost ~]$ rm -r zpdir02
[zp@localhost ~]$ rm -rf zpdir02
```

执行效果如图 3-24 所示。第 1 条命令证实该文件或目录已经不存在。第 2 条命令证实删除一个不存在的文件或目录会报错，而第 3 条命令并没有报错。

```
[zp@localhost ~]$ ls zpdir02
ls: 无法访问 'zpdir02': 没有那个文件或目录
[zp@localhost ~]$ rm -r zpdir02
rm: 无法删除 'zpdir02': 没有那个文件或目录
[zp@localhost ~]$ rm -rf zpdir02
[zp@localhost ~]$
```

图 3-24　强制删除文件或目录

3.3 目录操作命令

目录操作命令

目录也是一种文件类型。因此前面介绍的文件操作命令，通常也可以用于目录。下面介绍的是一些目录专用的操作命令，如改变当前工作目录命令 cd、查看当前工作目录命令 pwd（Print Working Directory）、创建目录命令 mkdir、列出目录内容命令 ls、删除目录命令 rmdir 等。

3.3.1 改变和查看当前工作目录命令 cd 和 pwd

改变当前工作目录可以使用 cd（Change Directory）命令，cd 命令的常用格式为“cd [目录]”。命令中的目录参数可以是当前路径下的目录，也可以是其他位置的目录。对于其他位置的目录，我们需要给定详细的路径。

描述相对路径有 3 个比较常见的符号，读者需要掌握。

（1）当前目录，用“.”表示。

（2）当前目录的父目录，用“..”表示。

（3）当前用户的主目录，用“~”表示。

查看当前工作目录可以使用 pwd 命令。用户在使用 Linux 过程中，经常需要在不同的目录之间切换。随着时间的推移，用户甚至可能会忘记当前的工作目录，这时可以用 pwd 命令查看。

【实例 3-23】使用绝对路径进行目录切换。

执行如下命令。

```
[zp@localhost ~]$ pwd
[zp@localhost ~]$ cd /boot/
[zp@localhost boot]$ pwd
[zp@localhost boot]$ cd /dev/
[zp@localhost dev]$ pwd
[zp@localhost dev]$ cd /home/zp/
[zp@localhost ~]$ pwd
```

执行效果如图 3-25 所示。本实例中，我们使用的路径都是绝对路径。每次使用 cd 进行目录切换后，我们都使用 pwd 查看当前工作目录。细心的读者会发现“$”之前的内容会随着目录更改发生相应的变化，不过这里显示的不是完整的路径。在部分 Linux 发行版（如 Ubuntu）中，默认会在该位置以绝对路径或者“~”的形式显示当前工作目录。

```
[zp@localhost ~]$ pwd
/home/zp
[zp@localhost ~]$ cd /boot/
[zp@localhost boot]$ pwd
/boot
[zp@localhost boot]$ cd /dev/
[zp@localhost dev]$ pwd
/dev
[zp@localhost dev]$ cd /home/zp/
[zp@localhost ~]$ pwd
/home/zp
```

图 3-25 使用绝对路径进行目录切换

【实例 3-24】使用相对路径进行目录切换。

假定读者当前的目录是自己的主目录/home/zp。

执行如下命令。

```
[zp@localhost ~]$ pwd
[zp@localhost ~]$ cd ../../etc/
[zp@localhost etc]$ pwd
[zp@localhost etc]$ cd ~
[zp@localhost ~]$ pwd
```

执行效果如图 3-26 所示。本实例中，我们使用的路径都是相对路径。每次使用 cd 进行目录切换后，我们都使用 pwd 查看当前工作目录。其中第 4 条命令直接将目录切换到用户主目录，它还可以简写成“cd”。

```
[zp@localhost ~]$ pwd
/home/zp
[zp@localhost ~]$ cd ../../etc/
[zp@localhost etc]$ pwd
/etc
[zp@localhost etc]$ cd ~
[zp@localhost ~]$ pwd
/home/zp
```

图 3-26 使用相对路径进行目录切换

3.3.2 创建目录命令 mkdir

命令功能：mkdir 命令用来创建指定名称的目录，要求创建目录的用户在当前目录中具有写权限，并且指定的目录不能是当前目录中已有的目录。

命令语法：mkdir [选项] 目录。

主要选项：该命令中，主要选项的含义如表 3-8 所示。

表 3-8 mkdir 命令主要选项的含义

选项	选项含义
-m、--mode	设置权限模式（类似于 chmod）
-p、--parents	此时若路径中的某些目录尚不存在，加上此选项后，系统将自动创建好那些尚不存在的目录，即一次可以创建多个目录
-v、--verbose	每次创建新目录都显示信息
--version	输出版本信息并退出

【实例 3-25】创建和使用新目录。

本实例演示如何创建和使用新目录。执行如下命令。

```
[zp@localhost ~]$ pwd
[zp@localhost ~]$ mkdir zpdir11
[zp@localhost ~]$ cd zpdir11/
[zp@localhost zpdir11]$ pwd
[zp@localhost zpdir11]$ mkdir ../zpdir12
[zp@localhost zpdir11]$ cd ../zpdir12
[zp@localhost zpdir12]$ pwd
```

执行效果如图 3-27 所示。本实例中，我们创建了 zpdir11 和 zpdir12 两个目录，它们都位于用户主目录下。为了让过程变得更复杂，我们中途更改了工作目录，并且使用了相对路径来创建指定目录。

```
[zp@localhost ~]$ pwd
/home/zp
[zp@localhost ~]$ mkdir zpdir11
[zp@localhost ~]$ cd zpdir11/
[zp@localhost zpdir11]$ pwd
/home/zp/zpdir11
[zp@localhost zpdir11]$ mkdir ../zpdir12
[zp@localhost zpdir11]$ cd ../zpdir12
[zp@localhost zpdir12]$ pwd
/home/zp/zpdir12
```

图 3-27 创建和使用新目录

【实例 3-26】递归地创建多级目录。

本实例演示如何递归地创建多级目录。执行如下命令。

```
[zp@localhost zpdir12]$ cd
[zp@localhost ~]$ mkdir zpdir21/zpdir22/zpdir23 -pv
[zp@localhost ~]$ cd zpdir21/zpdir22/zpdir23/
[zp@localhost zpdir23]$ pwd
[zp@localhost zpdir23]$ cd
```

执行效果如图 3-28 所示。第 1 条和第 5 条命令用来将工作目录切换到用户的主目录。第 2 条命令中，选项“-v”用以在创建新目录时显示提示信息，选项“-p”用以递归地创建多级嵌套的目录。第 3 条、第 4 条命令将工作目录切换到新创建的目录，并查看切换结果。

```
[zp@localhost zpdir12]$ cd
[zp@localhost ~]$ mkdir zpdir21/zpdir22/zpdir23 -pv
mkdir: 已创建目录 'zpdir21'
mkdir: 已创建目录 'zpdir21/zpdir22'
mkdir: 已创建目录 'zpdir21/zpdir22/zpdir23'
[zp@localhost ~]$ cd zpdir21/zpdir22/zpdir23/
[zp@localhost zpdir23]$ pwd
/home/zp/zpdir21/zpdir22/zpdir23
[zp@localhost zpdir23]$ cd
[zp@localhost ~]$
```

图 3-28 递归地创建多级目录

【实例 3-27】创建多个目录。

一次创建多个目录的最直接方法，就是在 mkdir 后面给出待创建的多个目录的名称。执行如下命令。

```
[zp@localhost ~]$ mkdir zpdir41
[zp@localhost ~]$ cd zpdir41/
[zp@localhost zpdir41]$ mkdir test1 test2 test3 test4
[zp@localhost zpdir41]$ ls
[zp@localhost zpdir41]$ cd ~
```

执行效果如图 3-29 所示。为了避免与前面实例创建的目录产生干扰，我们首先创建一个 zpdir41 目录（第 1 条命令），然后进入该目录（第 2 条命令），并在其中创建 4 个以 test 开头的目录（第 3 条命令）。第 4 条命令 ls 用于查看这 4 个新目录是否创建成功。

```
[zp@localhost ~]$ mkdir zpdir41
[zp@localhost ~]$ cd zpdir41/
[zp@localhost zpdir41]$ mkdir test1 test2 test3 test4
[zp@localhost zpdir41]$ ls
test1  test2  test3  test4
[zp@localhost zpdir41]$ cd ~
[zp@localhost ~]$
```

图 3-29 创建多个目录

【实例 3-28】批量创建目录。

除了【实例 3-27】的方法之外，我们还可以按照如下方法批量创建数量较多的目录。执行如下命令。

```
[zp@localhost ~]$ mkdir zpdir42
[zp@localhost ~]$ cd zpdir42/
[zp@localhost zpdir42]$ mkdir -v zp{1..10}
[zp@localhost zpdir42]$ ls
[zp@localhost zpdir42]$ cd
```

执行效果如图 3-30 所示。与【实例 3-27】类似，我们首先创建了 zpdir42 目录，并在 zpdir42 目录下创建了 10 个以 zp 开头的目录。

```
[zp@localhost ~]$ mkdir zpdir42
[zp@localhost ~]$ cd zpdir42/
[zp@localhost zpdir42]$ mkdir -v zp{1..10}
mkdir: 已创建目录 'zp1'
mkdir: 已创建目录 'zp2'
mkdir: 已创建目录 'zp3'
mkdir: 已创建目录 'zp4'
mkdir: 已创建目录 'zp5'
mkdir: 已创建目录 'zp6'
mkdir: 已创建目录 'zp7'
mkdir: 已创建目录 'zp8'
mkdir: 已创建目录 'zp9'
mkdir: 已创建目录 'zp10'
[zp@localhost zpdir42]$ ls
zp1  zp10  zp2  zp3  zp4  zp5  zp6  zp7  zp8  zp9
[zp@localhost zpdir42]$ cd
[zp@localhost ~]$
```

图 3-30　批量创建目录

3.3.3　列出目录内容命令 ls

命令功能：ls 命令用来列出目录下的文件或者目录等。ls 是英文单词 List 的简写，它是用户最常用的命令之一，因为用户要不时地查看某个目录的内容。该命令类似于 DOS 中的 dir 命令。对于每个目录，该命令将列出其中所有的子目录与文件。

命令语法：ls [选项] [目录或文件]。

主要选项：该命令中，主要选项的含义如表 3-9 所示。

表 3-9　ls 命令主要选项的含义

选项	选项含义
-a	显示所有文件及目录
-A	显示除"."和".."以外的所有文件列表
-l	显示文件的详细信息

【实例 3-29】显示指定目录下的内容。

执行如下命令。

```
[zp@localhost ~]$ ls /
[zp@localhost ~]$ ls / -a
[zp@localhost ~]$ ls / -A
[zp@localhost ~]$ ls / -l
```

执行效果如图 3-31 所示。ls 默认显示当前目录下的内容，本实例中我们使用该命令查看根目录“/”下的内容。剩余 3 条命令中的选项的含义如表 3-9 所示。由于 ls 命令在之前的实例中已经多次出现，这里不做过多展开。

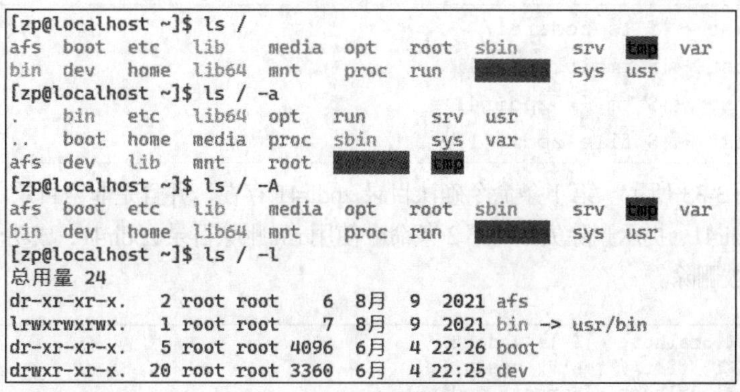

图 3-31　显示指定目录下的内容

3.3.4 删除目录命令 rmdir 和 rm

命令功能：rmdir 用于删除目录，但是 rmdir 只能删除空目录。如果用 rmdir 删除非空目录，就会报错。与 mkdir 命令一样，删除某目录时也必须具有对其父目录的写权限。

命令语法：rmdir [选项] [目录名]。

主要选项：该命令中，主要选项的含义如表 3-10 所示。

表 3-10　rmdir 命令主要选项的含义

选项	选项含义
-p	递归地删除目录。删除目录后，若该目录的父目录变成空目录，则将其一并删除
-v	显示命令的详细执行过程

【实例 3-30】删除空目录。

假定读者已经完成本章前面的实例，那么用户的主目录下应当存在 zpdir11 和 zpdir12 两个空目录。执行如下命令。

```
[zp@localhost ~]$ ls zpdir11/
[zp@localhost ~]$ ls zpdir12/
[zp@localhost ~]$ rmdir zpdir11/ zpdir12/
[zp@localhost ~]$ file zpdir11
[zp@localhost ~]$ file zpdir12
```

执行效果如图 3-32 所示。第 1 条和第 2 条命令确认目录 zpdir11 和 zpdir12 存在，并且都是空目录。第 3 条命令直接删除目录 zpdir11 和 zpdir12。第 4 条和第 5 条命令确认目录 zpdir11 和 zpdir12 已经被删除。

```
[zp@localhost ~]$ ls zpdir11/
[zp@localhost ~]$ ls zpdir12/
[zp@localhost ~]$ rmdir zpdir11/ zpdir12/
[zp@localhost ~]$ file zpdir11
zpdir11: cannot open `zpdir11' (No such file or directory)
[zp@localhost ~]$ file zpdir12
zpdir12: cannot open `zpdir12' (No such file or directory)
```

图 3-32　删除空目录

【实例 3-31】删除非空目录。

假定读者已经完成本章前面的实例，那么用户的主目录下应当存在 zpdir41 这个非空目录。执行如下命令。

```
[zp@localhost ~]$ ls zpdir41/
[zp@localhost ~]$ rmdir zpdir41
[zp@localhost ~]$ rm -r zpdir41
[zp@localhost ~]$ file zpdir41
```

执行效果如图 3-33 所示。第 1 条命令确认目录 zpdir41 存在，并且是非空目录。第 2 条命令使用 rmdir 删除目录 zpdir41，提示删除失败。第 3 条命令使用 rm 删除目录 zpdir41，成功。第 4 条命令确认目录 zpdir41 已经被删除。

```
[zp@localhost ~]$ ls zpdir41/
test1  test2  test3  test4
[zp@localhost ~]$ rmdir zpdir41
rmdir: 删除 'zpdir41' 失败: 目录非空
[zp@localhost ~]$ rm -r zpdir41
[zp@localhost ~]$ file zpdir41
zpdir41: cannot open `zpdir41' (No such file or directory)
```

图 3-33　删除非空目录

【实例 3-32】递归地删除多级空目录。

假定读者已经完成本章前面的实例，那么用户的主目录下应当存在一个递归地创建的多级空目录 zpdir21/zpdir22/zpdir23。使用-p，可以删除多级空目录。当删除子目录后父目录为空时，则会将父目录一起删除。执行如下命令。

```
[zp@localhost ~]$ ls zpdir21/zpdir22/zpdir23/
[zp@localhost ~]$ rmdir -pv zpdir21/zpdir22/zpdir23/
[zp@localhost ~]$ ls zpdir21
```

执行效果如图 3-34 所示。第 1 条命令确认目录 zpdir21/zpdir22/zpdir23/存在。第 2 条命令使用 rmdir 删除该目录，选项“-p”表示递归地删除多级空目录，选项“-v”表示删除目录时显示执行过程信息。第 3 条命令确认目录 zpdir21 已经被删除。

```
[zp@localhost ~]$ ls zpdir21/zpdir22/zpdir23/
[zp@localhost ~]$ rmdir -pv zpdir21/zpdir22/zpdir23/
rmdir: 正在删除目录, 'zpdir21/zpdir22/zpdir23/'
rmdir: 正在删除目录, 'zpdir21/zpdir22'
rmdir: 正在删除目录, 'zpdir21'
[zp@localhost ~]$ ls zpdir21
ls: 无法访问 'zpdir21': 没有那个文件或目录
```

图 3-34　递归地删除多级空目录

【实例 3-33】批量删除符合规则的空目录。

假定读者已经完成本章前面的实例，那么用户的主目录下应当存在 zpdir42 这个非空目录，该目录中存在 10 个以 zp 开头的空目录。本实例将批量删除这些目录，执行如下命令。

```
[zp@localhost ~]$ ls zpdir42/
[zp@localhost ~]$ rmdir zpdir42/zp{1..10}
[zp@localhost ~]$ ls zpdir42/
[zp@localhost ~]$ rmdir zpdir42/
```

执行效果如图 3-35 所示。第 1 条命令确认目录 zpdir42 中存在这 10 个以 zp 开头的目录。第 2 条命令使用 rmdir 批量删除这 10 个目录。第 3 条命令确认这 10 个目录已经被删除，zpdir42 此时已经为空。第 4 条命令删除目录 zpdir42。

```
[zp@localhost ~]$ ls zpdir42/
zp1  zp10  zp2  zp3  zp4  zp5  zp6  zp7  zp8  zp9
[zp@localhost ~]$ rmdir zpdir42/zp{1..10}
[zp@localhost ~]$ ls zpdir42/
[zp@localhost ~]$
[zp@localhost ~]$ rmdir zpdir42/
```

图 3-35　批量删除符合规则的空目录

3.3.5 文件归档命令 tar

GNU tar 是 Linux 中最常用的归档程序，它可以将许多文件一起保存到一个文件中。tar 本身不具有压缩功能，只是对文件集进行归档，即文件没有真正进行压缩打包。但是，它提供了压缩选项，可以调用其他压缩程序完成压缩功能。一些常用的 tar 命令主要选项的含义如表 3-11 所示。

表 3-11　tar 命令主要选项的含义

选项	选项含义	选项	选项含义
-c	创建新的归档文件	-j	通过 bzip2 来进行归档压缩
-f	要操作的文件名	-C	解压文件至指定的目录
-x	提取文件	-v	显示详细的 tar 处理的文件信息
-z	通过 gzip 来进行归档压缩		

常见的归档文件的压缩格式有 GZ 和 BZ2 两种。

tar 命令中使用-z，可以自动调用 gzip 程序创建归档压缩文件。一般将使用 gzip 压缩的文件扩展名设置成“.gz”，以方便用户识别。以“.gz”作为扩展名的文件在进行文件提取时使用-z，系统会自动调用 gunzip 完成解压。

tar 命令中使用-j，可以自动调用 bzip2 程序创建归档压缩文件。一般将使用 bzip2 压缩的文件扩展名设置成“.bz2”。以“.bz2”作为扩展名的文件在进行文件提取时使用-j，系统会自动调用 bunzip2 完成解压。

【实例 3-34】 tar 实现 GZ 格式文件压缩和解压缩。

首先，我们将目录/etc/sysconfig/打包成一个 tar 文件包，通过使用-z 来调用 gzip 程序，将目录/etc/sysconfig/压缩成文件 sysconfig.tar.gz，并且将压缩后的文件放在当前文件夹内。执行如下命令。

```
[zp@localhost ~]$ sudo tar -czf sysconfig.tar.gz /etc/sysconfig/
[zp@localhost ~]$ ls sysconfig.tar.gz -l
```

执行效果如图 3-36 所示。

```
[zp@localhost ~]$ sudo tar -czf sysconfig.tar.gz /etc/sysconfig/
tar: 从成员名中删除开头的“/”
[zp@localhost ~]$ ls sysconfig.tar.gz -l
-rw-r--r--. 1 zp zp 5481  7月 11 06:16 sysconfig.tar.gz
```

图 3-36　创建 GZ 格式压缩文件

接下来，我们将前面创建的 sysconfig.tar.gz 解压缩到当前文件夹。执行如下命令。

```
[zp@localhost ~]$ tar -xzf sysconfig.tar.gz
[zp@localhost ~]$ ls etc/sysconfig/
```

执行效果如图 3-37 所示。

```
[zp@localhost ~]$ tar -xzf sysconfig.tar.gz
[zp@localhost ~]$ ls etc/sysconfig/
anaconda   irqbalance       nftables.conf  selinux
atd        kdump            qemu-ga        smartmontools
chronyd    kernel           raid-check     sshd
cpupower   man-db           rsyslog        wpa_supplicant
crond      network          run-parts
firewalld  network-scripts  samba
```

图 3-37　解压缩 GZ 格式文件

【实例 3-35】tar 实现 BZ2 格式文件压缩和解压缩。

首先，我们将/etc/sysconfig/目录打包成一个 tar 文件包，接着使用-j 调用 bzip2 来对目录/etc/sysconfig/进行压缩，将其压缩成文件 sysconfig.tar.bz2 并放在当前目录下。执行如下命令。

```
[zp@localhost ~]$ sudo tar -cjf sysconfig.tar.bz2 /etc/sysconfig/
[zp@localhost ~]$ ls sysconfig.tar.bz2 -l
```

执行效果如图 3-38 所示。

```
[zp@localhost ~]$ sudo tar -cjf sysconfig.tar.bz2 /etc/sysconfig/
[sudo] zp 的密码：
tar: 从成员名中删除开头的“/”
[zp@localhost ~]$ ls sysconfig.tar.bz2 -l
-rw-r--r--. 1 root root 5019  7月 11 06:27 sysconfig.tar.bz2
```

图 3-38　创建 BZ2 格式压缩文件

接下来，我们将前面创建的 sysconfig.tar.bz2 解压缩到当前文件夹。执行如下命令。

```
[zp@localhost ~]$ tar -xjf sysconfig.tar.bz2
[zp@localhost ~]$ ls etc/sysconfig/
```

执行效果如图 3-39 所示。

```
[zp@localhost ~]$ tar -xjf sysconfig.tar.bz2
[zp@localhost ~]$ ls etc/sysconfig/
anaconda   irqbalance       nftables.conf  selinux
atd        kdump            qemu-ga        smartmontools
chronyd    kernel           raid-check     sshd
cpupower   man-db           rsyslog        wpa_supplicant
crond      network          run-parts
firewalld  network-scripts  samba
```

图 3-39　解压缩 BZ2 格式文件

3.4 综合案例：Linux 操作系统漫游指南

综合案例：Linux 操作系统漫游指南

3.4.1 案例概述

“漫游指南”这个标题取自一部经典的科幻名著。对于习惯于使用 GUI 操作系统的用户，面对命令行交互方式时总会表现出莫名的恐惧。初学者对 Linux 操作系统本身并不是很熟悉，这样更让命令行交互的实施充满了挑战。因此，初学者需要一份基于命令行的 Linux 操作系统漫游指南。

本案例的设置主要出于 3 个方面的目的。首先，我们将引导读者探索 Linux 操作系统的典型文件和目录结构。其次，在前述探索过程中，我们将尽可能多地嵌入本章所学的各种命令。此外，我们还将穿插介绍一些与文件和目录相关的其他命令。

3.4.2 案例详解

1. 开局一张图，待我细细掰

Linux 顶层的目录是根目录 "/"。我们可以使用 ls 查看根目录下面的信息。

```
[zp@localhost ~]$ ls /
```

执行效果如图 3-40 所示。

```
[zp@localhost ~]$ ls /
afs  boot  etc   lib    media  opt   root  sbin  sys  usr
bin  dev   home  lib64  mnt    proc  run   srv   tmp  var
```

图 3-40 根目录内容

Linux 目录结构和目录内容遵循 FHS，因此读者在不同 Linux 发行版中看到的内容基本一致。Linux 主要目录及其用途如表 3-12 所示。

表 3-12 Linux 主要目录及其用途

目录	用途说明
/afs	大多数 Linux 发行版并没有这个目录。在编者的计算机中，该目录为空
/bin	存放的是一些常见的命令
/boot	存放的是 Linux 内核等系统启动相关文件
/dev	任何设备与周边设备都是以文件的形态存在于这个目录中的
/etc	系统主要的配置文件几乎都存放在这个目录内
/lib 和/lib64	存放的是一些函数库
/home	系统默认的用户主目录。例如，编者当前用户的主目录为/home/zp
/media	用于临时挂载一些可移除设备，如软盘、光盘、DVD 等
/mnt	与/media 类似，用于临时挂载其他设备
/opt	用于存放第三方软件内容的目录（许多软件习惯于将内容存放在/usr/local 目录中）
/proc	是一个虚拟文件系统，主要包括进程信息、周边设备的状态及网络状态等信息。其数据都存储在内存中，不占硬盘空间
/root	系统管理员（root）的主文件夹
/run	存放系统开机后所产生的各项信息，早期 Linux 将其存放在/var/run 目录中
/sbin	主要存放一些供 root 用户使用的命令，常用来设置系统环境
/srv	srv 是 service 的缩写，它存放一些与网络服务相关数据。例如，WWW 服务器的数据可以存放在/srv/www/中
/sys	是一个虚拟的文件系统，主要记录系统核心和硬件相关的信息，不占硬盘空间
/tmp	存放一些临时文件
/usr	usr 是 UNIX Software Resource 的缩写。FHS 建议所有软件开发者，将软件数据存放在这个目录下的子目录中
/var	主要存放一些经常变动的文件，如高速缓存、登录文件以及某些软件运行所产生的文件

2．链接文件溯源

细心的读者会发现图 3-40 中/bin、/lib 等目录的颜色与其他目录存在一定的差异。下面我们来具体看看。执行如下命令。

```
[zp@localhost ~]$ ls -l / |sort -r |head
```

执行效果如图 3-41 所示。该命令通过管道组合了 3 条命令，其中第 2 条命令 sort -r 用于逆向排序，第 3 条命令默认用于显示前 10 条数据。通过输出结果，我们可以知道这些文件都是链接文件，它们分别指向 usr 目录中的某个子目录。

```
[zp@localhost ~]$ ls -l / |sort -r |head
lrwxrwxrwx.   1 root root    9  8月   9  2021 lib64 -> usr/lib64
lrwxrwxrwx.   1 root root    8  8月   9  2021 sbin -> usr/sbin
lrwxrwxrwx.   1 root root    7  8月   9  2021 lib -> usr/lib
lrwxrwxrwx.   1 root root    7  8月   9  2021 bin -> usr/bin
```

图 3-41　查看链接文件

链接文件和其目标文件的内容是一样的，它们是同一个内容的不同入口。执行如下命令。

```
[zp@localhost ~]$ ls /lib
[zp@localhost ~]$ ls /usr/lib
```

执行效果如图 3-42 所示。限于篇幅，图 3-42 中只截取了第 2 条命令的部分输出结果。读者不难发现这两条命令输出结果是一样的。

```
[zp@localhost ~]$ ls /lib
alsa           games        modules          realmd
binfmt.d       grub         modules-load.d   rpm
cpp            java         motd             sysctl.d
cups           jvm          motd.d           sysimage
debug          jvm-common   mozilla          systemd
dracut         jvm-private  NetworkManager   sysusers.d
eclipse        kbd          os-release       tmpfiles.d
environment.d  kdump        ostree           udev
firewalld      kernel       pam.d
firmware       locale       polkit-1
fontconfig     modprobe.d   python3.9
[zp@localhost ~]$ ls /usr/lib
alsa           games        modules          realmd
binfmt.d       grub         modules-load.d   rpm
```

图 3-42　对比目录内容

3．我的地盘我做主

执行如下命令。

```
[zp@localhost ~]$ pwd
[zp@localhost ~]$ ln -s /bin linkbin
[zp@localhost ~]$ ls -l linkbin
```

执行效果如图 3-43 所示。由第 1 条命令的输出结果可知，目前我们其实还在我们的大本营——用户主目录。第 2 条命令创建一个链接文件 linkbin，并使其指向一个现有的链接文件/bin。这种多重链接在 Linux 操作系统中其实还是比较常见的。例如，读者在第 11 章“大数据”中，为了找到 Java 的安装目录，可能就要经历多重溯源。

```
[zp@localhost ~]$ pwd
/home/zp
[zp@localhost ~]$ ln -s /bin linkbin
[zp@localhost ~]$ ls -l linkbin
lrwxrwxrwx. 1 zp zp 4  7月 11 05:03 linkbin -> /bin
```

图3-43 创建链接文件

年轻的朋友总有一颗好奇的心。前面的内容提到/root是root用户的主目录，部分读者可能按捺不住想进去看看，顺便写下到此一游。执行如下命令。

```
[zp@localhost ~]$ cd /root/
[zp@localhost ~]$ touch /root/daociyiyou.txt
```

执行效果如图3-44所示。读者可能早就预料到这个结局，毕竟那不是我们的地盘。关于用户和权限相关的知识将在后面的章节深入介绍。

```
[zp@localhost ~]$ cd /root/
-bash: cd: /root/: 权限不够
[zp@localhost ~]$ touch /root/daociyiyou.txt
touch: 无法创建 '/root/daociyiyou.txt': 权限不够
```

图3-44 访问/root目录

4．只为多看你一眼

关于开局的一张图，我们并没有深入展开，毕竟篇幅有限。在这里，我们就挑/bin目录看一看吧。执行如下命令。

```
[zp@localhost ~]$ ls /bin/ | wc -l
[zp@localhost ~]$ ls /bin/ |grep mkdir
[zp@localhost ~]$ ls /bin/ |grep touch
```

执行效果如图3-45所示。我们都不敢直接列出/bin目录中的内容，因为里面文件数量非常多。第1条命令简单统计了一下数量，超过1 500。这里面放置了常用的命令，例如本章学习的大多数命令都位于该目录中。第2条和第3条命令分别在该目录中找到了mkdir和touch命令。

```
[zp@localhost ~]$ ls /bin/ | wc -l
1527
[zp@localhost ~]$ ls /bin/ |grep mkdir
mkdir
[zp@localhost ~]$ ls /bin/ |grep touch
touch
```

图3-45 查看/bin目录

5．有备无患，未雨绸缪

系统中存放了大量有价值的资料，我们有必要对其进行备份。例如，/root和/home是用户数据的默认存放位置，有必要进行备份。/etc/目录中存放了系统的重要配置文件，也需要备份。对于启用Email、WWW等服务的机器，还存在大量其他需要备份的数据。

较为初级的备份可以使用cp等命令实现。执行如下命令。

```
[zp@localhost ~]$ sudo cp /etc/ etcbak -r
```

该命令可以将/etc/目录中的内容备份到当前目录下的etcbak中。但是在现实中，我们一般不使用cp命令备份整个目录。cp命令通常适合于对单个文件进行备份。例如，我们需要对某个配置文件进行改动，而在改动之前对其进行备份是一个比较好的习惯，并且我们通常进行原地备份，这样查找起来比较方便。执行如下命令。

```
[zp@localhost ~]$ cp ~/.bashrc ~/.bashrc.bak
```

上述两条命令的执行效果如图 3-46 所示。

```
[zp@localhost ~]$ sudo cp /etc/ etcbak -r
[sudo] zp 的密码:
[zp@localhost ~]$ cp ~/.bashrc ~/.bashrc.bak
```

图 3-46 使用 cp 命令备份数据

稍微进阶一点的方法是对目录进行打包和备份。执行如下命令。

```
[zp@localhost ~]$ sudo tar -cjf etc.tar.bz2 /etc/
[zp@localhost ~]$ ls etc.tar.bz2 -l
```

执行效果如图 3-47 所示。

```
[zp@localhost ~]$ sudo tar -cjf etc.tar.bz2 /etc/
tar: 从成员名中删除开头的"/"
[zp@localhost ~]$ ls etc.tar.bz2 -l
-rw-r--r--. 1 root root 3855958  7月 11 06:33 etc.tar.bz2
```

图 3-47 对目录进行打包和备份

更高级一点的方法是使用自动备份、增量备份，这已经超出了初学者的学习范围。

习题 3

1. 若当前目录为/home，命令 ls -l 将显示 home 目录下的什么？
2. 使用 mkdir 创建一个父目录不存在的目录时，添加什么选项会创建父目录？
3. Linux 操作系统中有哪些常见的文件类型？
4. 使用什么命令可以删除包含子目录的目录？
5. Linux 目录结构与Windows 的有何不同？
6. 简述软链接文件和硬链接文件的区别。

实训 3

编写一个包含多个 C 语言（或者读者熟悉的其他语言）源文件的项目，该项目应当有一定的复杂度，并应包含多个程序文件。例如，读者可以在不同的文件中进行不同的函数定义和实现，并在一个主函数中调用这些函数。然后，读者以这些程序文件为基础进行复制文件、重命名文件、创建新文件夹、移动文件到新文件夹等操作。接下来，将整个项目文件夹打包成一个压缩包，并删除原来的项目文件夹。最后，读者将压缩包移动到一个新的文件夹中，在该文件夹中对其进行解压缩，并用不同的方法查看各个文件的内容。

第4章 用户和组管理

Linux 操作系统中，任何文件都归属于特定的用户。组是用户的集合，任何用户都归属于至少一个组。用户是否有权限对某个文件进行访问、读/写及执行，会受到系统严格的约束。正是这种清晰、严谨的用户与组管理机制，才在很大程度上保证了 Linux 操作系统的安全性。本章将对用户和组管理的相关知识进行介绍，以使读者掌握相关的配置文件和常用命令的使用方法。

科技自立自强

网络安全

《2022 年中国网络安全市场与企业竞争力分析》报告显示，2021 年，我国网络安全市场规模约为 614 亿元，同比增长 15.4%，近 3 年行业总体保持增长态势。《数据安全法》《个人信息保护法》等相关法律法规的陆续发布，进一步激发了网络安全市场的需求，预计未来 3 年我国网络安全市场规模将保持 15%以上的增速。

4.1 概述

4.1.1 用户账户

Linux 操作系统是一款多用户操作系统，它允许多名用户同时登录系统，并使用系统资源。为了区分不同的用户，保护不同用户的文件和进程，需要引入用户账户的概念。任何一名用户要使用系统资源，都必须首先向系统管理员申请一个用户账户，然后以这个账户的身份进入系统。用户账户一方面可以帮助系统管理员对使用系统的用户进行跟踪，并控制他们对系统资源的访问，另一方面可以帮助用户组织文件，并为用户提供安全性保护。

Linux 操作系统中存在 3 类用户，即超级用户（Super User）、系统用户（System User）和普通用户（Regular User），详细信息如表 4-1 所示。系统为每个用户分配唯一的用户 ID 值 UID。UID 值是一个非负整数，其最小值为 0。在实际管理中，用户角色是通过 UID 来标识的。角色不同，用户的权限和所能完成的任务也不同。

表 4-1 用户类别

用户类别	UID	说明
超级用户	0	root 用户，具有最高的系统权限，可以执行所有任务；由于操作不当导致损失的风险也最大
系统用户	1 ~ 999	主要是被系统或应用程序使用，并没有特别的权限
普通用户	1000 及 1000 以上	最常见的一类用户，满足不同用户日常登录操作等需求

大多数 Linux 发行版在安装时会设置两个用户账户的密码：一个是 root 用户；另一个是用于日常操作的普通用户。后文还会介绍如何添加和修改用户账户，读者可以使用 su 命令在不同用户账户之间进行切换。

进行系统配置和管理等操作时，通常需要用到 root 权限。root 用户权限高，以 root 用户账户工作时，容易因为操作不当而造成破坏性的后果。一般不建议使用 root 用户身份开展日常登录和操作等工作。建议通过 sudo 临时使用 root 权限执行相关命令，执行完后自动返回普通用户状态。

【实例 4-1】使用 sudo 命令运行命令。

本实例中，用户准备查在/home 中创建 zp.txt 文件。但创建该文件需要 root 权限，普通用户操作时，系统会提示该账户权限不够。此时可以通过 sudo 命令临时使用 root 权限。执行如下命令。

```
[zp@localhost ~]$ touch/home/zp.txt
[zp@localhost ~]$ sudo touch/home.zp.txt
[zp@localhost ~]$ ls/home
```

以上命令的执行效果如图 4-1 所示。

```
[zp@localhost ~]$ touch /home/zp.txt
touch: 无法创建 '/home/zp.txt': 权限不够
[zp@localhost ~]$ sudo touch /home/zp.txt
[sudo] zp 的密码:
[zp@localhost ~]$ ls /home/
zp  zp.txt
```

图 4-1　使用 sudo 运行命令

4.1.2 组账户

除了用户账户之外，Linux 中还存在组账户（简称为“组”）的概念。组账户是一类特殊账户，是具有相同或者相似特性的用户集合，又称用户组。组是用户的集合，任何用户都归属于至少一个组。将用户分组是 Linux 操作系统中对用户进行管理及控制访问权限的一种手段。通过组账户可以集中设置访问权限和分配管理任务，且是向一组用户（而不是向一个用户）分配权限。通过定义组账户，在很大程度上简化了管理工作。例如，我们可以将某一类型用户加入同一个组账户，然后修改该文件或目录对应的组账户的权限，让组账户具有符合需求的操作权限，这样组账户下的所有用户都对该文件或目录具有相同的权限。用户与组属于多对多的关系。一个组可以包括多名用户，一名用户可以同时属于多个组。组账户可以分为超级用户组（Superuser Group）、系统组（System Group）和普通组。

4.2 账户配置文件

账户配置文件

用户账户管理主要涉及/etc/passwd 和/etc/shadow 两个文件。组账户管理主要涉及/etc/group 和/etc/gshadow 两个文件。Linux 操作系统中，与用户和组管理相关的重要配置文件或目录如表 4-2 所示。

表 4-2　重要配置文件或目录

配置文件或目录	说明
/etc/passwd	用户账户的配置文件
/etc/shadow	/etc/passwd 的影子文件

续表

配置文件或目录	说明
/etc/group	组账户的配置文件
/etc/gshadow	/etc/group 的影子文件
/etc/default/useradd	使用 useradd 添加用户时需要调用的默认的配置文件
/etc/login.defs	定义创建用户时一些基本配置信息
/etc/skel	存放新用户配置文件的目录

4.2.1 /etc/passwd 文件

文件/etc/passwd 是 Linux 关键的安全文件之一。它是系统识别用户账户的一个重要文件，Linux 操作系统中所有的用户账户都记录在该文件中。文件/etc/passwd 的每一行保存一个用户账户的资料。每一个用户账户的数据按字段以冒号“:”分隔，每行包括 7 个字段。具体格式为：

```
username:password:uid:gid:userinfo:home:shell
```

上述各个字段的含义如表 4-3 所示。

表 4-3 /etc/passwd 文件各个字段的含义

字段	含义
username	用户账户名，在系统内用户账户名应该具有唯一性
password	用户密码占位符，显示为 x，密码已被保存到/etc/shadow 文件中
uid	用户 ID，在系统内用一个整数标识用户 ID，每个用户的 ID 都是唯一的。root 用户的 ID 是 0，普通用户的 ID 默认从 1000 开始
gid	默认的组账户 ID。每个组账户 ID 都是唯一的
userinfo	用户注释信息，针对用户名的描述。该字段可以不设置
home	分配给用户的主目录，用户登录系统后首先进入该目录
shell	用户登录默认的 Shell（默认为/bin/bash）

用户账户名由用户自行选定，主要方便用户记忆。如前面所述，不同类型的 UID，有不同的取值范围。所有用户密码都是加密存放的。目前/etc/passwd 已经不再存放密码信息，而是用一个占位符代替。每名用户通常会被分配一个默认的组 ID，即 GID。不同用户通常分配不同的主目录，以避免相互干扰。当用户登录系统时，会启动一个 Shell 程序，默认是 Bash。

【实例 4-2】查看/etc/passwd 的内容。

注意，查看/etc/passwd 并不需要 root 权限。目前，/etc/passwd 文件似乎已经有点“名不副实”了，因为该文件中已经不再存放用户密码这类敏感信息。执行如下命令。

```
[zp@localhost ~]$ cat /etc/passwd
```

以上命令的执行效果如图 4-2 所示。大部分 Linux 操作系统中的用户账户数量较多，因此，/etc/passwd 文件的行数较多。读者可以使用 head 或者 tail 命令查看文件开始或者末尾几行的内容，也可以直接使用 grep 命令查找需要的内容。

从图 4-2 可以看出，root 用户的 UID 为 0。所有账户的密码位置用占位符 x 代替，真正账户的密码已经移动到/etc/shadow 文件中。在编者的系统里，还有一个用户 zp，它的 UID 为 1000，受篇幅限制，

图 4-2 中并没有截取出来。用户 zp 登录系统时，系统首先会检查/etc/passwd 文件，看是否有 zp 这个账户，如果存在则读取/etc/shadow 文件中对应的密码。如果密码核实无误则登录系统，读取用户的配置文件。

```
[zp@localhost ~]$ cat /etc/passwd
root:x:0:0:root:/root:/bin/bash
bin:x:1:1:bin:/bin:/sbin/nologin
daemon:x:2:2:daemon:/sbin:/sbin/nologin
adm:x:3:4:adm:/var/adm:/sbin/nologin
lp:x:4:7:lp:/var/spool/lpd:/sbin/nologin
```

图 4-2　查看/etc/passwd 的内容

4.2.2 /etc/shadow 文件

早期的 Linux 操作系统中，密码信息都保存在/etc/passwd 文件中。为了安全考虑，这些敏感信息已经被移动到了/etc/shadow 文件中。任何用户都可以查看/etc/passwd 文件的内容，然而查看/etc/shadow 文件需要 root 权限。/etc/shadow 也称为/etc/passwd 的影子文件，主要保存用户密码配置情况。每一名用户的数据占据一行，每行包括 9 个字段，以冒号“:”分隔，格式如下所示。

```
username:password:lastchg:min:max:warn:inactive:expire:flag
```

其中，各个字段的含义如表 4-4 所示。

表 4-4　文件/etc/shadow 中字段的含义

字段	含义
username	用户账户名，该用户名与/etc/passwd 中的用户名相同
password	加密后的用户密码。如果该字段以1开头表示用 MD5 加密；以2开头表示用 Blowfish 加密；以5开头表示用 SHA-256 加密；以6开头表示用 SHA-512 加密。如果该字段为空，或者显示为“*”或“!”或“!!”或“locked”等字样，则代表用户还没设置密码或者存在诸如锁定等其他限制因素
lastchg	用户最后一次更改密码的日期。从 1970 年 1 月 1 日到上次修改密码所经过的天数
min	密码允许更换前的天数。表示两次修改密码之间至少经过的天数，如果设置为 0，则禁用此功能
max	密码需要更换的天数。表示密码有效的最大天数，如果是 99999 则表示永不过期
warn	密码更换前警告的天数。表示密码失效前多少天内系统向用户发出警告
inactive	账户被取消激活前或禁止登录前用户名还有效的天数。表示用户密码过期多少天后，系统会禁用此用户账户，也就是说系统会不让此用户登录，也不会提示用户过期，此用户账户是完全禁用的
expire	表示用户被禁止登录的时间。指定用户账户禁用的天数（从 1970 年 1 月 1 日开始到账户被禁用的天数），如果这个字段的值为空，则账户永久可用
flag	保留字段，用于未来扩展，暂未使用

【实例 4-3】查看/etc/shadow 的内容。

注意，读取和操作/etc/shadow 文件需要 root 权限。如果这个文件的权限变成了其他组或用户可读，则意味着系统可能存在安全问题。执行如下命令。

```
[zp@localhost ~]$ sudo cat /etc/shadow
```

以上命令的执行效果如图 4-3 所示。/etc/shadow 文件的行数同样比较多。读者可以使用 head、tail 命令查看文件开始或者末尾几行的内容。

由结果可知，root 用户数据的第 2 个字段是一个以“6”开头的非常长的字符串，这是采用 SHA-512 加密后的用户密码。部分系统的 root 用户没启用 SHA-512 加密，看到的内容将不一样。

```
[zp@localhost ~]$ sudo cat /etc/shadow
root:$6$NU.LDVJsPHTK2r.z$ndokwPMFBJ7GRjut1QJFrUaol8QegRIkz95tpRxE
eCKUTECR/e0wjC5zudG9lLaAnm3OfbxUTurGLXBbgR2De.::0:99999:7:::
bin:*:18849:0:99999:7:::
daemon:*:18849:0:99999:7:::
```

图 4-3　查看/etc/shadow 的内容

4.2.3 /etc/group 文件

文件/etc/group 是组账户的配置文件，内容包括用户和组，并且能显示出用户归属哪个组或哪几个组。一名用户可以归属一个或多个不同的组，同一组的用户之间具有相似的特性。如果把某一用户加入某个组，那么这个用户默认具备该组用户的相应权限。如果把某个文件或者文件夹的读写执行权限向某个组账户开放，该组的所有用户都具备该权限。文件/etc/group 的内容包括组名、组密码、GID 及该组所包含的用户，每个组对应一条记录。每条记录有 4 个字段，字段间用 ":" 分隔，具体格式如下所示。

```
group_name:group_password:group_id:group_members
```

各个字段的含义如表 4-5 所示。

表 4-5　文件/etc/group 各字段的含义

字段	含义
group_name	组账户名
group_password	加密后的组账户密码，显示为 x，真正的密码已被映射到/etc/gshadow 文件中
group_id	组账户 ID（GID），在系统内用一个整数标识组账户 GID，每个组账户的 GID 都是唯一的。默认普通组账户的 GID 从 1000 开始，root 组账户 GID 是 0
group_members	以逗号分隔的成员用户清单

组账户 GID 与 UID 类似，是一个从 0 开始的非负整数，GID 为 0 的组账户是 root 组账户。Linux 操作系统会预留 GID 1～999 给系统虚拟组账户使用。普通组账户 GID 是从 1000 开始的。我们可以通过/etc/login.defs 查看系统创建组账户默认的 GID 范围，对应文件中的 GID_MIN 和 GID_MAX。

【实例 4-4】查看/etc/group 的内容。

文件/etc/group 的内容较多，用 head 命令查看该文件前几行的内容。执行如下命令。

```
[zp@localhost ~]$ head /etc/group
```

执行效果如图 4-4 所示。由图 4-4 可知，系统中存在一个 root 组账户，其 GID 为 0。该账户是系统安装时自动创建的。

```
[zp@localhost ~]$ head /etc/group
root:x:0:
bin:x:1:
daemon:x:2:
sys:x:3:
adm:x:4:
tty:x:5:
```

图 4-4　查看/etc/group 的内容

4.2.4 /etc/gshadow 文件

文件/etc/gshadow 是文件/etc/group 的组账户影子文件。相对于用户账户配置文件，组账户相关的配置文件的内容相对更为简单，并且大多数内容都默认为空。/etc/gshadow 文件中每个组账户对应一行记录，每行有 4 个字段，字段用之间用“:”分隔，格式如下所示。

```
group_name:group_password:group_id:group_members
```

各个字段的含义如表 4-6 所示。

表 4-6　文件/etc/gshadow 中各字段的含义

字段	含义
group_name	组账户名
group_password	加密后的组账户密码。如果有些组在这里显示的是“!”或者为空，通常表示这个组没有密码。一般不需要设置
group_id	组账户 ID（GID）
group_members	以逗号分隔的成员用户清单，属于该组的用户成员列表

【实例 4-5】查看/etc/gshadow 的内容。

注意，查看/etc/gshadow 内容需要 root 权限。gshadow 文件的内容较多，用 head 命令可查看文件前几行的内容。执行如下命令。

```
[zp@localhost ~]$ sudo head /etc/gshadow
```

执行效果如图 4-5 所示。

```
[zp@localhost ~]$ sudo head /etc/gshadow
[sudo] zp 的密码:
root:::
bin:::
daemon:::
sys:::
adm:::
tty:::
disk:::
```

图 4-5　查看/etc/gshadow 的内容

4.2.5 /etc/login.defs 文件

/etc/login.defs 文件用来定义创建用户时需要的一些用户的配置文件，如创建用户时是否需要主目录，UID 和 GID 的范围是多少，用户及密码的有效期限是多久，等等。

【实例 4-6】查看 UID 最大值。

UID 最大值等配置信息保存在/etc/login.defs 文件中。使用如下命令可以查看 UID 最大值。用户也可以直接查看该文件的所有信息，该文件的内容较多。

```
[zp@localhost ~]$ grep UID_MAX /etc/login.defs
```

以上命令的执行效果如图 4-6 所示。

```
[zp@localhost ~]$ grep UID_MAX /etc/login.defs
# No LASTLOG_UID_MAX means that there is no user ID limit for wri
ting
#LASTLOG_UID_MAX
UID_MAX                 60000
SYS_UID_MAX               999
SUB_UID_MAX             600100000
```

图 4-6　查看 UID 最大值

4.2.6 /etc/skel 目录

/etc/skel 目录用来存放新用户配置文件。当我们添加新用户时，这个目录下的所有文件都会自动被复制到新添加的用户的主目录下。默认情况下，/etc/skel 目录下的所有文件都是隐藏文件（以点开头）。通过修改、添加、删除/etc/skel 目录下的文件，我们可以为新创建的用户提供统一、标准的初始化用户环境。

【实例 4-7】查看/etc/skel 目录的内容。

执行如下命令。

```
[zp@localhost ~]$ ls -la /etc/skel/
```

执行效果如图 4-7 所示。

```
[zp@localhost ~]$ ls -la /etc/skel/
总用量 24
drwxr-xr-x.   3 root root   78  3月 26 17:44 .
drwxr-xr-x. 130 root root 8192  6月 24 02:22 ..
-rw-r--r--.   1 root root   18 11月  5  2021 .bash_logout
-rw-r--r--.   1 root root  141 11月  5  2021 .bash_profile
-rw-r--r--.   1 root root  492 11月  5  2021 .bashrc
drwxr-xr-x.   4 root root   39  4月 25 08:39 .mozilla
```

图 4-7 查看/etc/skel 目录的内容

4.2.7 /etc/default/useradd 文件

/etc/default/useradd 文件是在使用 useradd 添加用户时需要调用的一个默认的配置文件。我们可以使用 useradd -D 来修改文件里面的内容，当然也可以直接编辑修改，但一般不需要修改其内容。

【实例 4-8】查看/etc/default/useradd 文件的内容。

执行如下命令。

```
[zp@localhost ~]$ cat /etc/default/useradd
```

执行效果如图 4-8 所示。

```
[zp@localhost ~]$ cat /etc/default/useradd
# useradd defaults file
GROUP=100
HOME=/home
INACTIVE=-1
EXPIRE=
SHELL=/bin/bash
SKEL=/etc/skel
CREATE_MAIL_SPOOL=yes
```

图 4-8 查看/etc/default/useradd 文件的内容

4.3 用户账户管理命令

用户账户管理命令

本节介绍用户账户管理命令，主要涉及创建、修改和删除用户账户。在后续实例中也会涉及一些与用户账户管理相关的其他命令。

建议读者按照顺序完成本章的实例，因为后面的实例中，有可能会用到前面实例的结果。若无特别说明，其他章节也建议按顺序操作。

4.3.1 创建用户账户命令 useradd 和 adduser

命令功能：添加用户的命令有 useradd 和 adduser，这两个命令所能达到的效果是一样的，掌握其中一个即可。需要注意的是，在部分 Linux 发行版中（如 Ubuntu），两个命令之间的使用方法存在一定的区别。当使用 useradd 命令不加选项且后面直接跟所添加的用户名时，系统首先会读取配置文件/etc/login.defs 和/etc/default/useradd 中的信息建立用户主目录，并复制/etc/skel 中的所有文件（包括隐藏的环境配置文件）到新用户主目录中。当执行 useradd 命令加-D 选项时，可以更改新建用户的默认配置值。

命令语法：useradd [选项] [用户名]。

主要选项：该命令中，主要选项的含义如表 4-7 所示。

表 4-7　useradd 命令主要选项的含义

选项	选项含义
-d	指定用户主目录。如果此目录不存在，则同时使用-m 选项，可以创建主目录
-g	指定用户所属的组账户
-G	指定用户所属的附加组
-s	指定用户的登录 Shell
-u	指定用户的用户号
-e	指定账户的有效期限，默认表示永久有效
-f	指定用户的密码不活动期限
-r	建立系统账号
-c	为用户添加备注，可在/etc/passwd 中查看

【实例 4-9】创建新用户。

使用 useradd 创建新用户 zp01，不使用任何命令选项。后续还会对其进行配置，请注意观察。执行如下命令。

```
[zp@localhost ~]$ sudo useradd zp01
[zp@localhost ~]$ grep zp01 /etc/passwd
[zp@localhost ~]$ su zp01
[zp@localhost ~]$ ls /home/
```

执行效果如图 4-9 所示。第 1 条命令创建一个用户账户。第 2 条命令查看所创建的用户账户的数据。第 3 条命令尝试使用 zp01，失败，该用户账户还不能使用。第 3 步失败后，如果没有自动返回命令提示符，读者可以用“Ctrl+C”组合键强行结束。第 4 条命令查看用户主目录，发现用户主目录/home/zp01 已经存在。在 Ubuntu 等操作系统中，第 4 步查看时可能会发现/home/zp01 并不存在。

```
[zp@localhost ~]$ sudo useradd zp01
[sudo] zp 的密码:
[zp@localhost ~]$ grep zp01 /etc/passwd
zp01:x:1001:1001::/home/zp01:/bin/bash
[zp@localhost ~]$ su zp01
密码:
su: 鉴定故障
[zp@localhost ~]$ ls /home/
zp  zp01
```

图 4-9　创建新用户

【实例 4-10】创建一个系统用户。

使用 useradd 创建新的系统用户 zp02s，并检查创建效果。执行如下命令。

```
[zp@localhost ~]$ sudo useradd -r zp02s
[zp@localhost ~]$ grep zp /etc/passwd
```

执行效果如图 4-10 所示。第 1 条命令创建一个系统用户。第 2 条命令查看所创建用户账户的数据。注意比较用户 zp01 和 zp02s 的 UID 所处的区间范围。zp02s 的 UID 取值范围为 1～999，而普通用户的 UID 默认从 1000 开始。

```
[zp@localhost ~]$ sudo useradd -r zp02s
[zp@localhost ~]$ grep zp /etc/passwd
zp:x:1000:1000:zp:/home/zp:/bin/bash
zp01:x:1001:1001::/home/zp01:/bin/bash
zp02s:x:977:977::/home/zp02s:/bin/bash
```

图 4-10　创建一个系统用户

【实例 4-11】创建新用户，并为新添加的用户指定相应的组账户。

本实例中指定将新用户 zp03 加入 zp 组。这里假定读者的 Ubuntu 操作系统中存在 zp 组，该组账户是 zp 账户的同名组账户。如果读者的系统默认用户为××，则可以将此处 zp 换成××。执行如下命令。

```
[zp@localhost ~]$ sudo useradd zp03 -g zp
[zp@localhost ~]$ grep zp /etc/passwd
```

执行效果如图 4-11 所示。注意 zp01 和 zp02s 两个用户账户的 UID 与各自的 GID 相同，系统自动为它们创建了同名的组账户。zp03 用户创建过程中指定了组账户，所以系统并没有为其创建同名组账户。

```
[zp@localhost ~]$ sudo useradd zp03 -g zp
[sudo] zp 的密码:
[zp@localhost ~]$ grep zp /etc/passwd
zp:x:1000:1000:zp:/home/zp:/bin/bash
zp01:x:1001:1001::/home/zp01:/bin/bash
zp02s:x:977:977::/home/zp02s:/bin/bash
zp03:x:1003:1000::/home/zp03:/bin/bash
```

图 4-11　创建新用户并为其指定组账户

【实例 4-12】为新用户添加备注并指定过期时间。

创建新用户，为新用户添加备注并指定过期时间。执行如下命令。

```
[zp@localhost ~]$ sudo useradd -c 1天后过期 -e 1 zp04
[zp@localhost ~]$ grep zp04 /etc/passwd
[zp@localhost ~]$ sudo grep zp04 /etc/shadow
```

执行效果如图 4-12 所示。最后两条命令分别用来查看备注信息和过期日期信息。

```
[zp@localhost ~]$ sudo  useradd -c 1天后过期  -e 1 zp04
[zp@localhost ~]$ grep zp04 /etc/passwd
zp04:x:1004:1004:1天后过期:/home/zp04:/bin/bash
[zp@localhost ~]$ sudo grep zp04 /etc/shadow
zp04:!!:19167:0:99999:7::1:
```

图 4-12　添加备注并指定过期时间

4.3.2 修改用户账户命令 passwd、usermod、chage

1．设置用户账户密码命令 passwd

命令功能：passwd 命令用于设置或修改用户密码。使用 useradd 命令添加的新用户需要设置密码。

普通用户和 root 用户都可以运行 passwd 命令，但普通用户只能更改自己的用户密码，root 用户可以设置或修改任何用户的密码。如果 passwd 命令后面不接任何选项或用户名，则表示修改当前用户的密码。

命令语法：passwd [选项] [用户名]。

主要选项：该命令中，主要选项的含义如表 4-8 所示。

表 4-8　passwd 命令主要选项的含义

选项	选项含义
-d, --delete	删除指定账户的密码
-e, --expire	终止指定账户的密码
-l, --lock	锁定指定的账户
-i, --inactive INACTIVE	密码过期后，经过 INACTIVE 天账户被禁用
-u, --unlock	解锁被指定账户
-n, --mindays MIN_DAYS	设置到下次修改密码所需等待的最短天数为 MIN_DAYS
-S, --status	报告指定账户密码的状态

【实例 4-13】使用 passwd 为用户设置密码。

假定读者已经完成本章前面的实例，当前系统中已经存在 zp01 用户账户。接下来的多个实例是相互关联的，请按照顺序完成各个实例。执行如下命令。

```
[zp@localhost ~]$ sudo grep zp01 /etc/shadow
[zp@localhost ~]$ sudo passwd zp01
[zp@localhost ~]$ sudo grep zp01 /etc/shadow
[zp@localhost ~]$ su zp01
[zp01@localhost zp]$ exit
[zp@localhost ~]$
```

执行效果如图 4-13 所示。第 1 条命令检查 zp01 密码信息时，发现密码一栏为“!!”，还没有设置密码。部分 Linux 发行版可能显示为“!”，如 Ubuntu。第 2 条命令为用户设置密码。第 3 条命令再次检查 zp01 密码信息，发现密码一栏变为一串加密数据。第 4 条命令切换到 zp01 用户，发现切换成功。我们之前尝试切换到 zp01 用户时，并没有成功。细心的读者会注意到，接下来的命令提示符内容有两处发生了变化，请结合所学知识，分析变动部分的含义。第 5 条命令用来退出刚才登录的 zp01 用户。同样，接下来的命令提示符内容有两处发生了变化。

```
[zp@localhost ~]$ sudo grep zp01 /etc/shadow
zp01:!!:19167:0:99999:7:::
[zp@localhost ~]$ sudo passwd zp01
更改用户 zp01 的密码 。
新的密码：
重新输入新的密码：
passwd：所有的身份验证令牌已经成功更新。
[zp@localhost ~]$ sudo grep zp01 /etc/shadow
zp01:$6$C/AVxAqPKMeC0cT0$Th2L/5sauokbiidQOxpLyQbCUr4wT3dNdlrR4tzt
bPYt/gVVP5caVj.YZG5YtRaZzUO1YCryolsvMKWS3tUh71:19167:0:99999:7:::
[zp@localhost ~]$ su zp01
密码：
[zp01@localhost zp]$ exit
exit
[zp@localhost ~]$
```

图 4-13　为用户设置密码

【实例 4-14】使用 passwd 为用户删除密码。

执行如下命令。

```
[zp@localhost ~]$ sudo grep zp01 /etc/shadow
[zp@localhost ~]$ sudo passwd -d zp01
[zp@localhost ~]$ sudo grep zp01 /etc/shadow
[zp@localhost ~]$ su zp01
[zp01@localhost zp]$ exit
```

执行效果如图 4-14 所示。第 1 条命令检查 zp01 密码信息，发现用户已经设置密码。第 2 条命令为用户 zp01 删除密码。第 3 条命令再次检查 zp01 密码信息，发现密码一栏为空（注意，不是“!”）。第 4 条命令再次切换 zp01 成功，但是没有提示输入密码。第 5 条命令退出该用户。注意，第 5 条命令执行前后的命令提示符内容发生了变化。

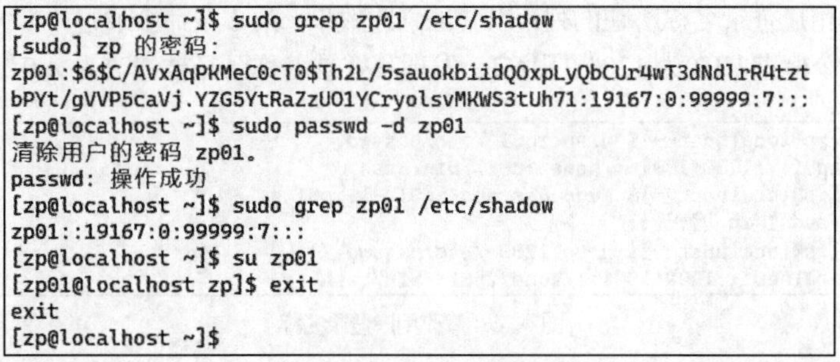

```
[zp@localhost ~]$ sudo grep zp01 /etc/shadow
[sudo] zp 的密码:
zp01:$6$C/AVxAqPKMeC0cT0$Th2L/5sauokbiidQOxpLyQbCUr4wT3dNdlrR4tzt
bPYt/gVVP5caVj.YZG5YtRaZzUO1YCryolsvMKWS3tUh71:19167:0:99999:7:::
[zp@localhost ~]$ sudo passwd -d zp01
清除用户的密码 zp01。
passwd: 操作成功
[zp@localhost ~]$ sudo grep zp01 /etc/shadow
zp01::19167:0:99999:7:::
[zp@localhost ~]$ su zp01
[zp01@localhost zp]$ exit
exit
[zp@localhost ~]$
```

图 4-14　为用户删除密码

2．修改用户账户信息命令 usermod

命令功能：使用 usermod 命令可以更改用户 Shell 类型、所属组、密码有效期等信息。

命令语法：usermod [选项] [用户名]。

主要选项：该命令中，主要选项的含义如表 4-9 所示。

表 4-9　usermod 命令主要选项的含义

选项	选项含义
-d <登入目录>	修改用户主目录
-e <有效期限>	修改账户的有效期限
-f <缓冲天数>	密码过期多少天后，关闭该账户
-l <账户名称>	修改用户登录名称
-L	锁定用户账户
-u <uid>	修改用户的 UID
-U	解除用户账户锁定

【实例 4-15】修改用户的 UID。

使用“-u”选项可以修改用户的 UID。执行如下命令。

```
[zp@localhost ~]$ grep zp01 /etc/passwd
[zp@localhost ~]$ sudo usermod zp01 -u 1200
[zp@localhost ~]$ grep zp01 /etc/passwd
```

执行效果如图 4-15 所示。第 1 条命令检查修改前用户的 UID，发现为 1001。第 2 条命令通过“-u”选项来修改用户的 UID。第 3 条命令检查修改后用户的 UID，发现已经修改为 1200。

```
[zp@localhost ~]$ grep zp01 /etc/passwd
zp01:x:1001:1001::/home/zp01:/bin/bash
[zp@localhost ~]$ sudo usermod zp01 -u 1200
[sudo] zp 的密码:
[zp@localhost ~]$ grep zp01 /etc/passwd
zp01:x:1200:1001::/home/zp01:/bin/bash
```

图4-15 修改用户的UID

【实例 4-16】修改用户登录名称。

使用“-l”选项可以修改用户登录名称。执行如下命令。

```
[zp@localhost ~]$ grep zp01 /etc/passwd
[zp@localhost ~]$ sudo usermod zp01 -l zp01new
[zp@localhost ~]$ grep 1200 /etc/passwd
```

执行效果如图 4-16 所示。第 1 条命令检查修改前的用户 zp01 对应的 UID 为 1200，后续将通过 UID 获取修改后的用户登录名称所在的列，以验证修改效果。第 2 条命令通过“-l”选项来修改用户登录名称。第 3 条命令检查 UID 为 1200 的用户，发现其登录名称已经被修改为 zp01new。

```
[zp@localhost ~]$ grep zp01 /etc/passwd
zp01:x:1200:1001::/home/zp01:/bin/bash
[zp@localhost ~]$ sudo usermod zp01 -l zp01new
[sudo] zp 的密码:
[zp@localhost ~]$ grep 1200 /etc/passwd
zp01new:x:1200:1001::/home/zp01:/bin/bash
```

图4-16 修改用户登录名称

【实例 4-17】用户账户锁定和解锁。

使用“-L”选项和“-U”选项可以对用户账户进行锁定和解锁。执行如下命令。

```
[zp@localhost ~]$ su zp01new
[zp01new@localhost zp]$ exit
[zp@localhost ~]$ sudo usermod zp01new -L
[zp@localhost ~]$ su zp01new
[zp@localhost ~]$ sudo usermod zp01new -U
[zp@localhost ~]$ su zp01new
[zp01new@localhost zp]$ exit
```

执行效果如图 4-17 所示。第 1 条命令切换 zp01new 账户成功，表明该账户正常。第 2 条命令退出 zp01new 账户。第 3 条命令使用-L 选项锁定账户。第 4 条命令尝试重新切换 zp01new 账户，提示失败。第 5 条命令使用-U 选项解锁账户。第 6 条命令尝试重新切换 zp01new 账户，提示成功。第 7 条命令退出 zp01new 账户。

```
[zp@localhost ~]$ su zp01new
密码:
[zp01new@localhost zp]$ exit
exit
[zp@localhost ~]$ sudo usermod zp01new -L
[zp@localhost ~]$ su zp01new
密码:
su: 鉴定故障
[zp@localhost ~]$ sudo usermod zp01new -U
[zp@localhost ~]$ su zp01new
密码:
[zp01new@localhost zp]$ exit
exit
```

图4-17 用户账户锁定和解锁

在实际执行过程中，第 5 条命令使用-U 选项解锁时，可能会提示“usermod：解锁用户密码将产生没有密码的账户。”，如图 4-18 所示。

```
[zp@localhost ~]$ sudo usermod zp01new -U
usermod: 解锁用户密码将产生没有密码的账户。
您应该使用 usermod -p 设置密码并解锁用户密码。
```

图 4-18 usermod 警告

此时读者可以使用 passwd 命令重设 zp01new 密码，执行效果如图 4-19 所示。读者如果使用 passwd 命令重设 zp01new 密码后仍然不能登录，可以尝试再次执行第 5 条命令使用-U 选项解锁。

```
[zp@localhost ~]$ sudo passwd zp01new
更改用户 zp01new 的密码 .
新的密码:
重新输入新的密码:
passwd: 所有的身份验证令牌已经成功更新。
[zp@localhost ~]$ su zp01new
密码:
[zp01new@localhost zp]$ exit
exit
```

图 4-19 用户账户解锁可能遇到的问题及解决方案

【实例 4-18】为用户修改主目录。

使用“-d”选项可以为用户修改主目录。执行如下命令。

```
[zp@localhost ~]$ grep zp01new /etc/passwd
[zp@localhost ~]$ sudo mkdir /home/zp01new
[zp@localhost ~]$ sudo usermod zp01new -d /home/zp01new
[zp@localhost ~]$ grep zp01new /etc/passwd
```

执行效果如图 4-20 所示。第 1 条命令查看到 zp01new 用户的当前主目录为/home/zp01。第 2 条命令手动创建/home/zp01new 目录。第 3 条命令修改 zp01new 的主目录为/home/zp01new。第 4 条命令检查修改后的用户主目录，发现修改成功。

```
[zp@localhost ~]$ grep zp01new /etc/passwd
zp01new:x:1200:1001::/home/zp01:/bin/bash
[zp@localhost ~]$ sudo mkdir /home/zp01new
[sudo] zp 的密码:
[zp@localhost ~]$ sudo usermod zp01new -d /home/zp01new
[zp@localhost ~]$ grep zp01new /etc/passwd
zp01new:x:1200:1001::/home/zp01new:/bin/bash
```

图 4-20 为用户指定主目录

3．用户密码有效期信息管理命令 chage

命令功能：chage 命令主要用于用户密码有效期信息管理，它可以更改用户密码过期信息，修改用户账户和密码的有效期限。

命令语法：chage [选项] [用户名]。

主要选项：该命令中，主要选项的含义如表 4-10 所示。

表 4-10 chage 命令主要选项的含义

选项	选项含义
-d	指定密码最后修改日期
-E	指定密码过期日期：0 表示马上过期，-1 表示永不过期

续表

选项	选项含义
-I	密码过期指定天数后，设置密码为失效状态
-l	列出用户账户的有效期
-m	两次改变密码之间相距的最小天数，为 0 代表任何时候都可以更改密码
-M	密码保持有效的最大天数
-W	密码过期前，提前收到警告信息的天数

【实例 4-19】查看用户密码有效期信息配置情况。

使用“-l”选项可以查看用户密码有效期信息配置情况。执行如下命令。

```
[zp@localhost ~]$ sudo chage zp01new -l
```

执行效果如图 4-21 所示。

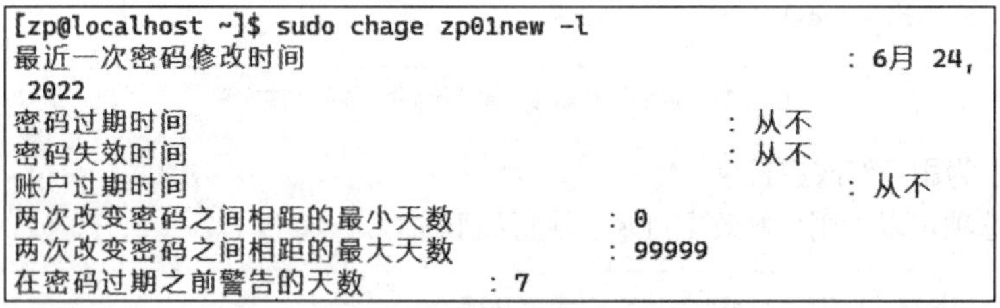

```
[zp@localhost ~]$ sudo chage zp01new -l
最近一次密码修改时间                                    : 6月 24,
 2022
密码过期时间                                    : 从不
密码失效时间                                    : 从不
账户过期时间                                            : 从不
两次改变密码之间相距的最小天数                  : 0
两次改变密码之间相距的最大天数                  : 99999
在密码过期之前警告的天数        : 7
```

图 4-21　查看用户密码有效期信息配置情况

【实例 4-20】修改账户有效期信息。

执行如下命令。

```
[zp@localhost ~]$ sudo chage zp01new -M 35 -m 6 -W 5
[zp@localhost ~]$ sudo chage zp01new -l
```

执行效果如图 4-22 所示。第 1 条命令一次使用多个选项修改账户有效期信息，读者可以结合表 4-10 查看每个选项的含义。第 2 条命令查看修改结果。读者可以将本实例结果与【实例 4-19】的结果进行对比，以理解相应选项的功能。

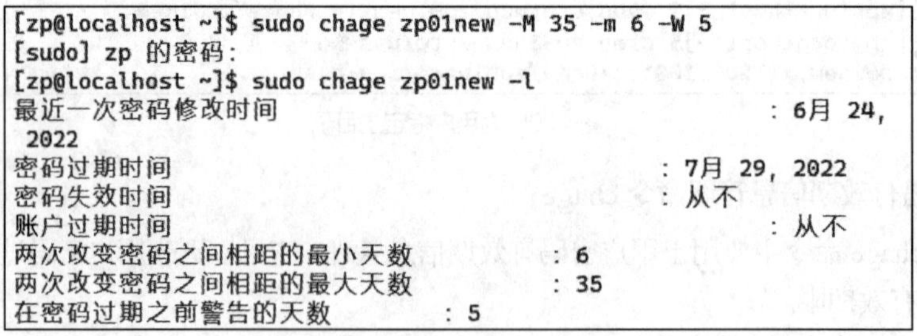

```
[zp@localhost ~]$ sudo chage zp01new -M 35 -m 6 -W 5
[sudo] zp 的密码：
[zp@localhost ~]$ sudo chage zp01new -l
最近一次密码修改时间                                    : 6月 24,
 2022
密码过期时间                                    : 7月 29, 2022
密码失效时间                                    : 从不
账户过期时间                                            : 从不
两次改变密码之间相距的最小天数                  : 6
两次改变密码之间相距的最大天数                  : 35
在密码过期之前警告的天数        : 5
```

图 4-22　修改账户有效期信息

【实例 4-21】使用交互方式修改账户有效期信息。

由于 chage 选项众多，读者记忆起来较为困难，因此，读者可以直接使用交互方式修改相关信息。此时，对于不打算修改的选项，我们可以直接按“Enter”键跳过。执行如下命令。

```
[zp@localhost ~]$ sudo chage zp01new
[zp@localhost ~]$ sudo chage zp01new -l
```

执行效果如图 4-23 所示。第 1 条命令将进入交互模式。第 2 条命令查看修改结果。读者可以将本实例结果与【实例 4-20】的结果进行对比。

```
[zp@localhost ~]$ sudo chage zp01new
[sudo] zp 的密码:
正在为 zp01new 修改年龄信息
请输入新值，或直接按“Enter”键以使用默认值

        最小密码年龄 [6]: 3
        最大密码年龄 [35]: 55
        最近一次密码修改时间 (YYYY-MM-DD) [2022-06-24]:
        密码过期警告 [5]: 8
        密码失效 [-1]:
        账户过期时间 (YYYY-MM-DD) [-1]:
[zp@localhost ~]$ sudo chage zp01new -l
最近一次密码修改时间                                    : 6月 24,
 2022
密码过期时间                                    : 8月 18, 2022
密码失效时间                                    : 从不
账户过期时间                                            : 从不
两次改变密码之间相距的最小天数                  :3
两次改变密码之间相距的最大天数                  : 55
在密码过期之前警告的天数                : 8
```

图 4-23　使用交互方式修改账户有效期信息

4.3.3 删除用户账户命令 userdel

命令功能：使用 userdel 命令可删除用户账户，甚至可以连同用户主目录等内容一起删除。部分 Linux 发行版（如 Ubuntu）还增加了 deluser 命令。

命令语法：userdel [选项] [用户名]。

主要选项：该命令中，主要选项的含义如表 4-11 所示。

表 4-11　usermod 命令主要选项的含义

选项	选项含义
-r	删除用户主目录等内容
-f	强制删除用户，不管用户是否登录系统

【实例 4-22】删除用户账户及用户主目录。

假定读者已经完成本章前面的实例，当前系统中存在着一个 zp04 账户。使用“-r”选项可以删除用户主目录等相关信息。执行如下命令。

```
[zp@localhost ~]$ grep zp04 /etc/passwd
[zp@localhost ~]$ ls /home
[zp@localhost ~]$ sudo userdel -r zp04
[zp@localhost ~]$ grep zp04 /etc/passwd
[zp@localhost ~]$ ls /home
```

执行效果如图 4-24 所示。第 1 条命令查看/etc/passwd，验证存在 zp04 账户。第 2 条命令查看用户主目录，发现存在一个用户主目录/home/zp04。第 3 条命令删除该账户及用户主目录等信息。第 4 条命令再次查看/etc/passwd，发现 zp04 账户消失。第 5 条命令再次查看用户主目录，发现用户主目录/home/zp04 消失。

```
[zp@localhost ~]$ grep zp04 /etc/passwd
zp04:x:1004:1004:1天后过期:/home/zp04:/bin/bash
[zp@localhost ~]$ ls /home/
zp  zp01  zp01new  zp03  zp04
[zp@localhost ~]$ sudo userdel -r zp04
[zp@localhost ~]$ grep zp04 /etc/passwd
[zp@localhost ~]$ ls /home/
zp  zp01  zp01new  zp03
```

图4-24 删除用户账户及用户主目录

【实例 4-23】强制删除用户。

使用“-f”选项可以强制删除用户，不管用户是否登录系统。假定读者已经完成前面的实例，当前系统中存在一个 zp01new 账户。本实例将演示如何在 zp01new 账户使用过程中将其删除。本实例需要开启两个终端。一个终端使用 zp01new 账户登录系统，读者也可以使用 su zp01new 实现上述目的。接下来，打开另一个终端执行如下命令。

```
[zp@localhost ~]$ grep zp01new /etc/passwd
[zp@localhost ~]$ ls /home
[zp@localhost ~]$ sudo userdel -r zp01new
[zp@localhost ~]$ sudo userdel -r -f zp01new
[zp@localhost ~]$ grep zp01new /etc/passwd
[zp@localhost ~]$ ls /home
```

执行效果如图 4-25 所示。第 1 条命令查看/etc/passwd，确认存在 zp01new 账户。第 2 条命令查看用户主目录，发现存在用户主目录/home/zp01new。在执行第 3 条命令之前，请确保已经开启另一个终端，并已经切换到 zp01new 账户。第 3 条命令执行不带-f 选项的删除命令，系统提示 zp01new 正在被使用。第 4 条命令执行带-f 选项的删除命令，编者系统中已经删除成功。第 5 条命令查看/etc/passwd，确认 zp01new 账户被删除。第 6 条命令查看用户主目录，确认/home/zp01new 已被删除。

```
[zp@localhost ~]$ grep zp01new /etc/passwd
zp01new:x:1200:1001::/home/zp01new:/bin/bash
[zp@localhost ~]$ ls /home
zp  zp01  zp01new  zp03
[zp@localhost ~]$ sudo userdel -r zp01new
[sudo] zp 的密码:
userdel: user zp01new is currently used by process 43380
[zp@localhost ~]$ sudo userdel -r -f zp01new
userdel: user zp01new is currently used by process 43380
[zp@localhost ~]$ grep zp01new /etc/passwd
[zp@localhost ~]$ ls /home
zp  zp01  zp03
```

图4-25 强制删除用户

4.4 组账户管理命令

组账户管理命令

4.4.1 创建组账户命令 groupadd

命令功能：创建一个新的组账户可以使用 Linux 通用命令 groupadd。部分 Linux 发行版（如 Ubuntu）还增加了 addgroup 命令。

命令语法：groupadd [选项] [组名]。

主要选项：该命令中，主要选项的含义如表 4-12 所示。

表 4-12 groupadd 命令主要选项的含义

选项	选项含义
-f	如果组已经存在，则以执行成功状态退出，而不是报错； 如果 GID 已被使用则取消“-g”选项
-g	指定新组使用的 GID
-K	不使用/etc/login.defs 中的默认值
-o	允许创建有重复 GID 的组
-r	创建一个系统组账户。若不带此选项，则创建普通组账户

【实例 4-24】创建组账户并指定 GID。

组账户的 GID 默认由系统分配，但是也可以使用“-g”选项指定 GID。执行如下命令。

```
[zp@localhost ~]$ sudo groupadd zpg01
[zp@localhost ~]$ sudo groupadd zpg02 -g 1010
[zp@localhost ~]$ grep zpg0 /etc/group
```

执行效果如图 4-26 所示。前两条命令创建两个组账户，其中 zpg02 被指定 GID。因此，zpg02 的 GID 是确定的，zpg01 的 GID 自动分配。第 3 条命令查看创建的组账户。

```
[zp@localhost ~]$ sudo groupadd zpg01
[sudo] zp 的密码:
[zp@localhost ~]$ sudo groupadd zpg02 -g 1010
[zp@localhost ~]$ grep zpg0 /etc/group
zpg01:x:1002:
zpg02:x:1010:
```

图 4-26 创建组账户并指定 GID

【实例 4-25】创建一个系统账户。

执行如下命令。

```
[zp@localhost ~]$ sudo groupadd -r zpg03
[zp@localhost ~]$ grep zpg03 /etc/group
```

执行效果如图 4-27 所示。第 1 条命令使用“-r”选项创建系统账户 zpg03。第 2 条命令查看系统账户 zpg03，注意与【实例 4-24】中的 GID 的取值范围进行对比。

```
[zp@localhost ~]$ sudo groupadd -r zpg03
[zp@localhost ~]$ grep zpg03 /etc/group
zpg03:x:976:
```

图 4-27 创建一个系统账户

【实例 4-26】选项“-f”的使用。

执行如下命令。

```
[zp@localhost ~]$ sudo groupadd zpg03
[zp@localhost ~]$ sudo groupadd -f zpg03
[zp@localhost ~]$ grep zpg03 /etc/group
[zp@localhost ~]$ sudo groupadd -f zpg04 -g 1010
[zp@localhost ~]$ grep zpg04 /etc/group
```

执行效果如图 4-28 所示。第 1 条命令创建组账户 zpg03，由于之前已经存在 zpg03，因此会报错，提示“zpg03”组已存在。第 2 条命令再次创建 zpg03，增加“-f”选项，这次没有出现报错信息，而是以成功状态退出。第 3 条命令查看创建结果，注意与【实例 4-25】中 zpg03 的 GID 进行对比。GID 变化了吗？第 4 条命令创建新组 zpg04，指定 GID 为 1010，并且我们还使用了“-f”选项。注意，前面的实例中 zpg02 已经使用了该 GID，那么这次指定 GID 的操作会成功吗？第 5 条命令查看 zpg04 的 GID，请问该 GID 是我们指定的那个吗？

```
[zp@localhost ~]$ sudo groupadd zpg03
groupadd：“zpg03”组已存在
[zp@localhost ~]$ sudo groupadd -f zpg03
[zp@localhost ~]$ grep zpg03 /etc/group
zpg03:x:976:
[zp@localhost ~]$ sudo groupadd -f zpg04 -g 1010
[zp@localhost ~]$ grep zpg04 /etc/group
zpg04:x:1011:
```

图 4-28　选项“-f”的使用

【实例 4-27】创建 GID 重复的组账户。

执行如下命令。

```
[zp@localhost ~]$ sudo groupadd zpg05 -g 1010
[zp@localhost ~]$ sudo groupadd zpg05 -o -g 1010
[zp@localhost ~]$ grep zpg0 /etc/group
```

执行效果如图 4-29 所示。前两条命令尝试创建组账户 zpg05 并指定其 GID 为一个已经使用了的值 1010。第 1 条命令中由于缺少“-o”选项，系统将提示 GID“1010”已经存在，操作失败。第 3 条命令查看创建的组，注意 zpg02 和 zpg05 的 GID 相同。创建 GID 重复的组账户并不是一个很好的习惯，不建议初学者效仿。

```
[zp@localhost ~]$ sudo groupadd zpg05 -g 1010
groupadd：GID “1010”已经存在
[zp@localhost ~]$ sudo groupadd zpg05 -o -g 1010
[zp@localhost ~]$ grep zpg0 /etc/group
zpg01:x:1002:
zpg02:x:1010:
zpg03:x:976:
zpg04:x:1011:
zpg05:x:1010:
```

图 4-29　创建 GID 重复的组账户

4.4.2 修改组账户命令 groupmod、gpasswd

1．修改组账户属性命令 groupmod

命令功能：使用 groupmod 命令可以修改组账户属性信息，例如组账户名称、GID 等。

命令语法：groupmod [选项] [组名]。

主要选项：该命令中，主要选项的含义如表 4-13 所示。

表 4-13　groupmod 命令主要选项的含义

选项	选项含义
-g	修改组账户的 GID
-n	修改组账户名称
-o	允许使用重复的 GID

【实例 4-28】修改组账户的 GID。

执行如下命令。

```
[zp@localhost ~]$ grep zpg01 /etc/group
[zp@localhost ~]$ sudo groupmod zpg01 -g 1021
[zp@localhost ~]$ grep zpg01 /etc/group
```

执行效果如图 4-30 所示。第 1 条命令查看组账户 zpg01 的 GID。第 2 条命令更改组账户 zpg01 的 GID。第 3 条命令查看修改结果。

```
[zp@localhost ~]$ grep zpg01 /etc/group
zpg01:x:1002:
[zp@localhost ~]$ sudo groupmod zpg01 -g 1021
[sudo] zp 的密码:
[zp@localhost ~]$ grep zpg01 /etc/group
zpg01:x:1021:
```

图 4-30 修改组账户的 GID

【实例 4-29】修改组账户的名称。

执行如下命令。

```
[zp@localhost ~]$ grep zpg01 /etc/group
[zp@localhost ~]$ sudo groupmod zpg01 -n zpg01new
[zp@localhost ~]$ grep 1021 /etc/group
```

执行效果如图 4-31 所示。第 1 条命令查看组账户 zpg01 的 GID，后面将用 GID 来定位修改后的组名。第 2 条命令修改组名。第 3 条命令使用 GID 查看修改后的组名。

```
[zp@localhost ~]$ grep zpg01 /etc/group
zpg01:x:1021:
[zp@localhost ~]$ sudo groupmod zpg01 -n zpg01new
[zp@localhost ~]$ grep 1021 /etc/group
zpg01new:x:1021:
```

图 4-31 修改组账户的名称

2．管理组账户配置文件命令 gpasswd

命令功能：使用 gpasswd 命令可以管理组账户配置文件。

命令语法：gpasswd [选项] [组名]。

主要选项：该命令中，主要选项的含义如表 4-14 所示。

表 4-14 gpasswd 命令主要选项的含义

选项	选项含义
-a	添加用户到组
-d	删除组中的某一用户
-A	指定管理员
-M	指定组成员
-r	删除密码
-R	限制用户登录该组，只有该组中的成员才能用 newgrp 命令加入该组

【实例 4-30】将用户添加到组中。

执行如下命令。

```
#查看用户和组账户情况
[zp@localhost ~]$ id zp
[zp@localhost ~]$ sudo gpasswd -a zp zpg01new
[zp@localhost ~]$ id zp
```

执行效果如图 4-32 所示。第 1 条命令使用 id 查看用户 zp 所在组信息。本实例中，id 后面的 zp 参数可以省略，默认将查看当前登录用户 zp 的用户账户和组账户信息。第 2 条命令向 zpg01new 中添加用户 zp。第 3 条命令再次查看用户 zp 所在组。

```
[zp@localhost ~]$ id zp
用户id=1000(zp) 组id=1000(zp) 组=1000(zp),10(wheel)
[zp@localhost ~]$ sudo gpasswd -a zp zpg01new
[sudo] zp 的密码：
正在将用户“zp”加入到“zpg01new”组中
[zp@localhost ~]$ id zp
用户id=1000(zp) 组id=1000(zp) 组=1000(zp),10(wheel),1021(zpg01new)
```

图 4-32　将用户添加到组中

【实例 4-31】从组中删除用户。

执行如下命令。

```
[zp@localhost ~]$ id zp
[zp@localhost ~]$ sudo gpasswd -d zp zpg01new
[zp@localhost ~]$ id zp
```

执行效果如图 4-33 所示。第 1 条命令查看用户 zp 所在组信息。第 2 条命令将用户 zp 从 zpg01new 组中删除。第 3 条命令再次查看用户 zp 所在组信息，以确认删除成功。

```
[zp@localhost ~]$ id zp
用户id=1000(zp) 组id=1000(zp) 组=1000(zp),10(wheel),1021(zpg01new)
[zp@localhost ~]$ sudo gpasswd -d zp zpg01new
[sudo] zp 的密码：
正在将用户“zp”从“zpg01new”组中删除
[zp@localhost ~]$ id zp
用户id=1000(zp) 组id=1000(zp) 组=1000(zp),10(wheel)
```

图 4-33　从组中删除用户

【实例 4-32】修改和删除组账户密码。

执行如下命令。

```
[zp@localhost ~]$ sudo grep zpg01new /etc/gshadow
[zp@localhost ~]$ sudo gpasswd zpg01new
[zp@localhost ~]$ sudo grep zpg01new /etc/gshadow
[zp@localhost ~]$ sudo gpasswd zpg01new -r
[zp@localhost ~]$ sudo grep zpg01new /etc/gshadow
```

执行效果如图 4-34 所示。第 1 条命令查看组账户密码字段。第 2 条命令修改组账户的密码。第 3 条命令再次查看组账户密码字段，密码修改成功。第 4 条命令删除组账户的密码。第 5 条命令查看密码删除结果。

```
[zp@localhost ~]$ sudo grep zpg01new /etc/gshadow
zpg01new:!::
[zp@localhost ~]$ sudo gpasswd zpg01new
正在修改 zpg01new 组的密码
新密码：
请重新输入新密码：
[zp@localhost ~]$ sudo grep zpg01new /etc/gshadow
zpg01new:$6$YqgJdCpSJCU4gtcL$63xEX8KEkDRneBRn3FuRYViNYRxp14i6GS1pAF
WjM5cd8ACxiplqK2dZMNggFzhRA/HG6T12lRNM61JF9STBz1::
[zp@localhost ~]$ sudo gpasswd zpg01new -r
[zp@localhost ~]$ sudo grep zpg01new /etc/gshadow
zpg01new:::
```

图 4-34　修改和删除组账户密码

4.4.3 删除组账户命令 groupdel

命令功能：使用 groupdel 命令可以删除组账户。如果使用 groupdel 命令后该组中仍旧存在某些用户，那么应当先从该组账户中删除这些用户，再删除该组。使用该命令时应当确认待删除的组账户存在。部分 Linux 发行版（如 Ubuntu）还增加了 delgroup 命令。

命令语法：groupdel [组名]。

【实例 4-33】删除组账户。

执行如下命令。

```
[zp@localhost ~]$ grep zpg02 /etc/group
[zp@localhost ~]$ sudo groupdel zpg02
[zp@localhost ~]$ grep zpg02 /etc/group
```

执行效果如图 4-35 所示。第 1 条命令查看指定组账户 zpg02。第 2 条命令删除该组账户。第 3 条命令查看是否删除成功。

```
[zp@localhost ~]$ grep zpg02 /etc/group
zpg02:x:1010:
[zp@localhost ~]$ sudo groupdel zpg02
[zp@localhost ~]$ grep zpg02 /etc/group
[zp@localhost ~]$
```

图 4-35　删除组账户

4.4.4 登录到一个新组命令 newgrp

命令功能：newgrp 命令用于在当前登录会话过程中更改当前的真实 GID 到指定的组或默认的组。

命令语法：newgrp [组名]。

主要参数：该命令中，可以直接用组名作为参数。如果不指定组名，则切换到当前用户的默认组。

【实例 4-34】在用户所属的不同组之间切换。

我们可以通过 id 查看用户所属组，组列表中第一个组为当前登录的组。接下来，我们使用 newgrp 切换到指定组。如果 newgrp 后面没有接组名作为参数，则将切换到其默认的组，也就是在/etc/passwd 中给出的 GID 所对应的组。执行如下命令。

```
[zp@localhost ~]$ id
[zp@localhost ~]$ newgrp wheel
[zp@localhost ~]$ id
[zp@localhost ~]$ newgrp
[zp@localhost ~]$ id
```

执行效果如图 4-36 所示。第 1 条命令查看用户所属的组，组列表中 zp 位于第一位。第 2 条命令切换到用户所属的组 wheel。第 3 条命令查看用户所属的组，组列表中 wheel 位于第一位。第 4 条命令切换到默认组，这里查看/etc/passwd，可知 zp 的默认组为 zp。第 5 条命令查看用户所属的组，其中组列表中 zp（默认组）位于第一位。

```
[zp@localhost ~]$ id
用户id=1000(zp) 组id=1000(zp) 组=1000(zp),10(wheel) 上下文=unconfin
ed_u:unconfined_r:unconfined_t:s0-s0:c0.c1023
[zp@localhost ~]$ newgrp wheel
[zp@localhost ~]$ id
用户id=1000(zp) 组id=10(wheel) 组=10(wheel),1000(zp) 上下文=unconfi
ned_u:unconfined_r:unconfined_t:s0-s0:c0.c1023
[zp@localhost ~]$ newgrp
[zp@localhost ~]$ id
用户id=1000(zp) 组id=1000(zp) 组=1000(zp),10(wheel) 上下文=unconfin
ed_u:unconfined_r:unconfined_t:s0-s0:c0.c1023
```

图 4-36　在用户所属的不同组之间切换

4.5 访问权限管理

Linux 操作系统中的每个文件和目录都有访问许可权限。通过访问许可权限确定何种用户/组可以通过何种方式对文件和目录进行访问和操作。

4.5.1 查看访问权限信息

Linux 对文件和目录进行访问权限管理时，用户可分为 3 种：文件所有者、同组用户和其他用户。每一个文件和目录的访问权限标识都可以分为 3 组，分别对应上述 3 类用户。

【实例 4-35】查看访问权限信息。

读者可以通过“ls -l”查看指定目录下的文件或者文件夹的访问权限信息。如图 4-37 所示，列表的第 1 列包括 10 个字符，其中第 1 个字符代表文件类型（type）。剩余 9 个字符可以分为 3 组，每组用 3 个字符表示，分别为文件或者目录所有者（user）的读 r（read）、写 w（write）和执行 x（execute）权限；与所有者同组用户（group）的读、写和执行权限；系统中其他用户（other）的读、写和执行权限。列表的第 3 列和第 4 列分别代表文件或者目录的所有者（此处为 root 用户）和所有者所在的组（此处为 root 组）。

```
[zp@localhost ~]$ ls -l /
总用量 24
dr-xr-xr-x.   2 root root    6  8月  9  2021 afs
lrwxrwxrwx.   1 root root    7  8月  9  2021 bin -> usr/bin
dr-xr-xr-x.   5 root root 4096  6月  4 22:26 boot
drwxr-xr-x.  20 root root 3360  6月  4 22:25 dev
drwxr-xr-x. 130 root root 8192  6月 25 21:25 etc
drwxr-xr-x.   5 root root   40  6月 24 21:36 home
```

图 4-37　查看访问权限信息

以“/dev”为例，第 1 个字符 d，表示该文件是一个目录文件。第 2 个到第 4 个字符为第 1 组，表示该目录文件的所有者具有该目录的读、写、执行 3 种权限。第 5 个到第 7 个字符为第 2 组，表示与所有者同组的用户具有该目录的读和执行权限，但没有写权限。第 8 个到第 10 个字符为第 3 组，表示其他用户具有该目录的读和执行权限，但没有写权限。

需要注意的是，文件和目录的访问权限的含义存在较大的区别。文件的访问权限代表用户对文件内容的权限；目录的访问权限代表用户对目录下文件的权限，以及能否将该目录作为工作目录等权限。文件和目录的访问权限的具体含义分别如表 4-15 和表 4-16 所示。例如，用户如果需要修改某个文件内容，则该用户应当具有对该文件的write权限。而用户如果需要删除该文件，则应当具有对该文件所在目录的write权限。

表4-15 文件的访问权限的含义

权限	含义
read	用户可以读取文件的内容。例如，读取文本文件的内容需要该权限
write	用户可以编辑、新增或者修改文件的内容。这里的修改都是基于文件内容、文件中记录的数据而言的，并不表示用户可以删除该文件
execute	用户可以执行该文件。Linux 操作系统中，文件是否可以被执行并不是由文件的扩展名决定的。而在 Windows 操作系统中，文件是否可以被执行主要是通过扩展名来标识的，例如，*.exe、*.bat、*.com 等通常代表可执行文件或脚本

表4-16 目录的访问权限的含义

权限	含义
read	具有读取目录结构列表的权限。例如，用户可以使用 ls 来查询该目录的文件列表
write	具有更改该目录结构列表的权限。例如，用户可以创建新的目录和文件，删除已经存在的文件和目录，重命名已有的文件和目录，转移已有的文件和目录位置
execute	用户可以进入该目录，使其成为用户当前的工作目录。例如，用户可以使用 cd 命令进入该目录

4.5.2 修改访问权限模式命令 chmod

chmod命令用于改变文件或目录的访问权限模式。命令语法：

```
chmod [选项] …模式1[,模式2]… 文件…
```

chmod命令语法中的模式有其固定的描述方式，每个模式字符串都应该匹配如下格式。

```
"[ugoa]*([-+=]([rwxXst]*|[ugo]))+|[-+=][0-7]+"
```

其中u、g、o分别代表所有者、同组用户和其他用户，a代表u、g、o全体，+、-、=代表加入、删除和等于对应权限。模式字符串存在两种设定方法：一种是包含字母和运算符表达式的文字设定法；另一种是包含数字的数字设定法。

1．文字设定法

命令chmod可以使用文字设定法修改某个用户、组对文件或者文件夹的访问权限，即使用r、w、x分别表示读、写、执行3类权限。

【实例4-36】使用文字设定法更改文件访问权限。

执行如下命令。

```
[zp@localhost ~]$ touch zp00 zp01 zp02 zp03 zp04 zp05
[zp@localhost ~]$ chmod u+rwx zp01
[zp@localhost ~]$ chmod g+rwx zp02
[zp@localhost ~]$ chmod a+rwx zp03
[zp@localhost ~]$ chmod u-rwx zp04
[zp@localhost ~]$ chmod u=rx,g=rx,o=rx zp05
[zp@localhost ~]$ ls -l zp0*
```

执行效果如图4-38所示。第1条命令创建6个空白文件，其中zp00作为参考基准，接下来将修改其他文件的权限。第2条命令授予用户对zp01拥有rwx权限。第3条命令授予同组用户对zp02拥有rwx权限。第4条命令授予所有者、同组用户、其他用户对zp03拥有rwx权限。第5条命令撤销用户对 zp04 拥有的 rwx 权限。第 6 条命令授予所有者、同组用户、其他用户对 zp05 拥有 rx 权限。第 7 条命令查看各个文件的权限设置结果。

```
[zp@localhost ~]$ touch zp00 zp01 zp02 zp03 zp04 zp05
[zp@localhost ~]$ chmod u+rwx zp01
[zp@localhost ~]$ chmod g+rwx zp02
[zp@localhost ~]$ chmod a+rwx zp03
[zp@localhost ~]$ chmod u-rwx zp04
[zp@localhost ~]$ chmod u=rx,g=rx,o=rx zp05
[zp@localhost ~]$ ls -l zp0*
-rw-r--r--. 1 zp zp 0  7月 13 08:03 zp00
-rwxr--r--. 1 zp zp 0  7月 13 08:03 zp01
-rw-rwxr--. 1 zp zp 0  7月 13 08:03 zp02
-rwxrwxrwx. 1 zp zp 0  7月 13 08:03 zp03
----r--r--. 1 zp zp 0  7月 13 08:03 zp04
-r-xr-xr-x. 1 zp zp 0  7月 13 08:03 zp05
```

图 4-38　使用文字设定法更改文件访问权限

2．数字设定法

为了使在系统中对访问权限进行配置和修改更简单，Linux 引入二进制数字表示访问权限。数字设定法是与文字设定法等价的设定方法，比文字设定法更加简洁。数字设定法对每一类用户分别用 3 个二进制位来表示文件访问权限。第 1 位表示 r 权限（读），第 2 位表示 w 权限（写），第 3 位表示 x 权限（对于文件而言为执行，对于文件夹而言为枚举）。也就是说，对 r、w、x 3 种权限分别使用一个二进制数字来表示，1 表示具有该权限，0 表示不具有该权限。例如，Linux 访问权限的二进制表示方式：rwx=111；r-x=101；rw-=110；r--=100。

实际使用时，我们通常将二进制转换成八进制形式。每个文件或者目录的权限用 3 个八进制数表示，分别对应 u、g、o。用 r=4，w=2，x=1 来表示权限，0 表示没有权限，1 表示 x 权限，2 表示 w 权限，4 表示 r 权限，然后将其相加。如果想让某个文件的所有者有“读/写”两种权限，此时需要将第 1 个八进制数设置为：4（读）+2（写）=6（读/写）。例如，前面使用二进制表示的案例可以按照如下方式进行转换：rwx=111=4+2+1=7；r-x=101=4+0+1=5；rw-=110=4+2+0=6；r--=100=4+0+0=4。

【实例 4-37】使用数字设定法更改目录访问权限。

执行如下命令。

```
[zp@localhost ~]$ mkdir zpdir00 zpdir01 zpdir02 zpdir03 zpdir04 zpdir05
[zp@localhost ~]$ chmod 777 zpdir01
[zp@localhost ~]$ chmod 775 zpdir02
[zp@localhost ~]$ chmod 755 zpdir03
[zp@localhost ~]$ chmod 666 zpdir04
[zp@localhost ~]$ chmod 640 zpdir05
[zp@localhost ~]$ ls -l| grep zpdir0
```

执行效果如图 4-39 所示。第 1 条命令创建 6 个空白目录，其中 zpdir00 作为参考基准，接下来将修改其他文件的权限。第 2 条命令授予用户、同组用户、其他用户 zpdir01 目录的 rwx 权限。第 3 条～第 6 条命令的权限设置结果，读者请自行分析。第 7 条命令查看各个目录的权限设置结果。

```
[zp@localhost ~]$ mkdir zpdir00 zpdir01 zpdir02 zpdir03 zpdir04 zpdir05
[zp@localhost ~]$ chmod 777 zpdir01
[zp@localhost ~]$ chmod 775 zpdir02
[zp@localhost ~]$ chmod 755 zpdir03
[zp@localhost ~]$ chmod 666 zpdir04
[zp@localhost ~]$ chmod 640 zpdir05
[zp@localhost ~]$ ls -l | grep zpdir0
drwxr-xr-x.  2 zp  zp         6  7月 13 08:18 zpdir00
drwxrwxrwx.  2 zp  zp         6  7月 13 08:18 zpdir01
drwxrwxr-x.  2 zp  zp         6  7月 13 08:18 zpdir02
drwxr-xr-x.  2 zp  zp         6  7月 13 08:18 zpdir03
drw-rw-rw-.  2 zp  zp         6  7月 13 08:18 zpdir04
drw-r-----.  2 zp  zp         6  7月 13 08:18 zpdir05
```

图 4-39　使用数字设定法更改目录访问权限

4.5.3 管理默认访问权限命令 umask

细心的读者会发现，我们在同一个系统里面创建的文件的默认访问权限通常是一致的。同样，我们在同一个系统里面创建的目录的默认访问权限通常也是一致的。这是因为设置了权限掩码 umask 的缘故。umask 属性可以用来确定新建文件、目录的默认访问权限。

Linux 操作系统中创建文件或者目录时，文件默认访问权限是 666，而目录访问权限是 777。设置了权限掩码之后，默认的文件和目录访问权限减去掩码值才是真实的文件和目录的访问权限掩码。假定当前系统设置的权限掩码为 022，对应目录访问权限掩码为 777-022=755，对应文件访问权限掩码为 666-022=644，则该系统中，目录默认访问权限掩码为 755，而文件默认访问权限掩码为 644。

Linux 操作系统提供 umask 命令，用于显示和设置用户创建文件或目录的权限掩码。当使用不带参数的 umask 命令时，系统会输出当前掩码值。用户也可以使用“-S”选项设置默认的权限掩码，但一般不需要更改掩码值。

【实例 4-38】查看和修改权限掩码。

执行如下命令。

```
[zp@localhost ~]$ umask
[zp@localhost ~]$ touch maskfile01
[zp@localhost ~]$ mkdir maskdir01
[zp@localhost ~]$ umask -S 023
[zp@localhost ~]$ mkdir maskdir02
[zp@localhost ~]$ touch maskfile02
[zp@localhost ~]$ ls -l | grep mask
[zp@localhost ~]$ umask -S 022
[zp@localhost ~]$ umask
```

执行效果如图 4-40 所示。第 1 条命令查看默认权限掩码。第 2 条和第 3 条命令分别在默认的掩码状态下，创建空白文件和目录。第 4 条命令将权限掩码设置为 023。第 5 条和第 6 条命令分别在新的掩码状态下，创建目录和空白文件。第 7 条命令查看刚才创建的文件和目录。读者请注意对比分析不同掩码值对文件和目录的访问权限的影响。第 8 条命令恢复原来的掩码值。第 9 条命令查看掩码值恢复结果。

```
[zp@localhost ~]$ umask
0022
[zp@localhost ~]$ touch maskfile01
[zp@localhost ~]$ mkdir maskdir01
[zp@localhost ~]$ umask -S 023
u=rwx,g=rx,o=r
[zp@localhost ~]$ mkdir maskdir02
[zp@localhost ~]$ touch maskfile02
[zp@localhost ~]$ ls -l | grep mask
drwxr-xr-x.   2 zp   zp          6  7月 13 08:29 maskdir01
drwxr-xr--.   2 zp   zp          6  7月 13 08:29 maskdir02
-rw-r--r--.   1 zp   zp          0  7月 13 08:28 maskfile01
-rw-r--r--.   1 zp   zp          0  7月 13 08:29 maskfile02
[zp@localhost ~]$ umask -S 022
u=rwx,g=rx,o=rx
[zp@localhost ~]$ umask
0022
```

图 4-40 查看和修改权限掩码

4.6 综合案例：用户和组管理综合实践

综合案例：用户和组管理综合实践

4.6.1 案例概述

本案例旨在以本章“用户和组管理”和第 3 章“文件和目录管理”中的主要知识点为基础，进行一次综合应用。

我们不妨将应用场景具体化，以读者非常熟悉的学生交作业场景为例，简单演绎一下师生之间的小故事。

4.6.2 案例详解

1．换个花样来发放作业任务

如果要发放作业任务，读者最先会想到哪种方法？不过我估计大多数读者不会想到我这里要玩的小花招。执行如下命令。

```
[zp@localhost ~]$ ls /etc/skel/
[zp@localhost ~]$ sudo touch /etc/skel/assignment01
[zp@localhost ~]$ ls /etc/skel/
```

执行效果如图 4-41 所示。这里我们在/etc/skel 目录下创建了一个名为 assignment01 的文件，作为我们第一次的作业。有兴趣的读者可以在 assignment01 文件中添加具体的作业内容。当然我们一个学期会有好几次作业，读者可以照葫芦画瓢，自己多添加几个类似的作业文件。

```
[zp@localhost ~]$ ls /etc/skel/
[zp@localhost ~]$ sudo touch /etc/skel/assignment01
[sudo] zp 的密码：
[zp@localhost ~]$ ls /etc/skel/
assignment01
```

图 4-41　创建文件 assignment01

2．学生登场领取作业

系统里面好像还没有学生账户，那就给学生分配账户吧。理论上，此时应该用一个 Shell 循环来完成批量账户的创建。考虑到目前还没学到第 8 章“Shell 编程”那里，我们就先手动创建两个学生账户作为示范。执行如下命令。

```
[zp@localhost ~]$ sudo useradd stu01
[zp@localhost ~]$ sudo useradd stu02
[zp@localhost ~]$ grep stu /etc/passwd
```

执行效果如图 4-42 所示。第 1 条和第 2 条命令成功创建两个学生账户。

```
[zp@localhost ~]$ sudo useradd stu01
[sudo] zp 的密码：
[zp@localhost ~]$ sudo useradd stu02
[zp@localhost ~]$ grep stu /etc/passwd
stu01:x:1001:1001::/home/stu01:/bin/bash
stu02:x:1002:1002::/home/stu02:/bin/bash
```

图 4-42　创建两个学生账户

账户有了，怎么发送作业呢？执行如下命令。

```
[zp@localhost ~]$ sudo ls /home/stu01
[zp@localhost ~]$ sudo ls /home/stu02
```

执行效果如图 4-43 所示。看明白了吗？作业已经自动发给我们的两名学生了，分别位于他们的用户主目录中。还没看明白的读者，可以找到 4.2.6 小节“/etc/skel 目录”的内容再复习一下。

```
[zp@localhost ~]$ sudo ls /home/stu01
assignment01
[zp@localhost ~]$ sudo ls /home/stu02
assignment01
```

图4-43 发送作业

3．按时完成作业是一种态度

下面开始做作业吧。各名学生用自己的账户登录，大家的作业一律命名为 assignment_stu**。学生 stu01 平时比较认真，接到作业任务，马上开始着手完成。执行如下命令。

```
[zp@localhost ~]$ su stu01
```

执行效果如图 4-44 所示。这里为了表达方便，直接使用 su 切换到 stu01。在实际操作时，该学生一般是直接利用 stu01 账户在本地登录或者远程登录。但为什么出错了呢?

```
[zp@localhost ~]$ su stu01
密码：
su: 鉴定故障
```

图4-44 切换用户

目前为止，我们并没有为学生账户设置密码，因此还不能登录。执行如下命令。

```
[zp@localhost ~]$ sudo passwd stu01
[zp@localhost ~]$ sudo passwd stu02
```

执行效果如图 4-45 所示。

```
[zp@localhost ~]$ sudo passwd stu01
更改用户 stu01 的密码 。
新的密码：
重新输入新的密码：
passwd：所有的身份验证令牌已经成功更新。
[zp@localhost ~]$ sudo passwd stu02
更改用户 stu02 的密码 。
新的密码：
重新输入新的密码：
passwd：所有的身份验证令牌已经成功更新。
```

图4-45 设置账户密码

认真的学生 stu01 继续做作业。执行如下命令。

```
[zp@localhost ~]$ su stu01
[stu01@localhost zp]$ cd
[stu01@localhost ~]$ ls
[stu01@localhost ~]$ cp assignment01 assignment01.stu01
[stu01@localhost ~]$ ls
```

执行效果如图 4-46 所示。第 1 条命令，stu01 登录自己的账户。第 2 条命令，stu01 切换到自己的主目录。第 4 条命令，stu01 做作业。这里直接复制 assignment01 来创建 assignment01.stu01，代表 stu01 完成了作业。真实应用中，该学生还应该打开 assignment01.stu01 文件，并在里面写入详细的作业内容。这里不做展开。

```
[zp@localhost ~]$ su stu01
密码：
[stu01@localhost zp]$ cd
[stu01@localhost ~]$ ls
assignment01
[stu01@localhost ~]$ cp assignment01 assignment01.stu01
[stu01@localhost ~]$ ls
assignment01  assignment01.stu01
```

图4-46 创建作业文件

4．总有学生不自觉

学习委员催交作业了，学生 stu02 大呼不妙："我都忘记了，赶紧登录!"。执行如下命令。

```
[stu01@localhost ~]$ su stu02
[stu02@localhost stu01]$ cd
[stu02@localhost ~]$ pwd
[stu02@localhost ~]$ ls
```

执行效果如图 4-47 所示。

```
[stu01@localhost ~]$ su stu02
密码:
[stu02@localhost stu01]$ cd
[stu02@localhost ~]$ pwd
/home/stu02
[stu02@localhost ~]$ ls
assignment01
```

图 4-47 学生 stu02 查看作业任务

学生 stu02 通过分析发现了学生 stu01 的作业存放位置，灵机一动，计上心来。执行如下命令。

```
[stu02@localhost ~]$ cp /home/stu01/assignment01.stu01 assignment01.stu02
[stu02@localhost ~]$ ls
```

执行效果如图 4-48 所示。显然，学生 stu02 的这番操作没有成功。

```
[stu02@localhost ~]$ cp /home/stu01/assignment01.stu01 assignment01.stu02
cp: 无法获取'/home/stu01/assignment01.stu01' 的文件状态(stat): 权限不够
[stu02@localhost ~]$ ls
assignment01
```

图 4-48 学生 stu02 在干坏事

一般而言，学生 stu02 不会就此罢休。他还会尝试各种方法，例如他甚至可能线下直接找学生 stu01 要一份作业原稿，然后按照命名规则修改作业文件名称，将其作为自己的作业，再存放于该目录下。

5．有请老师闪亮登场

本来想创建一个 teacher 账户，限于篇幅，假定 zp 就是老师的账户。他比较体谅学习委员，决定自己亲自收作业。执行如下命令。

```
[stu02@localhost ~]$ su zp
[zp@localhost stu02]$ cd ~
[zp@localhost ~]$
```

执行效果如图 4-49 所示。老师 zp 用自己的账户登录，并且回到自己的主目录。

```
[stu02@localhost ~]$ su zp
密码:
[zp@localhost stu02]$ cd ~
[zp@localhost ~]$ |
```

图 4-49 老师 zp 登录

先看看还有谁没做作业。执行如下命令。

```
[zp@localhost ~]$ sudo find /home -mtime -10 |grep assignment01.stu
```

执行效果如图 4-50 所示。这里用了 find 命令来查找符合条件的内容。由于作业是 10 天前布置的，因此老师使用“-mtime -10”来忽略10天之内没有改动的文件。学生stu02还没做作业的事情很快就被发现了。

```
[zp@localhost ~]$ sudo find /home -mtime -10 |grep assignment01.stu
/home/stu01/assignment01.stu01
[zp@localhost ~]$
```

图4-50 看看还有谁没做作业

接下来收作业，说简单也不简单。如果班上人数较多，我们有必要编写一个Shell循环。不过，现在还没学习此部分内容，学生数量又不多，就直接复制吧。执行如下命令。

```
[zp@localhost ~]$ mkdir 01
[zp@localhost ~]$ sudo cp /home/stu01/assignment01.stu01 01/
[zp@localhost ~]$ ls 01/
```

执行效果如图4-51所示。篇幅有限，就此打住。

```
[zp@localhost ~]$ mkdir 01
[zp@localhost ~]$ sudo cp /home/stu01/assignment01.stu01 01/
[sudo] zp 的密码:
[zp@localhost ~]$ ls 01/
assignment01.stu01
```

图4-51 收作业

【思考】如果学生stu02直接将学生stu01的作业文件修改名称，并将其作为自己的作业交上来，老师有办法识别出来吗？当然是可以的，而且识别的方法肯定不止一种，有兴趣的同学可以慢慢研究。

习题4

1. 常见的Linux用户类别有哪些？
2. 用户账户的配置文件有哪些？它们各自的用途是什么？
3. 简述用户账户配置文件的记录格式。
4. 组账户的配置文件有哪些？它们各自的用途是什么？
5. 简述组账户配置文件的记录格式。

实训4

参考本章4.6节的综合案例，设计一个场景，通过一个故事串联起本章，甚至前面各章的一些重要命令。

第5章 磁盘存储管理

磁盘作为数据存储的重要载体，在 Linux 操作系统中扮演着十分重要的角色。本章将对 Linux 文件系统的概念及磁盘存储管理的基本方法进行介绍，以帮助读者掌握 Linux 操作系统中磁盘存储管理的基本理论、方法和技巧。

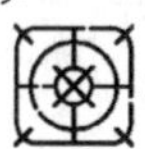

科技自立自强

存储领域国产品牌

近年来，国产品牌如雨后春笋般涌现在存储市场上。部分国产品牌的产品甚至频繁出现在存储产品销量排行榜前几名。存储领域国产品牌在很大程度上改变了用户的消费习惯，同时也搅动了投资圈的“一池春水”。存储领域国产品牌的春天即将到来。

5.1 磁盘存储管理概述

磁盘存储管理概述

5.1.1 磁盘分区简介

磁盘分区（Partition）是指将一个磁盘驱动器分成若干个逻辑驱动器。磁盘分区是对磁盘物理介质的逻辑划分，不同的磁盘分区对应不同的逻辑边界。读者可以在不同的磁盘分区上创建相同或者不同的文件系统，以满足不同的需求。通常建议将磁盘分成多个分区，不同分区可以用于不同用途。通过分区，可以将用户数据和系统数据分开。用户数据和系统数据位于不同的分区可以避免用户数据激增填满整个磁盘进而引起系统挂起。通过分区，还可以将不同用途的文件置于不同分区，这样有利于文件的管理和使用。不同的分区可以建立不同的文件系统。如果用户希望在计算机上安装多款操作系统，则不论这些操作系统是否支持相同的文件系统，通常需要将它们安装在不同的磁盘分区上。用户也可以只创建一个包含全部磁盘空间的分区。例如，许多预装操作系统的 PC，出厂时可能只有一个分区。但是编者并不建议读者只创建一个分区。如果系统只有一个分区，那么一旦该分区损坏，则所有的用户数据都可能会丢失。

磁盘的分区信息保存在分区表中。分区表是一个磁盘分区的索引。常见的分区表有两种：MBR（Master Boot Record，主引导记录）与 GPT（Globally Unique Identifier Partition Table，全局唯一标识分区表，也叫作 GUID 分区表）。GPT 可管理的空间大，支持的分区数量多。然而，GPT 的优势只有在规模较大的情况下才能体现出来。对于个人用户，其计算机磁盘数量和空间有限，因此选择 MBR 还是选择 GPT 影响并不大。

5.1.2 文件系统简介

文件系统是 Linux 操作系统的核心模块。文件系统提供了存储和组织计算机数据的方法，该方法使文件访问和查找变得容易。文件系统使用文件和树状目录的抽象逻辑概念代替了磁盘和光盘等物理设备使用数据块的概念，这样，用户使用文件系统来保存数据时就不必关心数据实际保存在磁盘（或者光盘）地址为多少的数据块上，只需要记住这个文件的所属目录和文件名即可；另外，在写入新数据之前，用户不需要关心磁盘上的哪些数据块没有被使用，因为磁盘上的存储空间管理（分配和释放）功能由文件系统自动实现。

磁盘分区只是对磁盘上的空间进行了逻辑划分，并不会产生任何文件系统（File System）。磁盘经过分区之后，并不能直接被使用，用户还必须在磁盘分区上创建文件系统，这一操作通常被称为格式化。格式化是对磁盘分区进行初始化的一种操作。通俗地理解，格式化过程就是按照指定的规则，把磁盘分区划分成一个个小区域并编号，以方便计算机存储和读取数据。格式化操作通常会导致现有分区中的所有数据均被清除，请注意提前备份数据。

文件系统是一种计算机数据的组织和管理方式。文件系统种类繁多，不同文件系统具有各自的特征和应用场景。ext 是第一个专门为 Linux 设计的文件系统，叫作扩展文件系统。它存在许多缺陷，现在已经很少被使用了。其改进版有 ext2、ext3、ext4 等。随着 Linux 的不断发展，Linux 所支持的文件系统类型也在迅速扩充。目前 Linux 可以支持绝大多数主流的文件系统。

【实例 5-1】查看 Linux 支持的文件系统类型。

Linux 支持众多文件系统类型，我们可查看/lib/modules/$(uname -r)/kernel/fs 目录获取该信息，执行如下命令。

```
[zp@localhost ~]$ ls /lib/modules/$(uname -r)/kernel/fs
```

执行效果如图 5-1 所示。

```
[zp@localhost ~]$ ls /lib/modules/$(uname -r)/kernel/fs
binfmt_misc.ko.xz  ext4     jbd2          nfsd          udf
cachefiles         fat      lockd         nls           xfs
ceph               fscache  mbcache.ko.xz overlayfs
cifs               fuse     netfs         pstore
dlm                gfs2     nfs           smbfs_common
exfat              isofs    nfs_common    squashfs
```

图 5-1　查看 Linux 支持的文件系统类型

5.2 Linux 磁盘分区管理

Linux 磁盘分区管理

5.2.1 磁盘及磁盘分区命名规则

磁盘是一种硬件设备。Linux 操作系统把每个硬件都看成一个文件，该文件称为设备文件。Linux 内核在探测到硬件后，会在/dev 目录中为其创建对应的设备文件。此设备文件将关联该设备的驱动程序，因此访问此文件时即可访问到文件所关联到的设备。每个设备包括主设备号（Major Number）和次设备号（Minor Number）。主设备号用于标识设备类型，进而确定需要加载的驱动程序。次设备号用于标识同一类型中的不同设备。Linux 设备可以分为块（Block）设备和字符（Char）设备。块设备的存取单位为“块”，块设备是随机访问设备，典型的块设备包括磁盘、U 盘、SD 卡（Secure Digital Memory Card）等。字符设备的存取单位为“字符”，字符设备是顺序访问设备，典型的字符设备包括键盘、打印机等。

磁盘作为重要的数据存储设备，在 Linux 操作系统中也有与之对应的设备文件。典型的磁盘设备接口类型有 IDE、SCSI、SATA 等。根据接口类型的不同，磁盘设备文件的命名方式也不同。常见的 Linux 磁盘分区的命名规则为 hd*XY*（或 sd*XY*），其中 *X* 代表小写拉丁字母，*Y* 代表阿拉伯数字。例如 hda1 表示第一个 IDE 接口磁盘的第一个分区。

Linux 将各种 IDE 接口的设备映射到以 hd 为前缀的设备文件上。PC 通常有两个 IDE 接口，每个 IDE 接口可以分别连接两个设备，即主设备（Master）和从设备（Slave）。因此，PC 最多可以接 4 个设备。不同的 IDE 设备的命名根据其内部连接方式来确定。其中 hda 表示第一个 IDE 接口（IDE1）的主设备，hdb 表示第一个 IDE 接口的从设备，而 hdc 和 hdd 分别表示 IDE2 的主设备和从设备。目前 IDE 接口的磁盘设备基本已经被淘汰。通过 VM 进行仿真测试可以发现，目前的 Linux 操作系统通常也不再按照上述规则对此类设备进行命名，详情参考实训部分的内容。

Linux 将 SCSI、SATA 等接口的设备映射到以 sd 为前缀组成的设备文件。这类设备的命名依赖于磁盘设备 ID。例如，假定系统现有此类设备 3 台，设备 ID 分别为 1、3、5。那么，这些设备将按照 ID 从小到大的顺序依次命名为 sda、sdb、sdc 等。如果此时系统增加了一台 ID 为 4 的设备，则新增的设备将命名为 sdc，而原来的 ID 为 5 的设备将被重新命名为 sdd。读者务必对这一特征引起重视。实践中，新增加磁盘的设备 ID 有可能少于现有磁盘设备的 ID，从而导致系统磁盘文件命名发生变化。请务必在增减磁盘时谨慎操作，确保所使用的设备名称与拟操作的磁盘设备一致，以免造成数据丢失。

前沿动态

固态存储设备

近年来，固态硬盘（Solid State Drive，SSD）被广泛使用。目前固态硬盘通常使用 SATA 接口，或者 PCIe 接口。采用 PCIe 接口并支持 NVMe 协议的固态硬盘预计将成为未来的主流，其磁盘文件名一般以 nvme 开头。

注意

本章的实例和综合案例如果操作不当，容易导致数据丢失，请谨慎操作。建议在虚拟机上完成，并提前做好数据备份。

【实例 5-2】查看设备文件列表。

Linux 操作系统的设备文件位于/dev 目录下。执行如下命令。

```
[zp@localhost ~]$ ls /dev/sd*
```

执行效果如图 5-2 所示。

```
[zp@localhost ~]$ ls /dev/sd*
/dev/sda  /dev/sda1  /dev/sda2
```

图 5-2 查看设备文件列表

编者当前的计算机中只有 1 个磁盘设备文件，设备文件名为 sda。磁盘设备 sda 有两个磁盘分区文件，分别是 sda1、sda2。本章后续的实例中，编者还会给出添加新磁盘设备 sdb 的方法。本章案例中，所有会导致磁盘丢失的操作将仅在新磁盘设备 sdb 中执行。编者对 sda 只进行查看信息类型的操作，而不进行任何改动。

5.2.2 磁盘分区管理命令 fdisk

对于一个新磁盘，首先需要对其进行分区。Linux 下用于磁盘分区管理的常用命令是 fdisk。它支持交互式界面，既可以查看磁盘分区的详细信息，也可以为每个分区指定类型。除此之外，读者还可以通过 cfdisk、parted 等可视化工具进行分区。由于磁盘分区操作可能造成数据损失，因此读者操作时应当谨慎。

1．fdisk 语法规则

命令功能：分区管理工具。使用 fdisk 命令可以观察磁盘使用情况，还可以将磁盘划分成若干个分区，同时也可以为每个分区指定不同的文件系统。

命令语法：fdisk [选项] [设备]。

主要参数：该命令中，参数主要包括以下两类。

第 1 类是命令行参数，即命令语法中的[选项]。主要选项的含义如表 5-1 所示。

表 5-1　fdisk 命令主要选项含义

选项	选项含义	选项	选项含义
-h	显示帮助信息	-s	以扇区为单位，显示分区大小
-l	列出指定的磁盘设备的分区表状态	-b	显示扇区数据及大小
-u	改变分区大小的显示方式	-v	显示版本信息

第 2 类是交互界面参数，也就是进入磁盘分区模式时使用的交互命令。主要参数的含义如表 5-2 所示。

表 5-2　fdisk 交互界面主要参数含义

参数	参数含义
p	输出该磁盘的分区表，显示磁盘分区信息
n	新建一个分区
d	删除磁盘分区
e	创建扩展分区
m	输出 fdisk 帮助信息，显示所有能在 fdisk 中使用的子命令
t	改变分区的类型
w	保存磁盘分区设置并退出交互界面
q	直接退出交互界面，不保存磁盘分区设置

2．fdisk 命令行参数使用实例

【实例 5-3】查看已分区磁盘的基本信息。

本实例仅涉及数据查看，不会导致磁盘中的数据丢失。执行如下命令。

```
[zp@localhost ~]$ sudo fdisk -l /dev/sda
```

执行效果如图 5-3 所示。

图 5-3 中信息表明，当前查看的磁盘文件名称为/dev/sda，磁盘大小为 20GB，还分别给出了以字节和扇区形式表示的磁盘大小信息。信息的最后 3 行给出了该磁盘的分区列表信息：第 1 列为各个分区的设备文件名；第 2 列为启动分区的标志，例如本实例中/dev/sda1 为启动分区；第 3 列和第 4 列分别为该分区的起点和末尾；第 5 列为扇区数；第 6 列为分区的大小；最后两列分别为分区的 ID 和分区类型。

```
[zp@localhost ~]$ sudo fdisk -l /dev/sda
Disk /dev/sda：20 GiB，21474836480 字节，41943040 个扇区
磁盘型号：VMware Virtual S
单元：扇区 / 1 * 512 = 512 字节
扇区大小(逻辑/物理)：512 字节 / 512 字节
I/O 大小(最小/最佳)：512 字节 / 512 字节
磁盘标签类型：dos
磁盘标识符：0x95058d0d

设备        启动    起点     末尾     扇区  大小 Id 类型
/dev/sda1   *       2048  2099199  2097152    1G 83 Linux
/dev/sda2        2099200 41943039 39843840   19G 8e Linux LVM
```

图 5-3　查看已分区磁盘的基本信息

3．fdisk 交互界面参数使用实例

【实例 5-4】使用 fdisk 交互界面参数查看已分区磁盘信息。

本实例仅涉及数据查看，不会导致磁盘中的数据丢失。在终端上执行带磁盘设备名称参数的 fdisk 命令可以进入交互界面。执行如下命令。

```
[zp@localhost ~]$ sudo fdisk /dev/sda
```

执行效果如图 5-4 所示。

```
[zp@localhost ~]$ sudo fdisk /dev/sda

欢迎使用 fdisk (util-linux 2.37.2)。
更改将停留在内存中，直到您决定将更改写入磁盘。
使用写入命令前请三思。

This disk is currently in use - repartitioning is probably a bad idea.
It's recommended to umount all file systems, and swapoff all swapparti
ions on this disk.


命令(输入 m 获取帮助)：m
```

图 5-4　进入交互界面（基于已分区磁盘）

图 5-4 中出现以中文和英文两种形式给出的安全提示信息。图 5-4 中最后一行显示“命令（输入 m 获取帮助）:”，读者可以执行交互命令 m 获取能在 fdisk 中使用的子命令列表，执行效果如图 5-5 所示。

```
命令(输入 m 获取帮助)：m

帮助：

  DOS (MBR)
   a   开关 可启动 标志
   b   编辑嵌套的 BSD 磁盘标签
   c   开关 dos 兼容性标志

  常规
   d   删除分区
   F   列出未分区的空闲区
   l   列出已知分区类型
   n   添加新分区
```

图 5-5　fdisk 的交互命令列表（部分）

列表内容较多，图 5-5 给出了前面几项。一般而言，图 5-5 中包含“删除”“添加”等字样的命令（如 d、n 等）都可能导致磁盘数据丢失，请谨慎操作；而包含“列出”等字样的命令（如 F、l 等）通常不会导致磁盘数据丢失。许多命令并不经常使用，编者仅对常用的命令进行介绍。

在交互界面中执行命令 p，可以输出分区表。执行效果如图 5-6 所示。该界面给出的信息与图 5-3 显示的信息基本类似。

```
命令(输入 m 获取帮助): p

Disk /dev/sda: 20 GiB, 21474836480 字节, 41943040 个扇区
磁盘型号: VMware Virtual S
单元: 扇区 / 1 * 512 = 512 字节
扇区大小(逻辑/物理): 512 字节 / 512 字节
I/O 大小(最小/最佳): 512 字节 / 512 字节
磁盘标签类型: dos
磁盘标识符: 0x95058d0d

设备        启动     起点     末尾     扇区 大小 Id 类型
/dev/sda1   *        2048  2099199  2097152   1G 83 Linux
/dev/sda2         2099200 41943039 39843840  19G 8e Linux LVM
```

图 5-6 输出分区表

在交互界面中执行命令 i，可以进一步查看某个分区的详细信息。执行效果如图 5-7 所示。该界面要求用户进一步指定具体的分区号，该分区号就是对应分区设备文件名末尾的数字。本实例中，编者输入的分区号为 1。

```
命令(输入 m 获取帮助): i
分区号 (1,2, 默认  2): 1

         Device: /dev/sda1
           Boot: *
          Start: 2048
            End: 2099199
        Sectors: 2097152
      Cylinders: 4113
           Size: 1G
```

图 5-7 输出分区的详细信息（部分）

在交互界面中执行命令 F，可以列出未分区的空闲区。执行效果如图 5-8 所示。磁盘/dev/sda 的所有空间都已被使用，因此没有空闲区。

```
命令(输入 m 获取帮助): F
未分区的空间 /dev/sda: 0 B, 0 个字节, 0 个扇区
单元: 扇区 / 1 * 512 = 512 字节
扇区大小(逻辑/物理): 512 字节 / 512 字节
```

图 5-8 列出未分区的空闲区

在交互界面中执行命令 w 或者命令 q 可以退出交互界面。其中执行 w 命令会在退出之前，将分区表写入磁盘，这样会导致分区操作或修改操作生效，并有可能导致原来的磁盘文件丢失。执行 q 命令会直接退出，不保存更改。本实例中，我们执行 q 命令，退出而不保存更改。执行效果如图 5-9 所示。

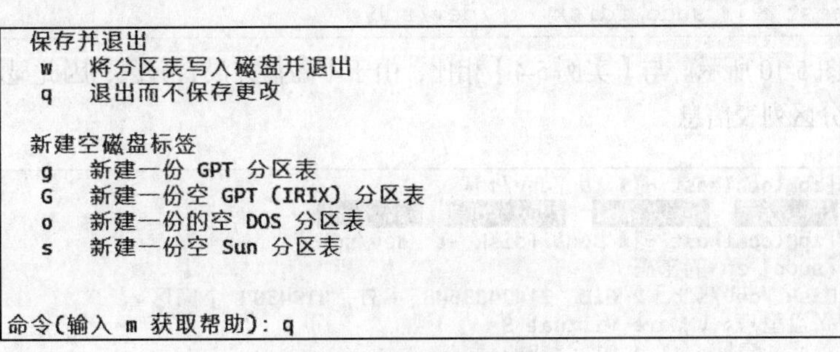

```
 保存并退出
  w   将分区表写入磁盘并退出
  q   退出而不保存更改

 新建空磁盘标签
  g   新建一份 GPT 分区表
  G   新建一份空 GPT (IRIX) 分区表
  o   新建一份的空 DOS 分区表
  s   新建一份空 Sun 分区表


命令(输入 m 获取帮助): q
```

图 5-9 退出而不保存更改

图 5-9 的“新建空磁盘标签”中给出了几种分区表类型。其中“o”代表的“DOS 分区表”就是我

们前文提到的 MBR 格式分区表。而“g”代表的“GPT”是另一种非常常见的分区表格式。目前默认的就是 MBR 格式分区表，因此读者在前面的图 5-5 中会看到“MBR”字样。本章后续案例中，编者仍将采用默认的“MBR”格式分区表，读者不需要对此进行更改。

5.3 综合案例：对新磁盘进行分区

综合案例：对新磁盘进行分区

5.3.1 案例概述

本案例会导致磁盘中原有数据丢失，请读者谨慎操作。

本案例将演示如何对一个新磁盘进行分区操作。我们首先使用 VM（虚拟机）添加一块新的磁盘（编者计算机中该磁盘名为/dev/sdb），然后将该磁盘分割成 4 个大小接近的空间，每个空间的大小约为总空间的 25%，分区规划如表 5-3 所示。其中包括两个主分区和两个逻辑分区，两个逻辑分区位于同一个扩展分区中；各个分区的名称由系统自动分配。

表 5-3　分区规划

分区类型		分区大小	分区名称
主分区 1		25%	sdb1
主分区 2		25%	sdb2
扩展分区 1（sdb3）	逻辑分区 1	25%	sdb5
	逻辑分区 2	25%	sdb6

5.3.2 案例详解

1．添加和查看磁盘设备

对于使用虚拟机安装 Ubuntu 的读者来说，添加新的磁盘设备时可以在“虚拟机设置”对话框的“硬件”选项卡中单击“添加”按钮，依照提示添加一个新的“硬盘”，并建议读者将磁盘大小从默认值修改成 2GB，以与本书保持一致；除磁盘大小外，所有参数保持默认值即可。对于使用 VirtualBox 的读者来说，其也可以采用类似方式添加新的磁盘设备。

重启虚拟机，以使修改生效。然后执行如下命令，以查看新添加的磁盘设备信息。

```
[zp@localhost ~]$ ls /dev/sd*
[zp@localhost ~]$ sudo fdisk -l /dev/sdb
```

执行效果如图 5-10 所示。与【实例 5-4】相比，由于本磁盘并没有分区，因此显示信息更为简单，并没有包括磁盘分区列表信息。

```
[zp@localhost ~]$ ls /dev/sd*
/dev/sda  /dev/sda1  /dev/sda2  /dev/sdb
[zp@localhost ~]$ sudo fdisk -l /dev/sdb
[sudo] zp 的密码：
Disk /dev/sdb：2 GiB，2147483648 字节，4194304 个扇区
磁盘型号：VMware Virtual S
单元：扇区 / 1 * 512 = 512 字节
扇区大小(逻辑/物理)：512 字节 / 512 字节
I/O 大小(最小/最佳)：512 字节 / 512 字节
```

图 5-10　查看新添加的磁盘设备信息

2．创建主分区

在终端执行带磁盘设备名称参数的 fdisk 命令，进入交互界面。执行如下命令。

```
[zp@localhost ~]$ sudo fdisk /dev/sdb
```

执行效果如图 5-11 所示。

```
[zp@localhost ~]$ sudo fdisk /dev/sdb
[sudo] zp 的密码：

欢迎使用 fdisk (util-linux 2.37.2)。
更改将停留在内存中，直到您决定将更改写入磁盘。
使用写入命令前请三思。

设备不包含可识别的分区表。
创建了一个磁盘标识符为 0x1d4b9d45 的新 DOS 磁盘标签。
```

图 5-11　进入交互界面

在交互界面中执行命令 F，可以列出未分区的空闲区。执行效果如图 5-12 所示。磁盘/dev/sdb 目前有 2GB 的空闲区。

```
命令(输入 m 获取帮助)：F
未分区的空间 /dev/sdb：2 GiB，2146435072 个字节，4192256 个扇区
单元：扇区 / 1 * 512 = 512 字节
扇区大小(逻辑/物理)：512 字节 / 512 字节

 起点    末尾    扇区 大小
 2048 4194303 4192256   2G
```

图 5-12　列出未分区的空闲区

执行命令 n 创建一个新的主分区，执行效果如图 5-13 所示。创建新分区的过程中需要设置分区类型、分区号、分区的起始位置和结束位置（第一个扇区和最后一个扇区）。本实例中，前 3 项内容均使用默认值，即直接按“Enter”键，最后一个扇区设置为 1000000。

```
命令(输入 m 获取帮助)：n
分区类型
   p   主分区 (0 primary, 0 extended, 4 free)
   e   扩展分区 (逻辑分区容器)
选择 (默认 p)：

将使用默认回应 p。
分区号 (1-4, 默认  1)：
第一个扇区 (2048-4194303, 默认 2048)：
最后一个扇区，+/-sectors 或 +size{K,M,G,T,P} (2048-4194303, 默认 419
303)：1000000

创建了一个新分区 1，类型为“Linux”，大小为 487.3 MiB。
```

图 5-13　创建一个新的主分区

继续执行命令 n 创建第 2 个主分区。同样地，对于分区类型、分区号、第一个扇区这 3 项内容，编者均使用默认值，即直接按“Enter”键；最后一个扇区设置为 2000000。执行效果如图 5-14 所示。

```
命令(输入 m 获取帮助)：n
分区类型
   p   主分区 (1 primary, 0 extended, 3 free)
   e   扩展分区 (逻辑分区容器)
选择 (默认 p)：

将使用默认回应 p。
分区号 (2-4, 默认  2)：
第一个扇区 (1000001-4194303, 默认 1001472)：
最后一个扇区，+/-sectors 或 +size{K,M,G,T,P} (1001472-4194303, 默认 4
194303)：2000000

创建了一个新分区 2，类型为“Linux”，大小为 487.6 MiB。
```

图 5-14　创建第 2 个主分区

在交互界面中执行命令 p，可以输出分区表，验证分区创建情况。执行效果如图 5-15 所示。该界面信息表明主分区 sdb1 和 sdb2 均创建成功。

```
命令(输入 m 获取帮助): p
Disk /dev/sdb: 2 GiB, 2147483648 字节, 4194304 个扇区
磁盘型号: VMware Virtual S
单元: 扇区 / 1 * 512 = 512 字节
扇区大小(逻辑/物理): 512 字节 / 512 字节
I/O 大小(最小/最佳): 512 字节 / 512 字节
磁盘标签类型: dos
磁盘标识符: 0x1d4b9d45

设备        启动    起点     末尾    扇区   大小 Id 类型
/dev/sdb1          2048 1000000 997953 487.3M 83 Linux
/dev/sdb2       1001472 2000000 998529 487.6M 83 Linux
```

图 5-15　验证分区创建情况

3．创建扩展分区

继续执行命令 n 创建扩展分区。本次创建扩展分区的过程中，需要依次设置分区类型、分区号、第一个扇区和最后一个扇区。编者仅在这里第 1 步中选择分区类型时输入 e，即选择新建扩展分区，后续 3 步均使用默认值。执行效果如图 5-16 所示。

```
命令(输入 m 获取帮助): n
分区类型
   p   主分区 (2 primary, 0 extended, 2 free)
   e   扩展分区 (逻辑分区容器)
选择 (默认 p): e
分区号 (3,4, 默认 3):
第一个扇区 (1000001-4194303, 默认 2000896):
最后一个扇区, +/-sectors 或 +size{K,M,G,T,P} (2000896-4194303, 默认
194303):

创建了一个新分区 3, 类型为“Extended”, 大小为 1 GiB。
```

图 5-16　创建扩展分区

在交互界面中执行命令 p，可以输出分区表，验证分区创建情况。执行效果如图 5-17 所示。该界面信息表明扩展分区 sdb3 创建成功。

```
命令(输入 m 获取帮助): p
Disk /dev/sdb: 2 GiB, 2147483648 字节, 4194304 个扇区
磁盘型号: VMware Virtual S
单元: 扇区 / 1 * 512 = 512 字节
扇区大小(逻辑/物理): 512 字节 / 512 字节
I/O 大小(最小/最佳): 512 字节 / 512 字节
磁盘标签类型: dos
磁盘标识符: 0x1d4b9d45

设备        启动    起点     末尾     扇区   大小 Id 类型
/dev/sdb1          2048 1000000  997953 487.3M 83 Linux
/dev/sdb2       1001472 2000000  998529 487.6M 83 Linux
/dev/sdb3       2000896 4194303 2193408     1G  5 扩展
```

图 5-17　验证分区创建情况

4．创建逻辑分区

继续执行命令 n 创建分区。由于所有主分区的空间都在使用中，因此系统将自动开始添加逻辑分区 5。创建逻辑分区的过程中，需要依次设置分区的第一个扇区和最后一个扇区。编者将第一个扇区设置为默认值，即直接按“Enter”键，在最后一个扇区处输入 3000000。执行效果如图 5-18 所示。

```
命令(输入 m 获取帮助): n
所有主分区的空间都在使用中。
添加逻辑分区 5
第一个扇区 (2002944-4194303, 默认 2002944):
最后一个扇区, +/-sectors 或 +size{K,M,G,T,P} (2002944-4194303, 默认 4
194303): 3000000

创建了一个新分区 5, 类型为“Linux”, 大小为 486.8 MiB。
```

图5-18 添加逻辑分区5

继续执行命令 n 创建分区。由于所有主分区的空间都在使用中，因此系统将自动开始添加逻辑分区 6。创建逻辑分区的过程中，需要依次设置分区的第一个扇区和最后一个扇区。编者将第一个扇区和最后一个扇区均设置为默认值，即直接按“Enter”键。执行效果如图5-19所示。

```
命令(输入 m 获取帮助): n
所有主分区的空间都在使用中。
添加逻辑分区 6
第一个扇区 (3002049-4194303, 默认 3002368):
最后一个扇区, +/-sectors 或 +size{K,M,G,T,P} (3002368-4194303, 默认 4
194303):

创建了一个新分区 6, 类型为“Linux”, 大小为 582 MiB。
```

图5-19 添加逻辑分区6

在交互界面中执行命令 p，可以输出分区表，验证分区创建情况。执行效果如图 5-20 所示。该界面信息表明逻辑分区 sdb5 和 sdb6 都已经创建成功。

```
命令(输入 m 获取帮助): p
Disk /dev/sdb: 2 GiB, 2147483648 字节, 4194304 个扇区
磁盘型号: VMware Virtual S
单元: 扇区 / 1 * 512 = 512 字节
扇区大小(逻辑/物理): 512 字节 / 512 字节
I/O 大小(最小/最佳): 512 字节 / 512 字节
磁盘标签类型: dos
磁盘标识符: 0x1d4b9d45

设备        启动    起点    末尾    扇区   大小 Id 类型
/dev/sdb1          2048 1000000  997953 487.3M 83 Linux
/dev/sdb2       1001472 2000000  998529 487.6M 83 Linux
/dev/sdb3       2000896 4194303 2193408     1G  5 扩展
/dev/sdb5       2002944 3000000  997057 486.8M 83 Linux
/dev/sdb6       3002368 4194303 1191936   582M 83 Linux
```

图5-20 逻辑分区sdb5和sdb6创建成功

细心的读者会发现，sdb5 和 sdb6 的起点和末尾均位于 sdb3 的起点和末尾之间。这是因为 sdb5 和 sdb6 实际上是对 sdb3 空间的再次划分。

5. 保存生效

至此，所有分区创建完毕。为使分区操作生效，读者需要将分区表写入磁盘。在交互界面执行命令 w，将分区表写入磁盘并退出。系统将保存分区表调整结果，并自动调用 ioctl()来重新读分区表，完成磁盘同步。至此分区成功并生效，且不需要重新启动系统。执行效果如图5-21所示。

```
命令(输入 m 获取帮助): w
分区表已调整。
将调用 ioctl() 来重新读分区表。
正在同步磁盘。
```

图5-21 将分区表写入磁盘并退出

在命令行界面中，执行如下命令，可以查看各个新建分区的设备文件。

```
[zp@localhost ~]$ ls /dev/sdb*
```

执行效果如图 5-22 所示。

```
[zp@localhost ~]$ ls /dev/sdb*
/dev/sdb  /dev/sdb1  /dev/sdb2  /dev/sdb3  /dev/sdb5  /dev/sdb6
```

图 5-22 查看各个新建分区的设备文件

5.4 综合案例：修改磁盘现有分区结构

综合案例：修改磁盘现有分区结构

5.4.1 案例概述

本案例会导致磁盘中原有数据丢失，请读者谨慎操作。

现实场景中，经常遇到修改分区方案的情形。删除分区会导致该分区中的数据丢失。在修改分区方案过程中，通过将拟删除的分区数据提前移动到那些不会被删除的分区之中，可以避免数据的丢失。

本案例中将以 5.3 节综合案例中的磁盘分区方案为基础，演示如何对磁盘进行分区修改操作，分区修改方案如表 5-4 所示。

表 5-4 分区修改方案

分区类型		分区大小	分区名称
主分区 1		25%	sdb1
扩展分区 1（sdb2）	逻辑分区 1	50%	sdb5
	逻辑分区 2	25%	sdb6

5.4.2 案例详解

1．确定修改方案

对比表 5-3 和表 5-4 的这两份分区方案可知，我们需要删除现有的 sdb2、sdb3、sdb5、sdb6 4 个分区，而 sdb1 可以保留。因此，如果被删除的几个分区中存在有价值的资料，我们可以将其备份到 sdb1 分区之中。然后，在删除分区后得到的空闲区中，我们创建扩展分区 sdb2，并在 sdb2 之上创建两个逻辑分区 sdb5 和 sdb6。

2．删除分区

在终端上执行带磁盘设备名称参数的 fdisk 命令，进入交互界面。执行如下命令。

```
[zp@localhost ~]$ sudo fdisk /dev/sdb
```

在打开的交互界面中，执行命令 p，执行效果与图 5-20 中的执行效果较为类似。

在该交互界面中执行命令 d，可以删除分区。此时系统会列出所有分区的分区号，并将最后一个分区号列为默认的分区号。本例中，我们直接按“Enter”键，删除默认的分区 sdb6。然后，继续在交互界面中执行命令 p，查看分区变化情况。执行效果如图 5-23 所示。结果表明删除成功，sdb6 已经在新的分区列表中消失。

通过类似的流程，可以删除分区 sdb5、sdb3 和 sdb2。最终执行效果如图 5-24 所示。

```
命令(输入 m 获取帮助): p
Disk /dev/sdb: 2 GiB, 2147483648 字节, 4194304 个扇区
磁盘型号: VMware Virtual S
单元: 扇区 / 1 * 512 = 512 字节
扇区大小(逻辑/物理): 512 字节 / 512 字节
I/O 大小(最小/最佳): 512 字节 / 512 字节
磁盘标签类型: dos
磁盘标识符: 0x1d4b9d45

设备        启动    起点    末尾    扇区   大小 Id 类型
/dev/sdb1          2048 1000000  997953 487.3M 83 Linux
/dev/sdb2       1001472 2000000  998529 487.6M 83 Linux
/dev/sdb3       2000896 4194303 2193408     1G  5 扩展
/dev/sdb5       2002944 3000000  997057 486.8M 83 Linux
```

图 5-23 删除分区 sdb6

```
命令(输入 m 获取帮助): d
分区号 (1-3,5, 默认  5):

分区 5 已删除。

命令(输入 m 获取帮助): d
分区号 (1-3, 默认  3):

分区 3 已删除。

命令(输入 m 获取帮助): d
分区号 (1,2, 默认  2):

分区 2 已删除。

命令(输入 m 获取帮助): p
Disk /dev/sdb: 2 GiB, 2147483648 字节, 4194304 个扇区
磁盘型号: VMware Virtual S
单元: 扇区 / 1 * 512 = 512 字节
扇区大小(逻辑/物理): 512 字节 / 512 字节
I/O 大小(最小/最佳): 512 字节 / 512 字节
磁盘标签类型: dos
磁盘标识符: 0x1d4b9d45

设备        启动  起点    末尾    扇区   大小 Id 类型
/dev/sdb1        2048 1000000 997953 487.3M 83 Linux
```

图 5-24 删除分区 sdb5、sdb3 和 sdb2 完毕

3．创建新的分区

在交互界面中执行命令 n 开始创建扩展分区 sdb2。在选择分区类型时输入 e，即选择创建扩展分区。对于分区号、第一个扇区和最后一个扇区这 3 项内容，编者均使用默认值，即直接按“Enter”键。执行效果如图 5-25 所示。

```
命令(输入 m 获取帮助): n
分区类型
   p   主分区 (1 primary, 0 extended, 3 free)
   e   扩展分区 (逻辑分区容器)
选择 (默认 p): e
分区号 (2-4, 默认  2):
第一个扇区 (1000001-4194303, 默认 1001472):
最后一个扇区, +/-sectors 或 +size{K,M,G,T,P} (1001472-4194303, 默认 4
194303):

创建了一个新分区 2, 类型为“Extended”, 大小为 1.5 GiB。
```

图 5-25 创建扩展分区 sdb2

接下来创建逻辑分区 sdb5 和 sdb6。

在交互界面中执行命令 n 继续创建分区。由于所有主分区空间都在使用中，因此系统将不再提示分区类型选择，自动提示开始添加逻辑分区，并自动分配分区号。对于第一个扇区，编者使用默认值，即直接按“Enter”键。最后一个扇区指定为 3000000，执行效果如图 5-26 所示。

```
命令(输入 m 获取帮助): n
所有主分区的空间都在使用中。
添加逻辑分区 5
第一个扇区 (1003520-4194303, 默认 1003520):
最后一个扇区, +/-sectors 或 +size{K,M,G,T,P} (1003520-4194303, 默认 4
194303): 3000000

创建了一个新分区 5, 类型为"Linux", 大小为 974.8 MiB。
```

图 5-26 创建逻辑分区 sdb5

继续在交互界面中执行命令 n 创建分区。同理，系统自动提示开始添加逻辑分区，并自动分配分区号。对于分区的第一个扇区和最后一个扇区，编者均使用默认值，即直接按“Enter”键。执行效果如图 5-27 所示。

```
命令(输入 m 获取帮助): n
所有主分区的空间都在使用中。
添加逻辑分区 6
第一个扇区 (3002049-4194303, 默认 3002368):
最后一个扇区, +/-sectors 或 +size{K,M,G,T,P} (3002368-4194303, 默认 4
194303):

创建了一个新分区 6, 类型为"Linux", 大小为 582 MiB。
```

图 5-27 创建逻辑分区 sdb6

在交互界面中执行命令 p，可以输出分区表，验证分区创建情况。执行效果如图 5-28 所示。至此，所有分区创建完成。

```
命令(输入 m 获取帮助): p
Disk /dev/sdb: 2 GiB, 2147483648 字节, 4194304 个扇区
磁盘型号: VMware Virtual S
单元: 扇区 / 1 * 512 = 512 字节
扇区大小(逻辑/物理): 512 字节 / 512 字节
I/O 大小(最小/最佳): 512 字节 / 512 字节
磁盘标签类型: dos
磁盘标识符: 0x1d4b9d45

设备       启动    起点    末尾    扇区   大小 Id 类型
/dev/sdb1          2048 1000000  997953 487.3M 83 Linux
/dev/sdb2       1001472 4194303 3192832   1.5G  5 扩展
/dev/sdb5       1003520 3000000 1996481 974.8M 83 Linux
/dev/sdb6       3002368 4194303 1191936   582M 83 Linux
```

图 5-28 所有分区创建完成

4．保存生效

在交互界面中执行命令 w，将分区表写入磁盘并退出。此时系统将保存分区表调整结果，并自动调用 ioctl( )来重新读分区表，完成磁盘同步。执行效果如图 5-29 所示。

```
命令(输入 m 获取帮助): w
分区表已调整。
将调用 ioctl() 来重新读分区表。
正在同步磁盘。
```

图 5-29 将分区表写入磁盘并退出

在命令行界面中，执行如下命令，可以查看各个新建分区的设备文件。

```
[zp@localhost ~]$ ls /dev/sdb*
```

执行效果如图 5-30 所示。

```
[zp@localhost ~]$ ls /dev/sdb*
/dev/sdb  /dev/sdb1  /dev/sdb2  /dev/sdb5  /dev/sdb6
```

图 5-30 查看各个新建分区的设备文件

5.5 Linux 文件系统管理

Linux 文件系统管理

5.5.1 创建文件系统命令

创建文件系统的命令主要包括 mkfs、mke2fs、mkfs.ext2、mkfs.ext3、mkfs.ext4、mkfs.msdos 等。mkfs 命令可以根据“-t”选项的值调用不同文件系统创建命令。

命令功能：mkfs 命令被用来在指定的设备上创建 Linux 文件系统。只有创建文件系统后的磁盘分区才能够真正用来保存文件。在一个已经创建过文件系统的磁盘分区上执行 mkfs 命令，将导致此磁盘分区上的所有数据被删除。创建文件系统时必须保证此文件系统没有被加载（mount），否则可能导致致命的错误。

命令语法：mkfs [选项] [-t <类型>] [文件系统选项] <设备> [<大小>]。

主要选项：该命令中，主要选项的含义如表 5-5 所示。

表 5-5　mkfs 命令主要选项的含义

选项	选项含义
-t	给定文件系统的类型，若不指定，将使用预设值 ext2
<大小>	要使用设备上的块数
<设备>	要使用设备的路径

【实例 5-5】创建默认的文件系统。

假定读者已经完成本章前面的案例，当前系统中存在一个已经完成分区的磁盘设备/dev/sdb，磁盘分区方案如表 5-4 所示。创建文件系统会导致分区上的数据丢失，请读者谨慎操作。

本实例将使用 mkfs 命令在/dev/sdb1 上以默认格式创建文件系统。执行如下命令。

```
[zp@localhost ~]$ sudo mkfs /dev/sdb1
[zp@localhost ~]$ sudo file -s /dev/sdb1
```

执行效果如图 5-31 所示。第 1 条命令，不指定文件系统类型，mkfs 命令将自动以默认格式创建文件系统，其文件系统类型为 ext2。第 2 条命令，查看该文件系统类型。结果表明，该文件系统类型确实为 ext2。

```
[zp@localhost ~]$ sudo mkfs /dev/sdb1
mke2fs 1.46.5 (30-Dec-2021)
创建含有 498976 个块（每块 1k）和 124928 个inode的文件系统
文件系统UUID: 65f057e2-5af7-4bbb-abef-63214eafcbef
超级块的备份存储于下列块：
        8193, 24577, 40961, 57345, 73729, 204801, 221185, 401409

正在分配组表： 完成
正在写入inode表： 完成
写入超级块和文件系统账户统计信息： 已完成

[zp@localhost ~]$ sudo file -s /dev/sdb1
/dev/sdb1: Linux rev 1.0 ext2 filesystem data, UUID=65f057e2-5af7
-4bbb-abef-63214eafcbef (large files)
```

图 5-31　mkfs 命令创建默认的文件系统

【实例 5-6】将创建文件系统的详细过程展示出来。

通过“-t”选项，指定在/dev/sdb6 上创建一个 MSDOS 格式的文件系统。执行如下命令。

```
[zp@localhost ~]$ sudo mkfs /dev/sdb6 -V -t msdos
[zp@localhost ~]$ sudo file -s /dev/sdb6
```

执行效果如图 5-32 所示。通过“-V”选项指定将详细过程展示出来。例如，通过该详细信息，我们可以看到 mkfs 命令通过调用命令 mkfs.msdos 完成文件系统创建工作。

```
[zp@localhost ~]$ sudo mkfs /dev/sdb6 -V -t msdos
mkfs，来自 util-linux 2.37.2
mkfs.msdos /dev/sdb6
mkfs.fat 4.2 (2021-01-31)
[zp@localhost ~]$ sudo file -s /dev/sdb6
/dev/sdb6: DOS/MBR boot sector, code offset 0x58+2, OEM-ID "mkfs.
fat", sectors/cluster 8, Media descriptor 0xf8, sectors/track 63,
 heads 255, hidden sectors 3002368, sectors 1191897 (volumes > 32
 MB), FAT (32 bit), sectors/FAT 1168, serial number 0xcf3f397, un
labeled
```

图 5-32　将详细过程展示出来

【实例 5-7】mke2fs 命令使用实例。

除了 mkfs 命令，我们还可以使用 mke2fs 命令创建文件系统。本实例将使用 mke2fs 命令对/dev/sdb5 进行格式化。执行如下命令。

```
[zp@localhost ~]$ sudo mke2fs -j /dev/sdb5
[zp@localhost ~]$ sudo file -s /dev/sdb5
```

执行效果如图 5-33 所示。由于编者系统中，之前已经对/dev/sdb5 进行了格式化，因此这里还会提示是否无论如何也要继续，此时需要输入“y”，才能继续。

```
[zp@localhost ~]$ sudo mke2fs -j /dev/sdb5
mke2fs 1.46.5 (30-Dec-2021)
 /dev/sdb5 有一个 ext4 文件系统
        创建于 Fri Jul  1 21:27:17 2022
无论如何也要继续? (y,N) y
创建含有 249560 个块（每块 4k）和 62464 个inode的文件系统
文件系统UUID: 2df51257-45d1-4e14-9921-a32530ac5a62
超级块的备份存储于下列块：
        32768, 98304, 163840, 229376

正在分配组表：  完成
正在写入inode表：  完成
创建日志（4096 个块）完成
写入超级块和文件系统账户统计信息：  已完成

[zp@localhost ~]$ sudo file -s /dev/sdb5
/dev/sdb5: Linux rev 1.0 ext3 filesystem data, UUID=2df51257-45d1
-4e14-9921-a32530ac5a62 (large files)
```

图 5-33　mke2fs 命令使用实例

5.5.2 文件系统的挂载和卸载命令

要使用磁盘分区，我们需要先挂载该分区。挂载磁盘分区的命令为 mount。挂载时需要指定要挂载的设备和挂载目录（该目录也称为挂载点）。不需要继续使用磁盘分区时，我们可以将其从系统中卸载。卸载磁盘分区的命令为 umount。读者可以类比在 Windows 环境中插入和弹出光盘，或者插入和弹出 U 盘的过程来理解挂载和卸载。不过 Linux 的挂载和卸载功能更为强大、更加灵活。例如，在 Linux 环境中，读者可以将磁盘分区、光盘镜像、USB 设备等资源挂载到任何合适的路径下。

1．挂载文件系统命令 mount

命令功能：mount 命令用于挂载文件系统到指定的挂载点。在这里需要注意的是，挂载点必须是一个已经存在的目录，这个目录可以不为空，但挂载后这个目录下的以前的内容将不可用，只有在使用 umount 卸载文件系统以后才会恢复正常。只有目录才能被用作挂载点，文件不可用作挂载点。如果挂载在非空的系统目录下可能会导致系统异常。对于经常使用的设备可写入文件/etc/fstab，应使系统在每次开机时自动挂载。mount 挂载设备的信息记录在/etc/mtab 文件中，我们可使用 umount 命令卸载清除记录。

命令语法：mount [-t 文件系统类型] [-L 卷标][-o 挂载选项] 设备名称 挂载点名称。

主要选项：主要选项的含义如表 5-6 所示。

表 5-6 mount 命令主要选项的含义

选项	选项含义
-t	指定文件系统的类型。通常不必指定，mount 会自动选择正确的类型
-o	主要用来描述设备或文件的挂载方式。 loop：用来把一个文件当成磁盘分区挂载到系统。 ro：采用只读方式挂载设备。 rw：采用读写方式挂载设备。 iocharset：指定访问文件系统所用字符集

【实例 5-8】显示当前所挂载的文件系统信息。

执行不带任何选项和参数的 mount 命令，将显示当前所挂载的文件系统信息。执行效果如图 5-34 所示。该命令输出的内容较多，编者只截取了部分。

```
[zp@localhost ~]$ mount
proc on /proc type proc (rw,nosuid,nodev,noexec,relatime)
sysfs on /sys type sysfs (rw,nosuid,nodev,noexec,relatime,seclabe
l)
devtmpfs on /dev type devtmpfs (rw,nosuid,seclabel,size=1860688k,
nr_inodes=465172,mode=755,inode64)
securityfs on /sys/kernel/security type securityfs (rw,nosuid,nod
ev,noexec,relatime)
tmpfs on /dev/shm type tmpfs (rw,nosuid,nodev,seclabel,inode64)
devpts on /dev/pts type devpts (rw,nosuid,noexec,relatime,seclabe
l,gid=5,mode=620,ptmxmode=000)
```

图 5-34 当前所挂载的文件系统信息（部分）

【实例 5-9】挂载文件系统到指定目录。

本实例将/dev/sdb1 挂载到目录 zpdir 之上。执行如下命令。

```
[zp@localhost ~]$ mkdir zpdir
[zp@localhost ~]$ sudo mount /dev/sdb1 zpdir
[zp@localhost ~]$ mount |grep zpdir
```

执行效果如图 5-35 所示。第 1 条命令创建挂载点目录 zpdir。第 2 条命令将/dev/sdb1挂载到 zpdir 目录上，该操作需要 root 权限。第 3 条命令查看文件系统挂载结果。

```
[zp@localhost ~]$ mkdir zpdir
[zp@localhost ~]$ sudo mount /dev/sdb1 zpdir
[sudo] zp 的密码：
[zp@localhost ~]$ mount |grep zpdir
/dev/sdb1 on /home/zp/zpdir type ext2 (rw,relatime,seclabel)
```

图 5-35 挂载文件系统到指定目录

【实例 5-10】将文件系统挂载到某个文件上。

文件系统的挂载点应当是一个目录。不能将文件系统挂载到某个文件上，否则会报错。本实例的目的是展示此类错误操作的效果。执行如下命令。

```
[zp@localhost ~]$ touch zpfile
[zp@localhost ~]$ sudo mount /dev/sdb1 zpfile
```

执行效果如图 5-36 所示。第 1 条命令创建文件 zpfile。第 2 条命令将/dev/sdb1 挂载到 zpfile 文件上，挂载失败。

```
[zp@localhost ~]$ touch zpfile
[zp@localhost ~]$ sudo mount /dev/sdb1 zpfile
mount: /home/zp/zpfile: 挂载点不是目录.
```

图 5-36　将文件系统挂载到某个文件上

2．卸载文件系统命令 umount

命令功能：使用 umount 命令可以卸载文件系统。要移除移动磁盘设备，例如 USB 磁盘、光盘，或者某一磁盘分区，我们需要首先对其进行卸载。

命令语法：umount [选项] <源> | <目录>。

主要选项：该命令中，主要选项的含义如表 5-7 所示。

表 5-7　umount 命令主要选项的含义

选项	选项含义
-a	卸载/etc/mtab 中记录的所有文件系统
-n	卸载时不要将信息存入/etc/mtab 文件中
-r	若无法成功卸载，则尝试以只读的方式重新挂载文件系统
-t	<文件系统类型>仅卸载选项中所指定的文件系统
-v	执行时显示详细的信息

【实例 5-11】卸载所有文件系统。

执行如下命令。

```
[zp@localhost ~]$ sudo umount -a
```

执行效果如图 5-37 所示。使用“-a”选项，umount 命令将尝试卸载所有文件系统。如果某个文件系统正在使用，对应的卸载操作将不会成功。

```
[zp@localhost ~]$ sudo umount -a
umount: /run/user/1000: 目标忙.
umount: /run/vmblock-fuse: 目标忙.
umount: /: 目标忙.
umount: /sys/fs/cgroup: 目标忙.
umount: /run: 目标忙.
umount: /dev: 目标忙.
```

图 5-37　卸载所有文件系统

【实例 5-12】通过挂载点名称卸载文件系统。

读者可以直接通过挂载点名称卸载文件系统。编者假定读者已经完成前面的实例，目前 sdb1 处于挂载状态。执行如下命令。

```
[zp@localhost ~]$ sudo mount /dev/sdb1 zpdir
[zp@localhost ~]$ sudo umount zpdir
[zp@localhost ~]$ mount |grep sdb1
```

执行效果如图 5-38 所示。第 1 条命令挂载 sdb1 到 zpdir 目录，由于编者之前已经挂载 sdb1，因此这里提示已挂载，并直接跳过。第 2 条命令使用挂载点名称卸载文件系统。第 3 条命令查看卸载结果，没有反馈信息，表示已经卸载成功。

```
[zp@localhost ~]$ sudo mount /dev/sdb1 zpdir
mount: /home/zp/zpdir: /dev/sdb1 已挂载于 /home/zp/zpdir.
[zp@localhost ~]$ sudo umount zpdir
[zp@localhost ~]$ mount |grep sdb1
```

图 5-38 通过挂载点名称卸载文件系统

【实例 5-13】通过设备名称卸载文件系统。

我们可以直接通过设备名称卸载指定的文件系统。执行如下命令。

```
[zp@localhost ~]$ sudo mount /dev/sdb1 zpdir
[zp@localhost ~]$ mount |grep sdb1
[zp@localhost ~]$ sudo umount /dev/sdb1
[zp@localhost ~]$ mount |grep sdb1
```

执行效果如图 5-39 所示。第 1 条命令挂载 sdb1 到 zpdir 目录。第 2 条命令查看挂载结果。第 3 条命令使用设备名称卸载文件系统。第 4 条命令查看卸载结果，没有反馈信息，表示已经卸载成功。

```
[zp@localhost ~]$ sudo mount /dev/sdb1 zpdir
[zp@localhost ~]$ mount |grep sdb1
/dev/sdb1 on /home/zp/zpdir type ext2 (rw,relatime,seclabel)
[zp@localhost ~]$ sudo umount /dev/sdb1
[zp@localhost ~]$ mount |grep sdb1
```

图 5-39 通过设备名称卸载文件系统

5.5.3 文件系统检查和修复命令

1. 文件系统的检查和修复命令 fsck

命令功能：使用 fsck 命令可以检查和修复受损的文件系统。

命令语法：fsck [选项] 设备名称。

主要选项：该命令中，主要选项的含义如表 5-8 所示。

表 5-8 fsck 命令主要选项的含义

选项	选项含义
-p	不提示用户，直接修复
-c	检查可能的坏块，并将它们加入坏块列表
-f	强制进行检查，即使文件系统被标记为“没有问题”
-n	只检查，不修复
-v	显示更多信息
-y	对所有询问都回答“是”

【实例 5-14】检查文件系统。

本实例使用 fsck 命令对 sdb1 分区的文件系统进行检查。执行如下命令。

```
[zp@localhost ~]$ sudo fsck /dev/sdb1
```

执行效果如图 5-40 所示。由于该分区的文件系统被标记为“没有问题”，因此直接返回结果。

```
[zp@localhost ~]$ sudo fsck /dev/sdb1
fsck，来自 util-linux 2.37.2
e2fsck 1.46.5 (30-Dec-2021)
/dev/sdb1：没有问题，11/124928 文件，33700/498976 块
```

图 5-40 检查文件系统

【实例 5-15】强制检查文件系统。

使用 fsck 命令的选项-f 可以强制检查文件系统。执行如下命令。

```
[zp@localhost ~]$ sudo fsck /dev/sdb1 -f
```

执行效果如图 5-41 所示。读者注意将本实例的执行效果与【实例 5-14】的执行效果进行比较。

```
[zp@localhost ~]$ sudo fsck /dev/sdb1 -f
fsck，来自 util-linux 2.37.2
e2fsck 1.46.5 (30-Dec-2021)
第 1 步：检查inode、块和大小
第 2 步：检查目录结构
第 3 步：检查目录连接性
第 4 步：检查引用计数
第 5 步：检查组概要信息
/dev/sdb1：11/124928 文件 (0.0% 为非连续的)，  33700/498976 块
```

图 5-41 强制检查文件系统

【实例 5-16】检查已经挂载的文件系统。

读者首先使用 mount 命令挂载/dev/sdb1，确认挂载成功后，再执行 fsck 命令。

```
[zp@localhost ~]$ sudo mount /dev/sdb1 zpdir
[zp@localhost ~]$ sudo fsck /dev/sdb1 -f
```

执行效果如图 5-42 所示。由于此时/dev/sdb1 已经被挂载，因此上述 fsck 命令被自动中止。

```
[zp@localhost ~]$ sudo mount /dev/sdb1 zpdir
[zp@localhost ~]$ sudo fsck /dev/sdb1 -f
fsck，来自 util-linux 2.37.2
e2fsck 1.46.5 (30-Dec-2021)
/dev/sdb1 已挂载。
e2fsck：无法继续，已中止。
```

图 5-42 检查已经挂载的文件系统

2．查看文件系统的磁盘占用情况命令 df

命令功能：使用 df 命令可以查看文件系统的磁盘占用情况。如果没有文件名被指定，则所有当前被挂载的文件系统的可用空间都将被显示。默认情况下，磁盘空间将以 1KB 为单位进行显示；只有在环境变量 POSIXLY_CORRECT 被指定时，磁盘空间才将以 512B 为单位进行显示。

命令语法：df [选项][文件名]。

主要选项：该命令中，主要选项的含义如表 5-9 所示。

表 5-9 df 命令主要选项的含义

选项	选项含义
-a	查看全部文件系统的磁盘占用情况
-H	以方便阅读的方式显示磁盘占用情况，在计算中，1K 代表 1 000
-h	以方便阅读的方式显示磁盘占用情况，在计算中，1K 代表 1 024
-i	显示 inode 信息而非块使用量
-k	区块大小为 1K（即 1 024B）
-l	只显示本地文件系统
-T	输出文件系统类型
-t	只显示选定文件系统的磁盘信息
-x	不显示选定文件系统的磁盘信息

【实例 5-17】显示磁盘占用情况。

输入不带任何选项的 df 命令，可以查看所有分区的磁盘占用情况。一般情况下可以添加“-h”选项，此时将以一种方便阅读的方式显示磁盘占用情况。执行如下命令。

```
[zp@localhost ~]$ df -h
```

执行效果如图 5-43 所示。命令输出结果的第一个字段及最后一个字段分别是文件系统及其挂载点。由于使用了“-h”选项，输出结果中将使用 GB、MB 等易读的格式显示文件系统大小。

```
[zp@localhost ~]$ df -h
文件系统                容量  已用  可用 已用% 挂载点
devtmpfs               1.8G     0  1.8G    0% /dev
tmpfs                  739M  9.7M  729M    2% /run
/dev/mapper/cs-root     17G   16G  2.0G   89% /
tmpfs                  370M  108K  370M    1% /run/user/1000
/dev/sdb1              455M   14K  431M    1% /home/zp/zpdir
```

图 5-43　显示磁盘占用情况

【实例 5-18】以 inode 模式来显示磁盘占用情况。

使用“-i”选项可以查看目前文件系统 inode 的使用情况。此时 df 命令将显示 inode 信息而非显示块使用量。文件数据都存储在“块”中。除此之外，我们还必须找到一个地方存储文件的“元信息”，例如文件的创建者、文件的创建日期、文件的大小等。这种存储文件元信息的区域就叫作 inode，中文译名为“索引节点”。显然，inode 也会消耗磁盘空间。磁盘格式化的时候，操作系统会自动将磁盘分成两个区域：一个是数据区，存放文件数据；另一个是 inode 表（inode table），存放 inode 所包含的信息。每一个文件都有对应的 inode，里面包含与该文件有关的一些信息。有的时候，虽然文件系统还有空间，但若没有足够的 inode 来存放文件的信息，同样不能增加新的文件。

执行如下命令。

```
[zp@localhost ~]$ df -i
```

执行效果如图 5-44 所示。从图 5-44 中可以看出，devtmpfs 文件系统已经使用的 inode 是 431，所有的 inode 是 465172，剩下可用的 inode 是 464741。

```
[zp@localhost ~]$ df -i
文件系统              Inodes 已用(I) 可用(I) 已用(I)% 挂载点
devtmpfs              465172     431  464741       1% /dev
tmpfs                 819200     912  818288       1% /run
/dev/mapper/cs-root 4402328  416520 3985808      10% /
tmpfs                  94535     116   94419       1% /run/user/1000
/dev/sdb1             124928      11  124917       1% /home/zp/zpdir
```

图 5-44　以 inode 模式来显示磁盘占用情况

【实例 5-19】列出文件系统的类型。

通过使用“-T”选项，可以列出不同文件系统的类型。执行如下命令。

```
[zp@localhost ~]$ df -T
```

执行效果如图 5-45 所示。

```
[zp@localhost ~]$ df -T
文件系统            类型          1K-块     已用    可用 已用% 挂载点
devtmpfs            devtmpfs   1860688        0 1860688    0% /dev
tmpfs               tmpfs       756284     9876  746408    2% /run
/dev/mapper/cs-root xfs       17811456 15818660 1992796   89% /
tmpfs               tmpfs       378140      108  378032    1% /run/us
er/1000
/dev/sdb1           ext2        465290       14  440328    1% /home/z
p/zpdir
```

图 5-45　列出文件系统的类型

3．查看文件和目录的磁盘占用情况命令 du

命令功能：使用 du 命令可以查看文件和目录的磁盘占用情况。与 df 命令不同的是，Linux du 命令是对文件和目录占用磁盘空间的情况进行查看，而 df 是检查文件系统的磁盘使用情况。

命令语法：du [选项] [文件名]。

主要选项：该命令中，主要选项的含义如表 5-10 所示。

表 5-10　du 命令主要选项的含义

选项	选项含义
-a	显示全部目录和其子目录下的每个文件所占的磁盘空间
-b	大小用 B 来表示，默认值为 KB
-h	以 K、M、G（即 KB、MB、GB）为单位，提高信息的可读性
-s	仅显示总计，只列出最后加总的值
-l	重复计算硬链接文件

【实例 5-20】显示目录和文件所占空间大小。

直接输入不带任何参数的 du 命令，可以显示当前目录下所有的目录和文件的磁盘占用情况。一般情况下可以添加“-h”选项，此时将以一种方便阅读的方式显示磁盘占用情况。执行如下命令。

```
[zp@localhost ~]$ du -h | more
```

执行效果如图 5-46 所示。由于显示的内容众多，这里我们引入了 more 进行分页。读者可以按“Enter”键、方向键或翻页键查看更多内容，也可以执行 q 命令退出。

```
[zp@localhost ~]$ du -h | more
4.0K    ./.mozilla/extensions/{ec8030f7-c20a-464f-9b0e-13a3a9e97384}
4.0K    ./.mozilla/extensions
0       ./.mozilla/plugins
2.7M    ./.mozilla/firefox/wk332a6u.default-default/security_state
0       ./.mozilla/firefox/wk332a6u.default-default/storage/permanen
t/chrome/idb/3870112724rsegmnoittet-es.files
0       ./.mozilla/firefox/wk332a6u.default-default/storage/permanen
t/chrome/idb/3561288849sdhlie.files
0       ./.mozilla/firefox/wk332a6u.default-default/storage/permanen
t/chrome/idb/1451318868ntouromlalnodry--epcr.files
0       ./.mozilla/firefox/wk332a6u.default-default/storage/permanen
t/chrome/idb/1657114595AmcateirvtiSty.files
0       ./.mozilla/firefox/wk332a6u.default-default/storage/permanen
```

图 5-46　显示目录和文件所占空间大小

【实例 5-21】查看指定目录和文件所占空间大小。

使用目录作为 du 命令的参数，可以查看指定目录和文件所占用的空间大小。执行如下命令。

```
[zp@localhost ~]$ du /bin/ -h
[zp@localhost ~]$ du /bin/zip -h
```

执行效果如图 5-47 所示。本实例中，我们分别使用 du 查看了/bin/目录和/bin/zip 文件的大小。前者大小为 210MB，后者大小为 180KB。

```
[zp@localhost ~]$ du -h /bin/
210M    /bin/
[zp@localhost ~]$ du -h /bin/zip
180K    /bin/zip
```

图 5-47　查看指定目录和文件所占空间大小

【实例 5-22】查看指定目录的磁盘空间占用总计大小。

使用“-s”选项可以查看指定目录的磁盘空间占用总计大小。执行如下命令。

```
[zp@localhost ~]$ sudo du /etc/ -sh
```

执行效果如图 5-48 所示。作为对比，读者还可以去掉“-s”选项，并查看运行结果。

```
[zp@localhost ~]$ sudo du -sh /etc/
26M     /etc/
```

图 5-48 查看指定目录的磁盘空间占用总计大小

5.6 综合案例：创建和使用文件系统

综合案例：创建和使用文件系统

5.6.1 案例概述

下面通过一个完整的案例，系统地展示文件系统的创建和使用。与此同时，本案例还将与第 3 章和第 4 章的知识进行结合，以帮助初学者深入理解相关知识点的应用场景。本案例主要包括如下内容：在指定分区创建文件系统，对该分区的文件系统进行挂载，在该分区中进行读写操作；卸载文件系统，重新挂载到新的位置，并查看文件系统的内容。

假定读者已经完成本章前面的案例，当前系统中存在/dev/sdb5 和/dev/sdb6 两个未使用的磁盘分区。创建文件系统会导致分区上的数据丢失，请读者谨慎操作。

5.6.2 案例详解

1. 创建指定类型的文件系统

在分区/dev/sdb5 上建立 ext4 文件系统。执行如下命令。

```
[zp@localhost ~]$ sudo mkfs -t ext4 /dev/sdb5
[zp@localhost ~]$ sudo file -s /dev/sdb5
```

执行效果如图 5-49 所示。

```
[zp@localhost ~]$ sudo mkfs -t ext4 /dev/sdb5
mke2fs 1.46.5 (30-Dec-2021)
创建含有 249560 个块（每块 4k）和 62464 个inode的文件系统
文件系统UUID：d0d4f6ef-c82f-43f0-b7b9-8ff1a44e7884
超级块的备份存储于下列块：
        32768, 98304, 163840, 229376

正在分配组表： 完成
正在写入inode表： 完成
创建日志（4096 个块）完成
写入超级块和文件系统账户统计信息： 已完成

[zp@localhost ~]$ sudo file -s /dev/sdb5
/dev/sdb5: Linux rev 1.0 ext4 filesystem data, UUID=d0d4f6ef-c82f
-43f0-b7b9-8ff1a44e7884 (extents) (64bit) (large files) (huge fil
es)
```

图 5-49 创建指定类型的文件系统

如前所述，mkfs 是一个前端工具，它将调用具体的 mkfs.fstype 命令进行文件系统创建。接下来，我们将直接使用 mkfs.ext4 命令在/dev/sdb6 上创建 ext4 文件系统。执行如下命令。

```
[zp@localhost ~]$ sudo mkfs.ext4 /dev/sdb6
[zp@localhost ~]$ sudo file -s /dev/sdb6
```

执行效果如图 5-50 所示。

```
[zp@localhost ~]$ sudo mkfs.ext4 /dev/sdb6
mke2fs 1.46.5 (30-Dec-2021)
 /dev/sdb6 有一个 vfat 文件系统
无论如何也要继续? (y,N) y
创建含有 148992 个块（每块 4k）和 37280 个inode的文件系统
文件系统UUID: c4ae06f6-6faf-45a2-8e46-126bf9dfaf2c
超级块的备份存储于下列块:
        32768, 98304

正在分配组表: 完成
正在写入inode表: 完成
创建日志（4096 个块）完成
写入超级块和文件系统账户统计信息: 已完成

[zp@localhost ~]$ sudo file -s /dev/sdb6
/dev/sdb6: Linux rev 1.0 ext4 filesystem data, UUID=c4ae06f6-6faf
-45a2-8e46-126bf9dfaf2c (extents) (64bit) (large files) (huge fil
```

图 5-50　mkfs.ext4 命令使用实例

2．将文件系统挂载到指定的目录

创建 zpdir01、zpdir02 目录作为挂载点，并分别将/dev/sdb5、/dev/sdb6 挂载到这两个挂载点。执行如下命令。

```
[zp@localhost ~]$ mkdir zpdir01 zpdir02
[zp@localhost ~]$ sudo mount /dev/sdb5 zpdir01
[zp@localhost ~]$ sudo mount /dev/sdb6 zpdir02
[zp@localhost ~]$ mount |grep zpdir0
```

执行效果如图 5-51 所示。第 1 条命令创建挂载点目录 zpdir01 和 zpdir02。第 2 条和第 3 条命令分别将/dev/sdb5、/dev/sdb6 挂载到 zpdir01 和 zpdir02。第 4 条命令查看文件系统挂载结果。

```
[zp@localhost ~]$ mkdir zpdir01 zpdir02
[zp@localhost ~]$ sudo mount /dev/sdb5 zpdir01
[zp@localhost ~]$ sudo mount /dev/sdb6 zpdir02
[zp@localhost ~]$ mount |grep zpdir0
/dev/sdb5 on /home/zp/zpdir01 type ext3 (rw,relatime,seclabel)
/dev/sdb6 on /home/zp/zpdir02 type ext4 (rw,relatime,seclabel)
```

图 5-51　将文件系统挂载到指定的目录

3．尝试在/dev/sdb5 中添加文件和目录

执行如下命令。

```
[zp@localhost ~]$ cd zpdir01/
[zp@localhost zpdir01]$ ls
[zp@localhost zpdir01]$ touch fileinsdb5
[zp@localhost zpdir01]$ mkdir dirinsdb5
```

执行效果如图 5-52 所示。第 1 条命令进入/dev/sdb5 的挂载点 zpdir01。第 2 条命令查看该目录中的内容，目前显示的是 sdb5 的内容。第 3 条和第 4 条命令分别尝试创建文件和目录，均提示权限不够。

```
[zp@localhost ~]$ cd zpdir01/
[zp@localhost zpdir01]$ ls
lost+found
[zp@localhost zpdir01]$ touch fileinsdb5
touch: 无法创建 'fileinsdb5': 权限不够
[zp@localhost zpdir01]$ mkdir dirinsdb5
mkdir: 无法创建目录 "dirinsdb5": 权限不够
```

图5-52　尝试在/dev/sdb5中添加文件和目录

4．解决权限问题，并重新在/dev/sdb5中添加文件和目录

执行如下命令。

```
[zp@localhost zpdir01]$ ls -l ~ | grep zpdir01
[zp@localhost zpdir01]$ sudo chown zp:zp ~/zpdir01
[zp@localhost zpdir01]$ ls -l ~ | grep zpdir01
[zp@localhost zpdir01]$ touch fileinsdb5
[zp@localhost zpdir01]$ mkdir dirinsdb5
[zp@localhost zpdir01]$ ls
```

执行效果如图5-53所示。第1条命令查看zpdir01的所有者信息，结果表明该目录目前的所有者和组都是root。而当前登录用户为zp，没有写权限。第2条命令修改该目录的所有者（zp）和组（zp）。第3条命令再次查看zpdir01的所有者信息，结果表明该目录目前的所有者和组都是zp。第4条和第5条命令分别尝试创建文件和目录，均未报错。第6条命令查看当前目录内容，我们可以发现指定的文件和目录均已创建成功。

```
[zp@localhost zpdir01]$ ls -l ~ | grep zpdir01
drwxr-xr-x.  3 root root   4096  7月  1 21:40 zpdir01
[zp@localhost zpdir01]$ sudo chown zp:zp ~/zpdir01
[sudo] zp 的密码:
[zp@localhost zpdir01]$ ls -l ~ | grep zpdir01
drwxr-xr-x.  3 zp   zp     4096  7月  1 21:40 zpdir01
[zp@localhost zpdir01]$ touch fileinsdb5
[zp@localhost zpdir01]$ mkdir dirinsdb5
[zp@localhost zpdir01]$ ls
dirinsdb5  fileinsdb5  lost+found
```

图5-53　解决权限问题，并重新添加文件和目录

5．卸载指定挂载点的文件系统

执行如下命令。

```
[zp@localhost zpdir01]$ cd
[zp@localhost ~]$ sudo umount zpdir01
[zp@localhost ~]$ mount |grep zpdir01
[zp@localhost ~]$ ls zpdir01
```

执行效果如图5-54所示。第1条命令返回用户主目录。第2条命令卸载zpdir01上原来挂载的文件系统/dev/sdb5。第3条命令检查zpdir01的挂载情况，此时发现已经不存在相关挂载信息。第4条命令查看zpdir01中的内容，此时发现之前创建的fileinsdb5、dirinsdb5及/dev/sdb5原有的"lost+found"目录均已消失。

```
[zp@localhost zpdir01]$ cd
[zp@localhost ~]$ sudo umount zpdir01
[zp@localhost ~]$ mount |grep zpdir01
[zp@localhost ~]$ ls zpdir01
```

图5-54　卸载指定挂载点的文件系统

卸载操作与我们平时弹出计算机上的U盘这一操作类似。弹出U盘后，在计算机上就看不到U盘

里的内容了。因此卸载操作完成后，便查看不到被卸载文件系统的内容了。这也是图 5-54 中没有看到输出结果反而代表操作成功的原因。

6．多点挂载和多点卸载

执行如下命令。

```
[zp@localhost ~]$ sudo mount /dev/sdb6 zpdir01
[zp@localhost ~]$ ls zpdir01
[zp@localhost ~]$ mount |grep /dev/sdb6
[zp@localhost ~]$ sudo umount /dev/sdb6
[zp@localhost ~]$ mount |grep /dev/sdb6
[zp@localhost ~]$ sudo umount /dev/sdb6
[zp@localhost ~]$ mount |grep /dev/sdb6
```

执行效果如图 5-55 所示。第 1 条命令将/dev/sdb6 挂载到 zpdir01。第 2 条命令查看 zpdir01 中的内容，通过与第 5 步对比，我们可以发现出现了一个新的"lost+found"目录，这是/dev/sdb6 创建文件系统时自动添加的目录。第 3 条命令检查/dev/sdb6 的挂载情况，我们发现它目前存在 zpdir01 和 zpdir02 两个挂载点。第 4 条命令卸载/dev/sdb6。与第 5 步 umount 命令不同的是，此处我们使用的不是挂载点名称。需要注意的是，尽管/dev/sdb6 可以匹配两个挂载点，但是 umount 操作并不是一次卸载所有的挂载点。第 4 条～第 6 条命令的输出结果表明，该操作实际上是按照后挂载、先卸载的顺序，一次卸载一个挂载点。

```
[zp@localhost ~]$ sudo mount /dev/sdb6 zpdir01
[sudo] zp 的密码:
[zp@localhost ~]$ ls zpdir01
lost+found
[zp@localhost ~]$ mount |grep /dev/sdb6
/dev/sdb6 on /home/zp/zpdir02 type ext4 (rw,relatime,seclabel)
/dev/sdb6 on /home/zp/zpdir01 type ext4 (rw,relatime,seclabel)
[zp@localhost ~]$ sudo umount /dev/sdb6
[zp@localhost ~]$ mount |grep /dev/sdb6
/dev/sdb6 on /home/zp/zpdir02 type ext4 (rw,relatime,seclabel)
[zp@localhost ~]$ sudo umount /dev/sdb6
[zp@localhost ~]$ mount |grep /dev/sdb6
```

图 5-55　多点挂载和多点卸载

7．重拾记忆

前面的内容中，我们将/dev/sdb5 挂载在 zpdir01，并在写入了一个文件和一个目录后，将其卸载。/dev/sdb5 中的内容并不会因为卸载而丢失，我们只需要将其重新挂载即可访问其中的内容。执行如下命令。

```
[zp@localhost ~]$ sudo mount /dev/sdb5 zpdir02
[zp@localhost ~]$ ls zpdir02
```

执行效果如图 5-56 所示。第 1 条命令将/dev/sdb5 挂载到一个新的挂载点 zpdir02。第 2 条命令查看 zpdir02 中的内容，实际上我们看到的就是/dev/sdb5 中的内容。

```
[zp@localhost ~]$ sudo mount /dev/sdb5 zpdir02
[sudo] zp 的密码:
[zp@localhost ~]$ ls zpdir02
dirinsdb5  fileinsdb5  lost+found
```

图 5-56　重拾记忆

8．体验穿越

执行如下命令。

```
[zp@localhost ~]$ touch zpdir01/iaminzpdir01
[zp@localhost ~]$ ls zpdir01
[zp@localhost ~]$ sudo mount /dev/sdb5 zpdir01
[zp@localhost ~]$ ls zpdir01
[zp@localhost ~]$ ls zpdir02
[zp@localhost ~]$ touch zpdir01/touchedfromzpdir01
[zp@localhost ~]$ ls zpdir02
[zp@localhost ~]$ ls zpdir01
[zp@localhost ~]$ sudo umount zpdir01
[zp@localhost ~]$ ls zpdir01
```

执行效果如图 5-57 所示。第 1 条命令在目录 zpdir01 中写入一个新的文件 iaminzpdir01。第 2 条命令查看目录 zpdir01 中的内容。注意，此时 zpdir01 并没有挂载任何文件系统，因此文件 iaminzpdir01 位于目录 zpdir01 中。第 3 条命令将/dev/sdb5 挂载到 zpdir01。第 4 条命令查看目录 zpdir01 中的内容。读者有没有什么惊奇的发现？此时我们在目录 zpdir01 中看到的内容实际上来自于/dev/sdb5。那么，目录 zpdir01 中原有的文件 iaminzpdir01 到哪里去了呢？第 5 条命令查看目录 zpdir02 中的内容。我们在第 7 步已经将/dev/sdb5 挂载到 zpdir02，因此这里看到的还是/dev/sdb5 中的内容。第 6 条命令在目录 zpdir01 中写入一个新的文件 touchedfromzpdir01。第 7 条命令查看目录 zpdir02 中的内容。读者有没有发现我们从目录 zpdir01 中写入的文件直接出现在了 zpdir02 中？这是因为 zpdir01 和 zpdir02 目前对应的是/dev/sdb5 上同一个文件系统。第 8 条命令查看目录 zpdir01 中的内容，它目前与 zpdir02 中的内容是一样的。第 9 条命令卸载 zpdir01 上挂载的文件系统/dev/sdb5。第 10 条命令查看目录 zpdir01 中的内容，之前消失的文件 iaminzpdir01 又回来了。

```
[zp@localhost ~]$ touch zpdir01/iaminzpdir01
[zp@localhost ~]$ ls zpdir01
iaminzpdir01
[zp@localhost ~]$ sudo mount /dev/sdb5 zpdir01
[zp@localhost ~]$ ls zpdir01
dirinsdb5  fileinsdb5  lost+found
[zp@localhost ~]$ ls zpdir02
dirinsdb5  fileinsdb5  lost+found
[zp@localhost ~]$ touch zpdir01/touchedfromzpdir01
[zp@localhost ~]$ ls zpdir02
dirinsdb5  fileinsdb5  lost+found  touchedfromzpdir01
[zp@localhost ~]$ ls zpdir01
dirinsdb5  fileinsdb5  lost+found  touchedfromzpdir01
[zp@localhost ~]$ sudo umount zpdir01
[zp@localhost ~]$ ls zpdir01
iaminzpdir01
```

图 5-57　体验穿越

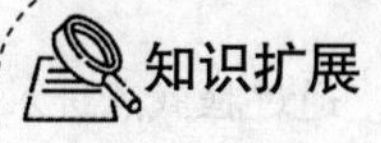

LVM

LVM（Logical Volume Manager，逻辑卷管理器）是一种硬盘的虚拟化技术，它可以对用户的硬盘资源进行灵活的调整和动态管理。LVM 技术是通过在硬盘分区和文件系统之间增加一个逻辑层来实现的。它提供了一个抽象的卷组，可以把多块硬盘设备、硬盘分区，甚至 RAID 整体进行合并，并可以根据需要对卷组进行逻辑分割和动态调整。它使得用户不用关心物理硬盘设备的底层架构和布局，就可以实现对硬盘资源的动态调整。

习题 5

1. 请解释磁盘分区的含义。
2. 请解释格式化的含义。
3. 新磁盘在可以进行文件存取之前需要经过哪些操作？
4. 简述 Linux 磁盘设备命名方法。
5. 简述 Linux 磁盘分区命名方法。
6. 简述 MBR 和 GPT 的区别。

实训 5

1. 使用虚拟机添加 4 个不同类型的磁盘设备，如表 5-11 所示。查看并确定各个磁盘设备对应的设备文件名，然后通过设备文件名查看各个磁盘的空间大小，以验证你的判断是否正确。

表 5-11　磁盘设备信息

磁盘编号	磁盘 1	磁盘 2	磁盘 3	磁盘 4
接口类型	IDE	SCSI	SATA	NVMe
磁盘空间	0.5GB	1.5GB	2.5GB	3.5GB
设备文件名				

2. 以第 1 题中的磁盘 4 为基础，按照表 5-12 所示方案进行磁盘分区实践，并根据实际分区结果补全表 5-12。

表 5-12　磁盘分区方案

分区号	1	2	3	5	6
分区占比	约 20%	约 40%	约 40%	约 20%	约 20%
分区类型	主分区	扩展分区	主分区	逻辑分区	逻辑分区
设备文件名					
分区起点					
分区末尾					
分区大小					

3. 为上述各个分区创建文件系统，请确保各个分区的文件系统格式各不相同。

4. 创建一个挂载点目录，使用 mount 命令将第 3 题中的某个分区挂载到此目录。通过挂载点进入分区并新建文件和目录。卸载该分区，并将其重新挂载到一个新的位置。观察之前创建的文件和目录是否存在。

第6章 进程管理

Linux 是一种动态系统，它能够满足不断变化的计算需求。Linux 以进程这一抽象概念为基础，完成对动态计算过程的管理。进程管理是 Linux 操作系统管理的重要组成部分。本章将对进程管理的相关知识进行介绍，以帮助读者掌握进程状态监测与控制等技巧。

科技自立自强

国产 CPU

为了关键技术不被国外"卡脖子"，国内企业不断加大对 CPU 自主研发的投入。典型的国产 CPU 包括龙芯、飞腾、申威、兆芯、鲲鹏、海光等。自 2016 年起，我国超算进入 TOP500 榜单的数量基本上一直稳定在世界第一的位置（2017 年排名第二）。

6.1 Linux 进程概述

Linux 进程概述

6.1.1 进程的概念

进程（Process）是计算机中的程序关于某数据集合的一次运行活动，是系统进行资源分配和调度的基本单位，是操作系统结构的基础。进程可以是短期的（如在命令行界面执行的一个普通命令所代表的进程），也可以是长期的（如网络服务进程）。在用户空间，进程是由进程号（Process Identification，PID）表示的，每个新进程被分配唯一的 PID 来满足安全跟踪等需要。从用户的角度来看，一个 PID 是一个数字，可以标识唯一的进程。PID 在进程的整个生命期间不会更改，但 PID 可以在进程销毁后被重新使用。

任何进程都可以创建子进程，所有进程都是第一个系统进程的后代。在用户空间中创建进程有多种方式：我们可以直接执行一个程序以创建新进程，也可以在程序内通过 fork 或 exec 调用来创建新进程。通过 fork 调用，父进程会复制自己的地址空间来创建一个新的子进程，而 exec 调用则会用新程序代替当前进程的上下文。在程序内发起 fork 或 exec 调用已经超出本书的知识范围，这里不做展开介绍。

6.1.2 程序和进程

程序和进程是两个密切相关的概念，初学者容易混淆。

- 程序：这是一个静态概念，代表一个可执行的二进制文件。例如/bin/date、/bin/bash、/usr/sbin/sshd 等都是 Linux 下可执行的二进制文件。
- 进程：这是一个动态概念，代表程序运行的过程。进程有其生命周期及运行状态。

6.1.3 进程的状态

进程在其整个生命周期内状态会发生变化。不同模型所定义的进程状态略有不同，但一般包括如下 3 种。

- 运行（Running）状态：进程占有处理器正在运行。
- 就绪（Ready）状态：进程具备运行条件，等待系统分配处理器以便运行。
- 等待（Wait）状态：又称为阻塞（Blocked）状态或睡眠（Sleep）状态，它是指进程不具备运行条件，正在等待某个事件的完成。

6.1.4 进程的分类

进程有许多种类，下面介绍常见的几类。

- 僵尸进程：一个进程使用 fork 创建子进程，如果子进程退出，而父进程并没有调用 wait 或 waitpid 获取子进程的状态信息，那么子进程的进程描述符仍然保存在系统中。子进程由于没有父进程来管理，因此就变成了僵尸进程。
- 交互进程：通常是由终端启动的进程。交互进程既可以在前台运行，也可以在后台运行。
- 批量处理进程：是一个进程序列，通常与终端没什么联系。
- 守护进程（Daemon Process）：是一类在后台运行的特殊进程，用以执行特定的系统任务。守护进程通常在系统引导的时候启动，并且一直运行到系统关闭。但也有一些守护进程只在需要的时候才启动，完成任务后就自动结束。

6.1.5 进程优先级

进程优先级代表进程对 CPU 的优先使用级别。优先级打破了“先来后到”这一规则。在资源可抢占的操作系统中，较高优先级的进程可以在后来的情况下，优先占据 CPU 的使用权，而较低优先级的进程只能选择被动让出 CPU 的使用权。优先级概念的具体含义与调度算法有关。进程调度是 Linux 中非常重要的概念。Linux 内核通过高效复杂的调度机制，实现效率的极大化。进程调度算法以进程的优先级为基础。用户可以通过调整进程的优先级对进程进行细粒度的控制，从而满足特定的需求。例如，用户可能希望与工作相关的软件运行得更流畅，操作体验更好，而通过提高这些进程的优先级，操作系统将为其分配更多的 CPU 资源，进而达成所愿。Linux 操作系统调度算法通常包括实时调度、非实时调度等。从内核的角度，优先级可以分为动态优先级、静态优先级、归一化优先级等。Linux 进程的优先级概念随着调度算法的发展而不断发展变化。

6.2 进程状态监测

进程状态监测

6.2.1 静态监测：查看当前进程状态的命令 ps

命令功能：ps 是 process status（进程状态）的缩写。ps 用于查看进程的状态信息，是最常用的监测进程的命令。通过执行该命令能够得到进程的大部分信息，如 PID、命令、CPU 使用量、内存使用量等。

命令语法：ps [选项]。

主要选项：该命令中，主要选项的含义如表 6-1 所示。ps 的选项非常多，在此仅列出几个常用的选项。

表6-1 ps命令主要选项的含义

选项	选项含义
-l	长格式显示更加详细的信息
-u	显示进程的归属用户及内存的使用情况
a	显示所有进程（包括终端信息），包括其他用户的进程
x	显示没有控制终端的进程
f	以进程树的形式显示程序间的关系
e	列出进程时，显示每个进程所使用的环境变量

注：ps命令的选项非常多，读者结合下面的例子，熟悉几个常用的组合即可。ps命令的部分选项可以同时支持带“-”或者不带“-”，但含义通常不同。例如，ps ef和ps -ef的输出不一致。“-e”选项表示所有进程，而“e”选项表示在命令后显示环境变量。

【实例6-1】查看当前登录产生了哪些进程。

使用不带选项的ps，可以查看当前登录产生了哪些进程。使用ps -l命令可以用长格式形式显示更加详细的信息。

执行如下命令。

```
[zp@localhost ~]$ ps
[zp@localhost ~]$ ps -l
```

执行效果如图6-1所示。

```
[zp@localhost ~]$ ps
   PID TTY          TIME CMD
  2988 pts/0    00:00:00 bash
  3017 pts/0    00:00:00 ps
[zp@localhost ~]$ ps -l
F S   UID     PID    PPID  C PRI  NI ADDR SZ WCHAN  TTY          TIME CMD
0 S  1000    2988    2982  0  80   0 - 56024 do_wai pts/0    00:00:00 bash
0 R  1000    3018    2988  0  80   0 - 56376 -      pts/0    00:00:00 ps
```

图6-1 查看当前登录产生了哪些进程

【实例6-2】查看指定用户的进程信息。

使用ps -u zp可以显示zp用户的进程信息。加入-l选项，会让显示的信息更加丰富。读者系统中如果没有zp用户，则应该修改成其他存在的用户名。执行如下命令。

```
[zp@localhost ~]$ ps -u zp
[zp@localhost ~]$ ps -u zp -l
```

注意，由于zp是选项-u的选项，如果要将-u和-l两个选项连写，应当确保-u的选项zp紧跟其后，否则将报错。也就是说，最后一条命令可以改写成如下形式。

```
[zp@localhost ~]$ ps -lu zp
```

执行效果分别如图6-2所示。

```
[zp@localhost ~]$ ps -u zp
   PID TTY          TIME CMD
  2963 ?        00:00:00 systemd
  2970 ?        00:00:00 (sd-pam)
  2982 ?        00:00:00 sshd
  2988 pts/0    00:00:00 bash
  3024 pts/0    00:00:00 ps
[zp@localhost ~]$ ps -u zp -l
F S   UID     PID    PPID  C PRI  NI ADDR SZ WCHAN  TTY          TIME CMD
4 S  1000    2963       1  0  80   0 -  5459 ep_pol ?        00:00:00 systemd
5 S  1000    2970    2963  0  80   0 - 26922 -      ?        00:00:00 (sd-pam)
5 S  1000    2982    2954  0  80   0 -  4885 -      ?        00:00:00 sshd
0 S  1000    2988    2982  0  80   0 - 56024 do_wai pts/0    00:00:00 bash
0 R  1000    3025    2988  0  80   0 - 56376 -      pts/0    00:00:00 ps
```

图6-2 查看指定用户的进程信息

【实例 6-3】常用的 ps 命令选项组合举例。

下面给出几个较为常见的 ps 命令选项组合。选项 a、x、f 的含义请参考表 6-1。ps -ef 中的-e 与 a 功能类似，可列出所有进程。选项 u 的含义与前面提到的-u 不同，此处表示使用 User-Oriented 格式来显示信息。选项 j 也是一种控制输出格式的选项。执行如下命令。

```
[zp@localhost ~]$ ps aux
[zp@localhost ~]$ ps axjf
[zp@localhost ~]$ ps -ef
```

执行效果分别如图 6-3～图 6-5 所示。

```
[zp@localhost ~]$ ps aux
USER         PID %CPU %MEM    VSZ   RSS TTY      STAT START   TIME COMMAND
root           1  0.0  0.4 106380 15972 ?        Ss   17:13   0:03 /usr/lib/syst
root           2  0.0  0.0      0     0 ?        S    17:13   0:00 [kthreadd]
root           3  0.0  0.0      0     0 ?        I<   17:13   0:00 [rcu_gp]
root           4  0.0  0.0      0     0 ?        I<   17:13   0:00 [rcu_par_gp]
```

图 6-3　命令“ps aux”的执行效果

```
[zp@localhost ~]$ ps axjf
   PPID     PID    PGID     SID TTY        TPGID STAT   UID   TIME COMMAND
      0       2       0       0 ?             -1 S        0   0:00 [kthreadd]
      2       3       0       0 ?             -1 I<       0   0:00  \_ [rcu_gp]
      2       4       0       0 ?             -1 I<       0   0:00  \_ [rcu_par_
      2       6       0       0 ?             -1 I<       0   0:00  \_ [kworker/
      2       9       0       0 ?             -1 I<       0   0:00  \_ [mm_percp
```

图 6-4　命令“ps axjf ”的执行效果

```
[zp@localhost ~]$ ps -ef
UID          PID    PPID  C STIME TTY          TIME CMD
root           1       0  0 17:13 ?        00:00:03 /usr/lib/systemd/systemd rhg
root           2       0  0 17:13 ?        00:00:00 [kthreadd]
root           3       2  0 17:13 ?        00:00:00 [rcu_gp]
root           4       2  0 17:13 ?        00:00:00 [rcu_par_gp]
```

图 6-5　命令“ps –ef ”的执行效果

【实例 6-4】查找指定进程信息。

【实例 6-3】给出了 3 种常用的 ps 命令选项组合，反馈的信息都非常多。为了快速定位所需要的信息，一般使用 ps 与 grep 组合。执行如下命令。

```
[zp@localhost ~]$ ps aux | grep python
[zp@localhost ~]$ ps -ef | grep python
```

执行效果如图 6-6 所示。上述两条命令都可以查找 Python 相关进程信息。需要注意的是，并不是所有反馈信息都对应着真实的 Python 进程。本实例两条命令的反馈信息中，第 2 条信息都是一条无关的 Python 进程信息记录。它们实际上就是在刚才读者输入命令中，通过管道方式开启的 grep 的进程。它们之所以出现在结果中，只是因为 grep 使用了“python”作为其选项。

```
[zp@localhost ~]$ ps aux| grep python
root         848  0.0  1.1 348856 41988 ?        Ssl  17:13   0:01 /usr/bin/pyth
on3 -s /usr/sbin/firewalld --nofork --nopid
zp          3258  0.0  0.0 221816  2480 pts/1    S+   21:38   0:00 grep --color=
auto python
[zp@localhost ~]$
[zp@localhost ~]$ ps -ef | grep python
root         848       1  0 17:13 ?        00:00:01 /usr/bin/python3 -s /usr/sbi
n/firewalld --nofork --nopid
zp          3260    3180  0 21:38 pts/1    00:00:00 grep --color=auto python
```

图 6-6　查找 Python 相关进程信息

6.2.2 动态监测：持续监测进程运行状态的命令 top

ps 可以查看正在运行的进程，但属于静态监测。如果要持续监测进程运行状态，监测进程动态变化情况，就需要使用 top 命令。

命令功能：top 能够实时持续显示系统中各个进程的资源占用状况，其功能类似于 Windows 的任务管理器。

命令语法：top 命令的语法较为复杂，但其绝大多数选项并不常用。初学者只需要掌握 top 命令的如下两种语法即可。

```
top
top -p pid
```

前者不带任何参数，此时可以查看所有进程的状态信息。后者可以通过-p 选项查看 pid 指定进程的状态信息。

【实例 6-5】执行不加任何选项的 top 命令。

执行如下命令。

```
[zp@localhost ~]$ top
```

执行效果如图 6-7 所示。

```
[zp@localhost ~]$ top
top - 22:02:45 up 35 min,  0 users,  load average: 0.52, 0.58, 0.59
Tasks:   4 total,   1 running,   3 sleeping,   0 stopped,   0 zombie
%Cpu(s):  5.8 us, 12.4 sy,  0.0 ni, 79.2 id,  0.0 wa,  2.6 hi,  0.0 si,  0.0 st
KiB Mem :  8268892 total,  3502680 free,  4536860 used,   229352 buff/cache
KiB Swap: 20883440 total, 19916836 free,   966604 used.  3598300 avail Mem

  PID USER      PR  NI    VIRT    RES    SHR S  %CPU %MEM     TIME+ COMMAND
    1 root      20   0    8952    328    284 S   0.0  0.0   0:00.15 init
   13 root      20   0    8952    228    184 S   0.0  0.0   0:00.01 init
   14 root      20   0   13652   2100   2000 S   0.0  0.0   0:00.19 bash
   36 root      20   0   17408   2172   1568 R   0.0  0.0   0:00.07 top
```

图 6-7　执行不加任何参数的 top 命令

执行 top 命令后，如果不退出，则会持续执行，并动态更新进程相关信息。在 top 命令的交互界面中按“Q”键或者按“Ctrl+C”组合键会退出 top 命令，按“?”键或按“H”键可以得到 top 命令交互界面的帮助信息。

图 6-7 中各行的含义如下。

第 1 行，与 uptime 命令的执行结果相同。

第 2 行，当前运行的各类状态进程（任务）的数量。

第 3 行，CPU 状态信息。

第 4 行，内存状态信息。

第 5 行，Swap，交换分区信息。

第 6 行，空白行。

第 7 行，各进程（任务）的状态监测。各字段的具体含义如下。

- PID：进程的 PID。
- USER：进程所有者。
- PR：进程优先级。
- NI：Nice 值。负值表示高优先级，正值表示低优先级。
- VIRT：进程使用的虚拟内存总量。
- RES：进程使用的、未被换出的物理内存大小。
- SHR：共享内存大小。
- S：进程状态。其中，D 代表不可中断的睡眠状态；R 代表运行状态；S 代表睡眠状态；T 代表跟踪/停止状态。

- %CPU：上次更新到现在的 CPU 时间占用百分比。
- %MEM：进程使用的物理内存百分比。
- TIME+：进程使用的 CPU 时间总计，单位为 1/100s。
- COMMAND：进程名称（命令）。

【实例 6-6】使用 top 命令监测某个进程。

如果只想让 top 命令监测某个进程，就可以使用 “-p” 选项。下面的实例中，首先利用 ps 查找 sshd 进程的 PID，然后使用 top 命令对它进行动态监测。注意，读者操作系统中的 PID 与编者的不同，请自行替换第 2 条命令中的 PID。执行如下两条命令。

```
[zp@localhost ~]$ ps -ef|grep sshd
[zp@localhost ~]$ top -p 936
```

执行效果分别如图 6-8 所示。

```
[zp@localhost ~]$ ps -ef | grep sshd
root         936       1  0 17:13 ?        00:00:00 sshd: /usr/sbin/sshd -D [lis
tener] 0 of 10-100 startups
root        2954     936  0 20:32 ?        00:00:00 sshd: zp [priv]
zp          2982    2954  0 20:32 ?        00:00:01 sshd: zp@pts/0
root        3171     936  0 21:26 ?        00:00:00 sshd: zp [priv]
zp          3176    3171  0 21:26 ?        00:00:00 sshd: zp@pts/1
zp          3268    3180  0 21:43 pts/1    00:00:00 grep --color=auto sshd
[zp@localhost ~]$ top -p 936
top - 21:43:38 up  4:30,  2 users,  load average: 0.00, 0.02, 0.00
Tasks:   1 total,   0 running,   1 sleeping,   0 stopped,   0 zombie
%Cpu(s):  0.0 us,  0.0 sy,  0.0 ni, 99.0 id,  0.0 wa,  0.3 hi,  0.7 si,  0.0 st
MiB Mem :   3696.8 total,    366.5 free,    649.4 used,   2680.9 buff/cache
MiB Swap:   2048.0 total,   2048.0 free,      0.0 used.   2801.5 avail Mem

    PID USER      PR  NI    VIRT    RES    SHR S  %CPU  %MEM     TIME+ COMMAND
    936 root      20   0   16068   9628   7992 S   0.0   0.3   0:00.06 sshd
```

图 6-8　查找 sshd 进程的 PID 并用 top 命令监测

6.2.3 查看进程树命令 pstree

命令功能：pstree 命令以树状结构显示进程间的关系。通过进程树，我们可以了解哪个进程是父进程，哪个是子进程。

命令语法：pstree [选项] [PID|用户名]。

主要选项：该命令中，主要选项的含义如表 6-2 所示。

表 6-2　pstree 命令主要选项的含义

选项	选项含义	选项	选项含义
-p	显示进程的 PID	-g	显示进程组 ID；隐含启用-c 选项
-a	显示命令行参数	-u	显示进程对应的用户名称

【实例 6-7】查看进程树。

最简单的 pstree 使用方式是不添加任何参数，使用时遇到相同的进程名将被压缩显示。通过 pstree -p，可以查看进程树，并同时输出每个进程的 PID。执行如下命令。

```
[zp@localhost ~]$ pstree
```

执行效果如图 6-9 所示。

```
[zp@localhost ~]$ pstree
systemd─┬─ModemManager───3*[{ModemManager}]
        ├─NetworkManager───2*[{NetworkManager}]
        ├─VGAuthService
        ├─accounts-daemon───3*[{accounts-daemon}]
```

图6-9　查看进程树

【实例6-8】显示进程的完整命令行参数。

通过 pstree -a 可以显示命令行参数。执行如下命令。

```
[zp@localhost ~]$ pstree -a
```

执行效果如图6-10所示。请读者将结果与【实例6-7】的结果进行对比，并发现遇到相同的进程名同样会被压缩显示。

```
[zp@localhost ~]$ pstree -a
systemd rhgb --switched-root --system --deserialize 31
  ├─ModemManager
  │   └─3*[{ModemManager}]
  ├─NetworkManager --no-daemon
  │   └─2*[{NetworkManager}]
  ├─VGAuthService -s
```

图6-10　显示进程的完整命令行参数

【实例6-9】显示进程组ID。

通过 pstree -g 可以在输出中显示进程组ID，进程组ID在每个进程名称后面的括号中显示为十进制数字。执行如下命令。

```
[zp@localhost ~]$ pstree -g
```

执行效果如图6-11所示。

```
[zp@localhost ~]$ pstree -g
systemd(1)─┬─ModemManager(845)─┬─{ModemManager}(845)
           │                   ├─{ModemManager}(845)
           │                   └─{ModemManager}(845)
           ├─NetworkManager(921)─┬─{NetworkManager}(921)
           │                     └─{NetworkManager}(921)
```

图6-11　显示进程组ID

【实例6-10】查看某个进程的树状结构。

本实例首先使用 ps 查找进程 sshd 的 PID，然后使用 pstree 查看该进程的树状结构。注意，读者操作系统中的PID与编者的不相同，请更换第2条命令中的PID。执行如下命令。

```
[zp@localhost ~]$ ps aux|grep sshd
[zp@localhost ~]$ pstree -p 936
```

执行效果如图6-12所示。

```
[zp@localhost ~]$ ps aux|grep sshd
root         936  0.0  0.2  16068  9628 ?        Ss   17:13   0:00 sshd: /usr/sb
in/sshd -D [listener] 0 of 10-100 startups
root        2954  0.0  0.3  19540 12076 ?        Ss   20:32   0:00 sshd: zp [pri
v]
zp          2982  0.0  0.1  19540  7428 ?        S    20:32   0:01 sshd: zp@pts/
0
root        3171  0.0  0.3  19540 12136 ?        Ss   21:26   0:00 sshd: zp [pri
v]
zp          3176  0.0  0.1  19540  7464 ?        S    21:26   0:01 sshd: zp@pts/
1
zp          3301  0.0  0.0 221816  2348 pts/1    S+   22:02   0:00 grep --color=
auto sshd
[zp@localhost ~]$ pstree -p 936
sshd(936)─┬─sshd(2954)───sshd(2982)───bash(2988)
          └─sshd(3171)───sshd(3176)───bash(3180)───pstree(3302)
```

图6-12　查看sshd进程的树状结构

【实例 6-11】查看某个用户启动的进程。

如果想知道某个用户都启动了哪些进程，此时可以将用户名作为 pstree 命令的参数。编者特意在命令中加入-p 选项，显示 PID 信息。读者可以结合【实例 6-10】，借助 PID 信息，观察进程对应关系。下面以 zp 用户为例进行说明。执行如下命令。

```
[zp@localhost ~]$ pstree zp -p
```

执行效果如图 6-13 所示。

```
[zp@localhost ~]$ pstree zp -p
sshd(2982)───bash(2988)

sshd(3176)───bash(3180)───pstree(3306)

systemd(2963)───(sd-pam)(2970)
```

图 6-13　查看某个用户启动的进程

【思考】读者通过图 6-13 可以看到哪些有价值的信息？

读者通过图 6-13 可以查看许多有价值的信息。例如，读者通过倒数第 2 行信息，可以推断出编者当前使用 sshd 登录系统。完整的"故事"如下：zp 用户使用 ssh 登录系统，系统服务器端启动 sshd 进程副本响应 zp 用户请求；zp 用户登录成功后，系统使用 zp 用户的默认 Shell 解析程序 Bash 处理用户命令；就在刚才，zp 输入了 pstree 这条命令，所以读者看到了 PID 为 3306 的 pstree 进程。

6.2.4 列出进程打开文件信息的命令 lsof

在 Linux 环境下，任何事物都以文件的形式存在。通过文件不仅可以访问常规数据，还可以访问网络连接和硬件。lsof（list opened files，列举已被打开的文件）是系统监测与排错时比较实用的命令。通过 lsof 命令，我们可以根据文件找到对应的进程信息，也可以根据进程信息找到进程打开的对应文件。由于 lsof 通常需要访问系统核心，以 root 用户的身份运行它才能够充分地发挥其功能。

【实例 6-12】查看与指定文件相关的进程。

查看与指定文件相关的进程信息，找出使用此文件的进程。执行如下命令。

```
[zp@localhost ~]$ lsof /bin/bash
```

执行效果如图 6-14 所示。

```
[zp@localhost ~]$ lsof /bin/bash
COMMAND   PID USER  FD   TYPE DEVICE SIZE/OFF     NODE NAME
bash     2988   zp txt    REG  253,0  1390168 17613177 /usr/bin/bash
bash     3180   zp txt    REG  253,0  1390168 17613177 /usr/bin/bash
```

图 6-14　查看与指定文件相关的进程

【实例 6-13】列出进程调用或打开的所有文件。

下面第 1 条命令的执行结果，读者可以查看【实例 6-10】。第 2 条命令的 PID 需要根据第 1 条命令的实际查找结果进行修改。执行如下命令。

```
[zp@localhost ~]$ ps aux|grep sshd
[zp@localhost ~]$ sudo lsof -p 936
```

执行效果如图 6-15 所示。

```
[zp@localhost ~]$ sudo lsof -p 936
[sudo] zp 的密码:
COMMAND PID USER   FD   TYPE            DEVICE SIZE/OFF     NODE NAME
sshd    936 root  cwd    DIR             253,0      235      128 /
sshd    936 root  rtd    DIR             253,0      235      128 /
sshd    936 root  txt    REG             253,0   956584 35239919 /usr/sbin/sshd
sshd    936 root  mem    REG             253,0   153600 33728447 /usr/lib64/lib
gpg-error.so.0.32.0
```

图 6-15　列出进程调用或打开的所有文件

【实例 6-14】列出所有的网络连接信息。

执行如下命令。

```
[zp@localhost ~]$ sudo lsof -i
```

执行效果如图 6-16 所示。

```
[zp@localhost ~]$ sudo lsof -i
COMMAND     PID   USER   FD   TYPE DEVICE SIZE/OFF NODE NAME
avahi-dae   786   avahi  12u  IPv4  24283      0t0  UDP *:mdns
avahi-dae   786   avahi  13u  IPv6  24284      0t0  UDP *:mdns
avahi-dae   786   avahi  14u  IPv4  24285      0t0  UDP *:35444
avahi-dae   786   avahi  15u  IPv6  24286      0t0  UDP *:52704
chronyd     815 chrony    5u  IPv4  24154      0t0  UDP localhost:323
chronyd     815 chrony    6u  IPv6  24155      0t0  UDP localhost:323
```

图 6-16　列出所有的网络连接信息

读者只列出使用指定协议的网络连接信息。执行如下命令。

```
[zp@localhost ~]$ sudo lsof -i TCP
```

执行效果如图 6-17 所示。

```
[zp@localhost ~]$ sudo lsof -i TCP
COMMAND   PID USER   FD   TYPE DEVICE SIZE/OFF NODE NAME
cupsd     929 root   6u   IPv6  25275      0t0  TCP localhost:ipp (LISTEN)
cupsd     929 root   7u   IPv4  25276      0t0  TCP localhost:ipp (LISTEN)
sshd      936 root   3u   IPv4  25242      0t0  TCP *:ssh (LISTEN)
sshd      936 root   4u   IPv6  25244      0t0  TCP *:ssh (LISTEN)
sshd     2954 root   4u   IPv4  48218      0t0  TCP localhost.localdomain:ssh->19
2.168.184.1:51458 (ESTABLISHED)
```

图 6-17　列出使用指定协议的网络连接信息

【实例 6-15】查看打开了特定类型文件的用户进程。

本实例查看 zp 用户的所有打开了“txt”类型文件的用户进程。执行如下命令。

```
[zp@localhost ~]$ sudo lsof -a -u zp -d txt
```

执行效果如图 6-18 所示。

```
[zp@localhost ~]$ sudo lsof -a -u zp -d txt
COMMAND    PID USER  FD   TYPE DEVICE SIZE/OFF     NODE NAME
systemd   2963   zp txt    REG  253,0  1946368 19021452 /usr/lib/systemd/systemd
(sd-pam)  2970   zp txt    REG  253,0  1946368 19021452 /usr/lib/systemd/systemd
sshd      2982   zp txt    REG  253,0   956584 35239919 /usr/sbin/sshd
bash      2988   zp txt    REG  253,0  1390168 17613177 /usr/bin/bash
sshd      3176   zp txt    REG  253,0   956584 35239919 /usr/sbin/sshd
bash      3180   zp txt    REG  253,0  1390168 17613177 /usr/bin/bash
```

图 6-18　查看打开了特定类型文件的用户进程

如果将用户切换成 root 用户，输出的内容非常多。命令会按照 PID 从 1 号进程开始列出系统中所有的进程，此时可以分页显示。执行如下命令。

```
[zp@localhost ~]$ sudo lsof -a -u root -d txt |more
```

【实例 6-16】持续监测用户的网络活动。

本实例可以用来监测 zp 用户的网络活动，实例中参数值 1 表示每秒重复输出一次。执行如下命令。

```
[zp@localhost ~]$ sudo lsof -r 1 -u zp -i -a
```

执行效果如图 6-19 所示。之所以读者看到的是只有 sshd 的网络连接信息，是因为编者目前在认真编写教材，而没有上网做其他事情。读者可以按“Ctrl+C”组合键退出监测界面。

```
[zp@localhost ~]$ sudo lsof -r 1 -u zp -i -a
COMMAND  PID USER   FD   TYPE DEVICE SIZE/OFF NODE NAME
sshd    2982   zp   4u  IPv4  48218      0t0  TCP localhost.localdomain:ssh->19
2.168.184.1:51458 (ESTABLISHED)
sshd    3176   zp   4u  IPv4  53066      0t0  TCP localhost.localdomain:ssh->19
2.168.184.1:52598 (ESTABLISHED)
```

图 6-19　持续监测用户的网络活动

【思考】读者如果使用浏览器打开网页，【实例 6-16】中的这条命令能监测到用户的网络活动吗？

6.3 进程状态控制

进程状态控制

6.3.1 调整进程优先级的命令 nice

命令功能：nice 命令可以调整进程优先级，这样会影响相应进程的调度。nice 命令调整的是进程的 niceness。niceness 即友善度、谦让度。进程的 niceness 值为负时，友善度低，表示进程具备高优先级，因而能提前执行和获得更多的资源；反之，则表示友善度高，进程具备低优先级。如果 nice 命令在使用时不带任何参数，则会显示进程默认的 niceness 值，一般为 0。niceness 值的范围是从-20（最高优先级）到 19（最低优先级）。

命令语法：nice [-n N] [command]。

主要选项：该命令中，-n 选项用于指定将 niceness 设置为 N。当-n 选项省略时，niceness 值默认为 10。选项 command 为指定进程的启动命令。直接输入不带选项的 nice 命令，可以查看 niceness 的默认值，该值通常为 0。

【实例 6-17】调整进程的优先级。

当 nice 命令中没有给出具体的 niceness 值时，默认值为 10。如 nice vi 设置 Vi 进程的 niceness 值为 10。执行如下命令。

```
[zp@localhost ~]$ nice vi&
[zp@localhost ~]$ ps -l
```

执行效果如图 6-20 所示。

```
[zp@localhost ~]$ nice vi&
[1] 3395
[zp@localhost ~]$ ps -l
F S   UID     PID    PPID  C PRI  NI ADDR SZ WCHAN  TTY          TIME CMD
0 S  1000    3180    3176  0  80   0 - 56061 do_wai pts/1    00:00:00 bash
0 T  1000    3395    3180  0  90  10 - 57395 do_sig pts/1    00:00:00 vim
0 R  1000    3396    3180  0  80   0 - 56376 -      pts/1    00:00:00 ps
```

图 6-20　调整进程的优先级（使用默认值）

注意，由于 Vi/Vim 会独占当前终端，无法查看执行效果，因此在后面加&，将 Vi 放入后台执行。图 6-20 中进程 vi（实际是 vim）的 PID 是 3395。读者的 PID 可能是其他值。需要注意的是，CentOS Stream 9 中，输入 vi 实际启动的是 Vim。后文中，在容易混淆的地方，我们可能会直接使用 Vim 启动进程。但 Ubuntu 等操作系统中输入 vi 仍然默认启动 Vi；在这些系统中一般默认没有安装 Vim，输入 vim 可能会提示需要安装，并且会给出安装 Vim 所需要的命令。读者根据所采用的系统自行判断并处理，后面不再单独说明。

通过 ps -l 命令可以查看进程的 niceness 值。该命令返回结果中 NI 列的值就是进程的优先级。目前进程 3395 的 niceness 值为 10，其他进程的 niceness 值均为 0。niceness 值越大代表优先级越低。niceness 值只是进程优先级的一部分，不能完全决定进程的优先级。PRI 列的值表示进程当前的总优先级。该值越小表示优先级越高。该值由进程默认的 PRI 加上 NI 得到，即 PRInew=PRIold+NI。本实例中，进程默认的 PRI 值是 80，所以加上值为 10 的 NI 后，vi 进程的 PRI 值为 90。

【实例 6-18】使用指定 niceness 值调整进程的优先级。

通过-n 选项，可以指定具体的 niceness 值。niceness 值的取值范围为-20～19，小于-20 或大于 19 的值分别记为-20 和 19。执行如下命令。

```
[zp@localhost ~]$ nice -n 15 vi&
```

执行效果如图 6-21 所示。

该命令设置 vi 进程的 niceness 值为 15，也就是较低的优先级。

```
[zp@localhost ~]$ nice -n 15 vi&
[2] 3410
[zp@localhost ~]$ ps -l
F S   UID    PID   PPID  C PRI  NI ADDR SZ WCHAN  TTY          TIME CMD
0 S  1000   3180   3176  0  80   0 - 56061 do_wai pts/1    00:00:00 bash
0 T  1000   3395   3180  0  90  10 - 57395 do_sig pts/1    00:00:00 vim
0 T  1000   3410   3180  0  95  15 - 57395 do_sig pts/1    00:00:00 vim
0 R  1000   3411   3180  0  80   0 - 56376 -      pts/1    00:00:00 ps
```

图 6-21　调整进程的优先级（使用指定 niceness 值）

如果将 niceness 值设置为负，则必须要有 root 权限。当 niceness 值为负时，意味着该进程要抢占其他进程的资源，所以必须要有 root 权限才行；如果 niceness 值为正，即表示友善度高，不需要抢占其他进程资源，因此不需要 root 权限。

执行如下命令。

```
[zp@localhost ~]$ sudo nice -n -15 vi&
[zp@localhost ~]$ sudo ps -l
```

执行效果如图 6-22 所示。由图 6-22 可知，编者第 1 次执行没有正确显示 vi 进程的信息，重复执行一次就成功了。如果读者第 1 次执行没有看到预期的信息，请重新尝试；实在显示不出来也没关系，知道原理就行了。由图 6-22 中第 2 次执行结果可知，进程 3556 对应 sudo 进程，进程 3556 是进程 3558 的父进程，后者对应 vi 进程（实际为 vim），其 niceness 值被修改成-15。

```
[zp@localhost ~]$ sudo nice -n -15 vi&
[1] 3549
[zp@localhost ~]$ sudo ps -l
[sudo] zp 的密码：
F S   UID    PID   PPID  C PRI  NI ADDR SZ WCHAN  TTY          TIME CMD
4 T     0   3549   3513  0  80   0 - 59444 do_sig pts/2    00:00:00 sudo
4 S     0   3551   3513  0  80   0 - 59523 do_pol pts/2    00:00:00 sudo
4 R     0   3555   3551  0  80   0 - 56376 -      pts/2    00:00:00 ps

[1]+  已停止               sudo nice -n -15 vi
[zp@localhost ~]$ sudo nice -n -15 vi&
[2] 3556
[zp@localhost ~]$ sudo ps -l
F S   UID    PID   PPID  C PRI  NI ADDR SZ WCHAN  TTY          TIME CMD
4 T     0   3549   3513  0  80   0 - 59444 do_sig pts/2    00:00:00 sudo
4 T     0   3556   3513  1  80   0 - 59483 do_sig pts/2    00:00:00 sudo
4 T     0   3558   3556  1  65 -15 - 57395 do_sig pts/2    00:00:00 vim
4 S     0   3559   3513  0  80   0 - 59483 do_pol pts/2    00:00:00 sudo
4 R     0   3561   3559  0  80   0 - 56376 -      pts/2    00:00:00 ps

[2]+  已停止               sudo nice -n -15 vi
```

图 6-22　设置的 niceness 值为负时需要 root 权限

6.3.2 改变运行进程优先级的命令 renice

命令功能：renice 用于改变正在运行的进程的 niceness 值。renice，字面意思即重新设置 niceness 值。进程启动时默认的 niceness 值为 0，可以用 renice 修改。

命令语法：

```
renice [-n] <优先级> [-p|--pid] <pid>...
renice [-n] <优先级> [-g|--pgrp] <pgrp>...
renice [-n] <优先级> [-u|--user] <user>...
```

主要选项：该命令中，主要选项的含义如表 6-3 所示。

表 6-3 renice 命令主要选项的含义

选项	选项含义
n	指定 niceness 值，注意 n 前面出现“-”，会被当作负号处理
-p	将选项解释为进程 ID（默认）
-g	将选项解释为进程组 ID
-u	将选项解释为用户名或用户 ID

例如：

```
renice -8 -p 37475                #将 PID 为 37475 的进程的 niceness 值设置为-8
renice -8 -u zp                   #将属于用户 zp 的进程的 niceness 值设置为-8
renice -8 -g zpG                  #将属于 zpG 组的进程的 niceness 值设置为-8
```

【实例 6-19】修改进程的 niceness 值。

本实例先创建一个 vi 进程（PID 为 3733），将其 niceness 值设置为 15，随后又将其 niceness 值设置为−8。niceness 值修改为负数时，需要使用 sudo。执行如下命令。

```
[zp@localhost ~]$ vi &
[zp@localhost ~]$ ps -l                       #查看进程的 PID 和 niceness 值信息
[zp@localhost ~]$ renice 15 -p 3733           #调整进程的 niceness 值为负值
[zp@localhost ~]$ ps -l                       #查看进程的 PID 和 niceness 值信息
[zp@localhost ~]$ sudo renice -8 -p 3733 #调整进程的 niceness 值为负值
[zp@localhost ~]$ ps -l                       #查看调整结果
```

执行效果如图 6-23 所示。

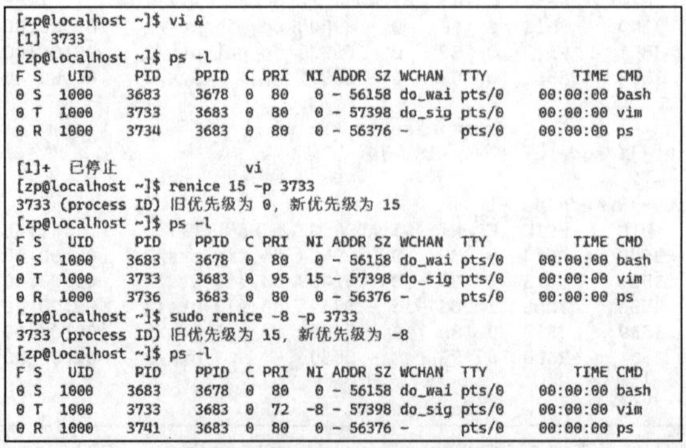

```
[zp@localhost ~]$ vi &
[1] 3733
[zp@localhost ~]$ ps -l
F S   UID     PID    PPID  C PRI  NI ADDR SZ WCHAN  TTY          TIME CMD
0 S  1000    3683    3678  0  80   0 - 56158 do_wai pts/0    00:00:00 bash
0 T  1000    3733    3683  0  80   0 - 57398 do_sig pts/0    00:00:00 vim
0 R  1000    3734    3683  0  80   0 - 56376 -      pts/0    00:00:00 ps

[1]+  已停止               vi
[zp@localhost ~]$ renice 15 -p 3733
3733 (process ID) 旧优先级为 0，新优先级为 15
[zp@localhost ~]$ ps -l
F S   UID     PID    PPID  C PRI  NI ADDR SZ WCHAN  TTY          TIME CMD
0 S  1000    3683    3678  0  80   0 - 56158 do_wai pts/0    00:00:00 bash
0 T  1000    3733    3683  0  95  15 - 57398 do_sig pts/0    00:00:00 vim
0 R  1000    3736    3683  0  80   0 - 56376 -      pts/0    00:00:00 ps
[zp@localhost ~]$ sudo renice -8 -p 3733
3733 (process ID) 旧优先级为 15，新优先级为 -8
[zp@localhost ~]$ ps -l
F S   UID     PID    PPID  C PRI  NI ADDR SZ WCHAN  TTY          TIME CMD
0 S  1000    3683    3678  0  80   0 - 56158 do_wai pts/0    00:00:00 bash
0 T  1000    3733    3683  0  72  -8 - 57398 do_sig pts/0    00:00:00 vim
0 R  1000    3741    3683  0  80   0 - 56376 -      pts/0    00:00:00 ps
```

图 6-23 修改进程的 niceness 值

6.3.3 向进程发送信号的命令 kill

命令功能：kill 命令可以发送指定的信号到相应进程。实践中发送的最常见的信号是 SIGKILL（编号为 9），用于“杀死”某个进程。

命令语法：

```
Kill [-s 信号声明 | -n 信号编号| - 信号声明] 进程号 |任务声明...
kill -l [信号声明]
```

【实例 6-20】列出信号的编号和名称。

使用-l 选项可以列出所有信号的编号和名称。执行如下命令。

```
[zp@localhost ~]$ kill -l
```

执行效果如图 6-24 所示。

```
[zp@localhost ~]$ kill -l
 1) SIGHUP       2) SIGINT       3) SIGQUIT      4) SIGILL       5) SIGTRAP
 6) SIGABRT      7) SIGBUS       8) SIGFPE       9) SIGKILL     10) SIGUSR1
11) SIGSEGV     12) SIGUSR2     13) SIGPIPE     14) SIGALRM     15) SIGTERM
16) SIGSTKFLT   17) SIGCHLD     18) SIGCONT     19) SIGSTOP     20) SIGTSTP
21) SIGTTIN     22) SIGTTOU     23) SIGURG      24) SIGXCPU     25) SIGXFSZ
26) SIGVTALRM   27) SIGPROF     28) SIGWINCH    29) SIGIO       30) SIGPWR
31) SIGSYS      34) SIGRTMIN    35) SIGRTMIN+1  36) SIGRTMIN+2  37) SIGRTMIN+3
38) SIGRTMIN+4  39) SIGRTMIN+5  40) SIGRTMIN+6  41) SIGRTMIN+7  42) SIGRTMIN+8
43) SIGRTMIN+9  44) SIGRTMIN+10 45) SIGRTMIN+11 46) SIGRTMIN+12 47) SIGRTMIN+13
48) SIGRTMIN+14 49) SIGRTMIN+15 50) SIGRTMAX-14 51) SIGRTMAX-13 52) SIGRTMAX-12
53) SIGRTMAX-11 54) SIGRTMAX-10 55) SIGRTMAX-9  56) SIGRTMAX-8  57) SIGRTMAX-7
58) SIGRTMAX-6  59) SIGRTMAX-5  60) SIGRTMAX-4  61) SIGRTMAX-3  62) SIGRTMAX-2
63) SIGRTMAX-1  64) SIGRTMAX
```

图 6-24　列出所有信号的编号和名称

在-l 后面加上想要查找的信号名称，可以得到对应的信号编号；在-l 后面加上想要查找的信号编号，可以得到对应的信号名称。即：

```
kill -l 信号名称
kill -l 信号编号
```

信号名称有 3 种表示方法。例如 SIGKILL 还可以表示为 kill 或者 KILL，这 3 种表示方法是等价的。执行如下命令。

```
[zp@localhost ~]$ kill -l SIGKILL
[zp@localhost ~]$ kill -l KILL
[zp@localhost ~]$ kill -l kill
[zp@localhost ~]$ kill -l 9
```

此时可以分别得到 SIGKILL 的信号名称和信号编号。执行效果如图 6-25 所示。

```
[zp@localhost ~]$ kill -l SIGKILL
9
[zp@localhost ~]$ kill -l KILL
9
[zp@localhost ~]$ kill -l kill
9
[zp@localhost ~]$ kill -l 9
KILL
```

图 6-25　列出指定信号的名称和编号

【实例 6-21】查看并“杀死”进程。

首先用 ps 命令查看进程 PID，然后用 kill 命令发送信号“杀死”指定进程。执行如下命令。

```
[zp@localhost ~]$ vi &
```

```
[zp@localhost ~]$ ps -l              #查看进程的 PID
[zp@localhost ~]$ kill -9 3877       #发送信号"杀死"指定进程
[zp@localhost ~]$ ps -l              #确认该进程已被"杀死"
```

执行效果如图 6-26 所示。

```
[zp@localhost ~]$ vi &
[1] 3877
[zp@localhost ~]$ ps -l
F S   UID     PID    PPID  C PRI  NI ADDR SZ WCHAN  TTY          TIME CMD
0 S  1000    3827    3821  0  80   0 - 56024 do_wai pts/0    00:00:00 bash
0 T  1000    3877    3827  0  80   0 - 57398 do_sig pts/0    00:00:00 vim
0 R  1000    3878    3827  0  80   0 - 56376 -      pts/0    00:00:00 ps

[1]+  已停止               vi
[zp@localhost ~]$ kill -9 3877
[1]+  已杀死               vi
[zp@localhost ~]$ ps -l
F S   UID     PID    PPID  C PRI  NI ADDR SZ WCHAN  TTY          TIME CMD
0 S  1000    3827    3821  0  80   0 - 56158 do_wai pts/0    00:00:00 bash
0 R  1000    3879    3827  0  80   0 - 56376 -      pts/0    00:00:00 ps
```

图 6-26　查看并"杀死"进程

上述命令中，我们使用了信号编号 9，也可替换成信号名称 KILL、kill 或者 SIGKILL，效果一样。执行如下命令。

```
[zp@localhost ~]$ vi &
[zp@localhost ~]$ kill -kill 3882
[zp@localhost ~]$ ps -l
```

执行效果如图 6-27 所示。

```
[zp@localhost ~]$ vi &
[1] 3882
[zp@localhost ~]$ kill -kill 3882

[1]+  已停止               vi
[zp@localhost ~]$ ps -l
F S   UID     PID    PPID  C PRI  NI ADDR SZ WCHAN  TTY          TIME CMD
0 S  1000    3827    3821  0  80   0 - 56158 do_wai pts/0    00:00:00 bash
0 R  1000    3883    3827  0  80   0 - 56376 -      pts/0    00:00:00 ps
[1]+  已杀死               vi
```

图 6-27　使用信号名称

【思考】如果读者"杀死"图 6-27 中的 bash 进程，结果会怎么样呢？

【实例 6-22】使用 pidof 命令查找并"杀死"进程。

使用 pidof 命令可以直接查找进程的 PID，然后读者可用 kill 命令发送信号"杀死"指定进程。假定读者的系统后台已经存在一个 vim 进程（PID 为 3250），那么执行如下命令可以"杀死"该进程。

```
[zp@localhost ~]$ pidof vim
[zp@localhost ~]$ kill -9 3250
```

然而这种方案并不实用。这是因为每次执行 kill 命令，我们都需要手动修改后面的进程 PID。此外，如果有许多同名的 vim 进程，那么返回的还是多个 PID，使这种方案变得更加麻烦。实践中我们一般使用命令替换技术，将上述两条命令组合成如下一条命令。

```
[zp@localhost ~]$ kill -9 $(pidof vim)
```

执行如下命令。

```
[zp@localhost ~]$ vim &  #读者也可以重复这条命令多次
[zp@localhost ~]$ kill -9 $(pidof vim)
[zp@localhost ~]$ ps -l
```

执行效果如图 6-28 所示。

```
[zp@localhost ~]$ vim &
[1] 5548
[zp@localhost ~]$ kill -9 $(pidof vim)
[1]+  已杀死                  vim
[zp@localhost ~]$ ps -l
F S   UID     PID    PPID  C PRI  NI ADDR SZ WCHAN  TTY          TIME CMD
0 S  1000    4515    4509  0  80   0 - 56158 do_wai pts/1    00:00:00 bash
4 R  1000    5550    4515  0  80   0 - 56376 -      pts/1    00:00:00 ps
[zp@localhost ~]$
```

图 6-28　使用 pidof 命令查找并“杀死”进程

【思考】如果把【实例 6-22】中 pidof 命令后面的 vim 替换成 vi，结果如何？

【实例 6-23】使用 grep 命令查找并“杀死”进程。

使用 grep 命令可以指定复杂的查找规则，这里不做展开。我们仅展示使用 vi 作为关键字来查找 vim 进程，然后用 kill 命令发送信号“杀死”指定进程。执行如下命令。

```
[zp@localhost ~]$ vim &
[zp@localhost ~]$ ps -l |grep vi
[zp@localhost ~]$ kill -9 5592
[zp@localhost ~]$ ps -l
```

执行效果如图 6-29 所示。

```
[zp@localhost ~]$ vim &
[1] 5592
[zp@localhost ~]$ ps -l |grep vi
0 T  1000    5592    4515  0  80   0 - 57398 do_sig pts/1    00:00:00 vim

[1]+  已停止                  vim
[zp@localhost ~]$ kill -9 5592
[zp@localhost ~]$ ps -l
F S   UID     PID    PPID  C PRI  NI ADDR SZ WCHAN  TTY          TIME CMD
0 S  1000    4515    4509  0  80   0 - 56158 do_wai pts/1    00:00:00 bash
4 R  1000    5595    4515  0  80   0 - 56376 -      pts/1    00:00:00 ps
[1]+  已杀死                  vim
```

图 6-29　使用 grep 命令查找并“杀死”进程

6.3.4 通过名称“杀死”进程的命令 killall

命令功能：Linux 操作系统中的 killall 命令可以通过名称“杀死”进程，它会给指定名称的所有进程发送信号。

命令语法：killall [选项] [PID]。

主要选项：该命令中，主要选项的含义如表 6-4 所示。

表 6-4　killall 命令主要选项的含义

选项	选项含义
-e	要求精准匹配进程名称
-I	进程名称匹配不区分字母大小写（此选项 I 为大写形式）
-g	“杀死”进程组，而不是“杀死”进程
-i	交互模式，“杀死”进程前先询问用户
-L	列出所有的已知信号名称（此选项 L 为 list 首字母的大写形式）
-q	不输出警告信息
-s	发送指定的信号
-u	“杀死”指定用户的所有进程

【实例 6-24】“杀死”某一类进程。

首先，执行命令“vim &”两次，得到两个 vim 进程，然后用 killall 将它们全部“杀死”。执行如下命令。

```
[zp@localhost ~]$ vim &
[zp@localhost ~]$ vim &
[zp@localhost ~]$ ps -l
[zp@localhost ~]$ killall -9 vim
[zp@localhost ~]$ ps -l
```

执行效果如图 6-30 所示。

```
[zp@localhost ~]$ vim &
[1] 5944
[zp@localhost ~]$ vim &
[2] 5945

[1]+  已停止               vim
[zp@localhost ~]$ ps -l
F S   UID     PID    PPID  C PRI  NI ADDR SZ WCHAN  TTY          TIME CMD
0 S  1000    5860    5857  0  80   0 - 56061 do_wai pts/0    00:00:00 bash
0 T  1000    5944    5860  0  80   0 - 57399 do_sig pts/0    00:00:00 vim
0 T  1000    5945    5860  0  80   0 - 57399 do_sig pts/0    00:00:00 vim
4 R  1000    5948    5860  1  80   0 - 56376 -      pts/0    00:00:00 ps

[2]+  已停止               vim
[zp@localhost ~]$ killall -9 vim
[1]-  已杀死               vim
[2]+  已杀死               vim
[zp@localhost ~]$ ps -l
F S   UID     PID    PPID  C PRI  NI ADDR SZ WCHAN  TTY          TIME CMD
0 S  1000    5860    5857  0  80   0 - 56158 do_wai pts/0    00:00:00 bash
4 R  1000    5957    5860  0  80   0 - 56376 -      pts/0    00:00:00 ps
```

图 6-30 “杀死”某一类进程

【实例 6-25】交互式“杀死”进程。

首先，执行命令“vim &”两次，得到两个 vim 进程，然后用 killall 有选择地把它们“杀死”。执行如下命令。

```
[zp@localhost ~]$ vim &
[zp@localhost ~]$ vim &
[zp@localhost ~]$ killall -9 vim -i
```

执行效果如图 6-31 所示。

```
[zp@localhost ~]$ vim &
[1] 5987
[zp@localhost ~]$ vim &
[2] 5988

[1]+  已停止               vim
[zp@localhost ~]$ killall -9 vim -i
信号 vim(5987) ? (y/N) y
信号 vim(5988) ? (y/N) y
[1]-  已杀死               vim
[2]+  已杀死               vim
```

图 6-31 交互式“杀死”进程

【实例 6-26】“杀死”指定用户的所有进程。

查看指定用户的所有进程，执行如下命令。

```
[zp@localhost ~]$ ps -ef |grep zp
```

执行效果如图 6-32 所示。

```
[zp@localhost ~]$ ps -ef |grep zp
zp        3800     1  0 01:14 ?        00:00:02 /usr/lib/systemd/systemd --u
ser
zp        3808  3800  0 01:14 ?        00:00:00 (sd-pam)
zp        3916     1  0 01:31 ?        00:00:00 /usr/bin/gnome-keyring-daemo
n --daemonize --login
zp        3924  3894  0 01:31 tty2     00:00:00 /usr/libexec/gdm-wayland-ses
sion --register-session gnome-session
```

图6-32 查看指定用户的所有进程

使用 killall -u 命令“杀死”指定用户的进程。执行如下命令。

```
[zp@localhost ~]$ killall -u zp
```

执行效果如图 6-33 所示。

```
[zp@localhost ~]$ killall -u zp
Connection to 192.168.184.129 closed by remote host.
Connection to 192.168.184.129 closed.

[已退出进程，代码为 4294967295]
```

图6-33 “杀死”指定用户的所有进程

【思考】【实例 6-26】的命令执行完后，用户为什么被强制退出了？

6.4 进程启动与作业控制

进程启动与作业控制

通常将正在执行的一个或者多个相关进程称为一个作业（Job）。作业是用户向计算机提交任务的任务实体。而进程则是完成用户任务的执行实体，也是向系统申请资源分配的基本单位。作业通常是与终端相关的概念。用户通过终端启动一个进程，就生成了一个作业；该作业通常只在当前终端里有效。一个作业可以包含一个或者多个进程。用户通过作业控制可以将进程挂起，也可以在需要时恢复其运行。

6.4.1 进程的启动

启动进程主要有两种方式：手动启动和调度启动。对于初学者而言，手动启动是最常用的进程启动方式。用户通过在终端中输入要执行的程序来启动进程的过程，就是手动启动进程。调度启动则是事先设定任务运行时间，到达指定时间后，系统将会自动运行该任务。Linux 提供了 cron、at、batch 等自动化任务配置管理工具，用于进程的调度启动。

进程启动又可以分为前台启动和后台启动。前台启动是默认的启动方式。读者在前面章节中接触的多是前台启动。若在命令的最后添加“&”字符，则变为后台启动；此时，用户可以在当前终端中继续运行和处理其他程序，与后台启动进程互不干扰。

【实例 6-27】进程的前、后台启动。

启动进程时，将“&”字符加在一个命令的最后可以通过后台启动方式运行该命令。由于不方便截图，读者可以输入如下命令，自行比较两种启动方式的区别。

```
[zp@localhost ~]$ vi &    #后台启动
[zp@localhost ~]$ vi      #前台启动
```

6.4.2 进程的挂起

用过 Vi/Vim 的读者都有这样的经历：在 Shell 终端上执行 vim 命令后，整个 Shell 终端都被 vim 进程所占用。在 Linux 环境中，有大量此类进程存在，特别是在终端运行 GUI 程序时。一般情况下，除非将 GUI 程序关掉，否则终端会一直被占用。解决方案：一方面，可以通过在命令的最后面添加“&”字符，将此类进程放入后台运行，以避免其独占终端；另一方面，可以使用“Ctrl+Z”组合键，挂起当前的前台进程，待完成其他任务后，再恢复该进程。

【实例 6-28】将前台进程挂起。

执行如下命令。

```
[zp@localhost ~]$ vi
```

此时将打开 Vi 编辑器。我们在命令编辑界面输入一些数据，用于与后续实例中其他 vi 进程进行区分。执行效果如图 6-34 所示。

```
Hello, I'm zp.
Hello, I'm zp.
Hello, I'm zp.
```

图 6-34　打开 Vi 编辑器

一般情况下，vi 进程将独占整个终端。在未退出 vi 进程之前，无法进行其他操作。也就是说，此时读者不能在 Shell 中继续执行其他命令了，除非将该 vi 进程关掉。当使用 Vi 创建或者编辑一个文件时，如果需要用 Shell 执行别的操作，但是又不打算关闭 Vi，读者可以先使用“Esc”键退出编辑模式，然后使用“Ctrl+Z”组合键将 vi 进程挂起。结束了后续 Shell 操作之后，可以用 fg 命令继续运行 Vi 编辑文件。执行效果如图 6-35 所示。

```
[zp@localhost ~]$ vi

[1]+  已停止                 vi
[zp@localhost ~]$ jobs
[1]+  已停止                 vi
[zp@localhost ~]$ fg
vi

[1]+  已停止                 vi
```

图 6-35　将前台进程挂起

6.4.3 使用 jobs 命令显示任务状态

命令功能：Linux 下的 jobs 命令可用于显示任务状态。jobs 命令可以列出活动的任务。不带选项时，所有活动任务的状态都会显示。

命令语法：jobs [选项] [任务声明…]。

主要选项：该命令中，主要选项的含义如表 6-5 所示。

表 6-5　jobs 命令主要选项的含义

选项	选项含义	选项	选项含义
-l	在正常信息基础上列出 PID	-r	限制仅输出运行中的任务
-n	仅列出上次通告之后改变了状态的进程	-s	限制仅输出停止的任务
-p	仅列出 PID		

【实例 6-29】jobs 命令使用实例。

通过 jobs 命令可以显示后台进程。增加-l 选项还可以补充显示后台进程的 PID。本实例假定读者已经完成前面的实例，因此后台存在一个 vi 进程。执行如下命令。

```
[zp@localhost ~]$ jobs -l      #列出后台进程及 PID
[zp@localhost ~]$ vi           #开启一个新的 vi 进程
```

通过按“Ctrl+Z”组合键，将该vi进程挂起。接着，执行如下命令。

```
[zp@localhost ~]$ jobs -l  #列出后台进程及PID
```

首先，通过“jobs -l”命令可以发现此时已经存在一个PID为8542的vi进程。读者注意观察PID 8542前面编号1的旁边还有一个加号（+），接下来该加号的位置还会变化。执行效果如图6-36所示。

```
[zp@localhost ~]$ jobs -l
[1]+  8542 停止                 vi
[zp@localhost ~]$ vi

[2]+  已停止               vi
[zp@localhost ~]$ jobs -l
[1]-  8542 停止                 vi
[2]+  8592 停止                 vi
```

图6-36 jobs命令使用实例

接着，输入vi，开启一个新的vi进程。在vi命令编辑界面中输入几行文字“This is another vi job”，以与之前的vi进程加以区分，如图6-37所示。然后，通过“Ctrl+Z”组合键，将该vi进程挂起。最后，通过“jobs -l”命令，可以发现此时后台增加了一个新的vi进程，效果如图6-36所示。注意，这里有两个vi进程，第1个的PID是8542，对应的是【实例6-28】中的vi进程（正文内容对应“Hello,I'm zp.”）；第2个的PID是8592，对应的是刚才启动的vi进程（正文内容对应“This is another vi job”）。jobs命令执行的结果中，加号（+）表示的是一个当前的作业，减号（-）表示的是一个当前作业之后的一个作业。例如，8592前面的加号（+）表示该进程是当前进程。执行第3条命令后，8542前面是减号（-），进程的状态可以是running， stopped，terminated。如果进程被“杀死”了，Shell将从当前的Shell环境已知的列表中删除进程的PID。

```
This is another vi job
This is another vi job
This is another vi job
```

图6-37 打开新的vi进程

6.4.4 使用fg命令将任务移至前台

命令功能：fg [%N]命令将指定的任务N移至前台，其中“%”可以省略。N是通过jobs命令查到的后台任务编号（不是PID）。如果不指定任务编号，Shell环境中的“当前任务”将会被使用，也就是jobs命令查看结果中带加号（+）的任务。

【实例6-30】 fg命令使用实例。

本实例假定读者已经完成前面的实例，因此后台存在两个vi进程。首先查看后台进程。执行如下命令。

```
[zp@localhost ~]$ jobs -l #列出进程信息
```

执行效果如图6-38所示。

```
[zp@localhost ~]$ jobs -l
[1]-  8542 停止                 vi
[2]+  8592 停止                 vi
```

图6-38 查看后台进程

图6-38中显示8592前面有一个加号（+），表示该进程（PID为8592）是当前任务。如果此时直接执行fg命令，默认将该进程恢复到前台执行。而8542前面是减号（-），不是当前任务。其前面还有一个编号1。如果要指定将该进程恢复到前台执行，我们可以使用fg %1，或者fg 1。我们在不同vi进程的命令编辑界面输入了不同内容，读者很容易发现其区别。为了再次将vi进程挂起，读者在执行完以下fg命令后，还需要使用“Ctrl+Z”组合键。

```
[zp@localhost ~]$ fg            #默认将 PID 为 8592 的进程恢复到前台执行
[zp@localhost ~]$ fg 1          #将 PID 为 8542 的进程恢复到前台执行
[zp@localhost ~]$ fg 2          #将 PID 为 8592 的进程恢复到前台执行
```

执行效果如图 6-39 所示。读者会发现，上述命令执行过程中，加号“+”的位置实际上是变化的。

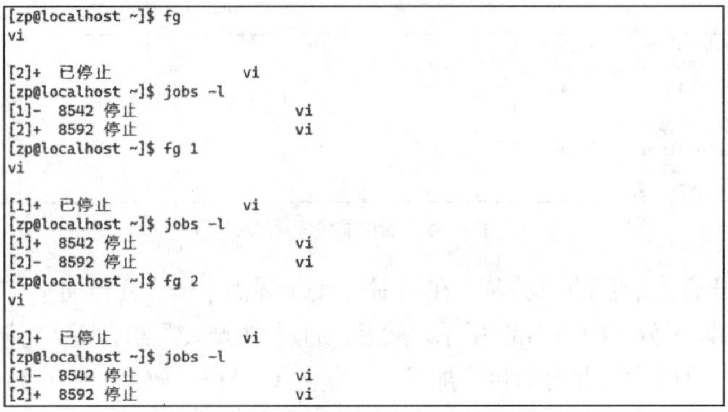

```
[zp@localhost ~]$ fg
vi

[2]+  已停止                vi
[zp@localhost ~]$ jobs -l
[1]-  8542 停止                 vi
[2]+  8592 停止                 vi
[zp@localhost ~]$ fg 1
vi

[1]+  已停止                vi
[zp@localhost ~]$ jobs -l
[1]+  8542 停止                 vi
[2]-  8592 停止                 vi
[zp@localhost ~]$ fg 2
vi

[2]+  已停止                vi
[zp@localhost ~]$ jobs -l
[1]-  8542 停止                 vi
[2]+  8592 停止                 vi
```

图 6-39　将进程恢复到前台执行

6.4.5 使用 bg 命令移动任务至后台

命令功能：使用 bg [%N]命令（百分号“%”可以省略）可以将选中的任务 N（不是 PID）移动至后台运行，就像它们是带“&”启动的一样。bg 命令会将一个在后台暂停的任务 N，变成继续执行的任务。如果后台中有多个任务，可以用 N 指定。如果 N 不存在，Shell 环境中的“当前任务”将会被使用。

【实例 6-31】bg 命令使用实例。

执行如下命令。

```
[zp@localhost ~]$ jobs -l
[zp@localhost ~]$ bg
[zp@localhost ~]$ jobs -l
[zp@localhost ~]$ bg %1
[zp@localhost ~]$ jobs -l
[zp@localhost ~]$ bg 2
[zp@localhost ~]$ jobs -l
```

执行效果如图 6-40 所示。

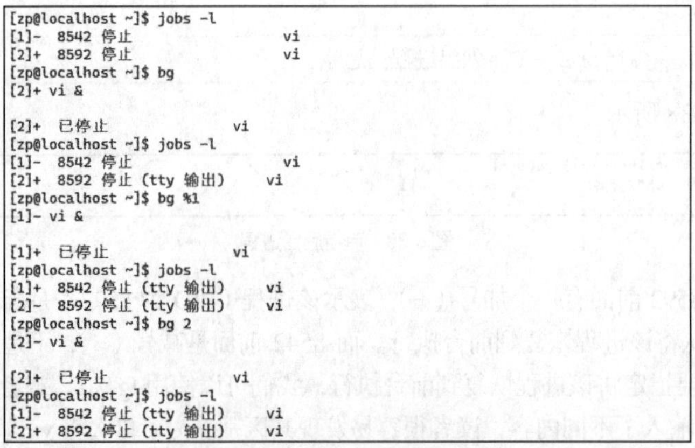

```
[zp@localhost ~]$ jobs -l
[1]-  8542 停止                 vi
[2]+  8592 停止                 vi
[zp@localhost ~]$ bg
[2]+ vi &

[2]+  已停止                vi
[zp@localhost ~]$ jobs -l
[1]-  8542 停止                 vi
[2]+  8592 停止 (tty 输出)      vi
[zp@localhost ~]$ bg %1
[1]- vi &

[1]+  已停止                vi
[zp@localhost ~]$ jobs -l
[1]+  8542 停止 (tty 输出)      vi
[2]-  8592 停止 (tty 输出)      vi
[zp@localhost ~]$ bg 2
[2]- vi &

[2]+  已停止                vi
[zp@localhost ~]$ jobs -l
[1]-  8542 停止 (tty 输出)      vi
[2]+  8592 停止 (tty 输出)      vi
```

图 6-40　bg 命令使用实例

【思考】挂起和后台运行是一回事吗？

6.5 综合案例：使用 ping 命令演示进程管理

6.5.1 案例概述

本章的内容有较大的难度。由于挂起的进程和后台运行的进程，读者都不能直接看到它们，因此看起来似乎差不多，但是它们是不一样的，后者仍然处于运行状态。一个挂起的进程可以使用 bg 命令将其恢复到后台运行。初学者学到这里通常已经被绕晕了，甚至认为，那些自己已经“听懂了”的感觉也有可能只是错觉。

本案例中，我们将通过一条常见的 ping 命令对进程管理综合实践进行演示，以帮助读者更好地理解这些技术细节。本案例主要内容包括如何在前台运行、后台运行、挂起等不同状态间进行切换等。

6.5.2 案例详解

1. 前台运行

注意本案例前后是连贯的，中途不要随意关闭终端。先看最常见的前台运行，执行如下命令。

```
[zp@localhost ~]$ ping 127.0.0.1
```

执行效果如图 6-41 所示。

```
[zp@localhost ~]$ ping 127.0.0.1
PING 127.0.0.1 (127.0.0.1) 56(84) 比特的数据。
64 比特，来自 127.0.0.1: icmp_seq=1 ttl=64 时间=0.170 毫秒
64 比特，来自 127.0.0.1: icmp_seq=2 ttl=64 时间=0.042 毫秒
64 比特，来自 127.0.0.1: icmp_seq=3 ttl=64 时间=0.049 毫秒
```

图 6-41 前台运行

2. 挂起

与 Windows 不同，Linux 下面的 ping 命令会一直执行，并且输出结果。读者使用“Ctrl+Z”组合键将该进程挂起，此时“整个世界”安静了。

读者可以查看该任务，它还存在。执行如下命令。

```
[zp@localhost ~]$ jobs
[zp@localhost ~]$ jobs -l
```

执行效果如图 6-42 所示。

```
[zp@localhost ~]$ ping 127.0.0.1
PING 127.0.0.1 (127.0.0.1) 56(84) 比特的数据。
64 比特，来自 127.0.0.1: icmp_seq=1 ttl=64 时间=0.055 毫秒
64 比特，来自 127.0.0.1: icmp_seq=2 ttl=64 时间=0.070 毫秒
64 比特，来自 127.0.0.1: icmp_seq=3 ttl=64 时间=0.111 毫秒
64 比特，来自 127.0.0.1: icmp_seq=4 ttl=64 时间=0.194 毫秒
^Z
[1]+  已停止               ping 127.0.0.1
[zp@localhost ~]$ jobs
[1]+  已停止               ping 127.0.0.1
[zp@localhost ~]$ jobs -l
[1]+  8984 停止                    ping 127.0.0.1
```

图 6-42 挂起状态

3．恢复到前台运行

接下来，读者将该任务恢复到前台运行。执行如下命令。

```
[zp@localhost ~]$ fg
```

执行效果如图 6-43 所示。注意，你没看错，与第 1 步的前台运行一样，它又恢复如初了。

当然，我们不会让它"嘚瑟"太久的。读者继续使用"Ctrl+Z"组合键（注意，不是"Ctrl+C"组合键）将该进程挂起。

```
[zp@localhost ~]$ fg
ping 127.0.0.1
64 比特，来自 127.0.0.1: icmp_seq=5 ttl=64 时间=0.048 毫秒
64 比特，来自 127.0.0.1: icmp_seq=6 ttl=64 时间=0.781 毫秒
64 比特，来自 127.0.0.1: icmp_seq=7 ttl=64 时间=0.089 毫秒
64 比特，来自 127.0.0.1: icmp_seq=8 ttl=64 时间=0.170 毫秒
^Z
[1]+  已停止               ping 127.0.0.1
```

图 6-43　恢复到前台运行

4．恢复到后台运行

读者请注意，第 3 步中，在恢复到前台运行不久，我们又将该进程挂起了。目前该进程处于挂起状态。读者可以先通过 jobs -l 命令进行验证，然后使用 bg 命令将其恢复到后台运行。执行如下命令。

```
[zp@localhost ~]$ jobs -l
[zp@localhost ~]$ bg
```

执行效果如图 6-44 所示。

```
[zp@localhost ~]$ jobs -l
[1]+  8984 停止               ping 127.0.0.1
[zp@localhost ~]$ bg
[1]+ ping 127.0.0.1 &
[zp@localhost ~]$ 64 比特，来自 127.0.0.1: icmp_seq=9 ttl=64 时间=0.045 毫秒
64 比特，来自 127.0.0.1: icmp_seq=10 ttl=64 时间=0.063 毫秒
64 比特，来自 127.0.0.1: icmp_seq=11 ttl=64 时间=0.061 毫秒
64 比特，来自 127.0.0.1: icmp_seq=12 ttl=64 时间=4.18 毫秒
64 比特，来自 127.0.0.1: icmp_seq=13 ttl=64 时间=0.084 毫秒
64 比特，来自 127.0.0.1: icmp_seq=14 ttl=64 时间=0.088 毫秒
64 比特，来自 127.0.0.1: icmp_seq=15 ttl=64 时间=0.042 毫秒
64 比特，来自 127.0.0.1: icmp_seq=16 ttl=64 时间=0.117 毫秒
64 比特，来自 127.0.0.1: icmp_seq=17 ttl=64 时间=0.050 毫秒
^C
[zp@localhost ~]$ ^C
[zp@localhost ~]$ 64 比特，来自 127.0.0.1: icmp_seq=18 ttl=64 时间=0.042 毫秒
^C
[zp@localhost ~]$ 64 比特，来自 127.0.0.1: icmp_seq=19 ttl=64 时间=0.050 毫秒
64 比特，来自 127.0.0.1: icmp_seq=20 ttl=64 时间=0.060 毫秒
64 比特，来自 127.0.0.1: icmp_seq=21 ttl=64 时间=0.042 毫秒
```

图 6-44　恢复到后台运行

读者看到区别了吧！通过 bg 命令，它又活过来了，看起来跟前台运行还是一样的。

【思考】后台运行和前台运行真的是一样的吗？

在图 6-44 中，我们使用了"Ctrl+C"组合键，大家学会"Ctrl+C"这条命令了吗？试试看，真正的"牛皮糖"出现了。

编者可以保证，在第 1 步的状态下，"Ctrl+C"是有效的。那么关键是，当前这个"牛皮糖"如何摆脱？读者不会是关机重启了吧？其实没那么复杂，把终端窗口一关，重新打开就可以了。那么有没有关闭终端窗口，仍然搞不定的"牛皮糖"呢？答案是肯定的，在 6.6 节的案例中，读者就可以见识到。

5．后台运行

这次直接在后台运行。执行如下命令。

```
[zp@localhost ~]$ ping 127.0.0.1 &
```

执行效果如图6-45所示。我们可爱的“牛皮糖”又出来了，其效果跟第4步见到的是完全相似的。这次别为了“干掉”这个进程而关机了，记住关闭终端就可以了。

```
[zp@localhost ~]$ PING 127.0.0.1 (127.0.0.1) 56(84) 比特的数据.
64 比特，来自 127.0.0.1: icmp_seq=1 ttl=64 时间=0.063 毫秒
64 比特，来自 127.0.0.1: icmp_seq=2 ttl=64 时间=0.174 毫秒
64 比特，来自 127.0.0.1: icmp_seq=3 ttl=64 时间=0.102 毫秒
64 比特，来自 127.0.0.1: icmp_seq=4 ttl=64 时间=0.082 毫秒
64 比特，来自 127.0.0.1: icmp_seq=5 ttl=64 时间=0.076 毫秒
^C
[zp@localhost ~]$ ^C
[zp@localhost ~]$ ^C
[zp@localhost ~]$ 64 比特，来自 127.0.0.1: icmp_seq=6 ttl=64 时间=0.049 毫秒
64 比特，来自 127.0.0.1: icmp_seq=7 ttl=64 时间=0.042 毫秒
^C
[zp@localhost ~]$ ^C
[zp@localhost ~]$ ^C
[zp@localhost ~]$ 64 比特，来自 127.0.0.1: icmp_seq=8 ttl=64 时间=0.043 毫秒
64 比特，来自 127.0.0.1: icmp_seq=9 ttl=64 时间=0.135 毫秒
64 比特，来自 127.0.0.1: icmp_seq=10 ttl=64 时间=0.094 毫秒
64 比特，来自 127.0.0.1: icmp_seq=11 ttl=64 时间=0.055 毫秒
```

图6-45 直接在后台运行

6.6 综合案例：演示如何将进程移动到后台并脱离终端运行

6.6.1 案例概述

综合案例：演示如何将进程移动到后台并脱离终端运行

一般情况下，通过终端启动进程后，该进程与终端是关联的。一旦当前终端关闭或者连接断开，该终端运行的命令也将自动中断。本案例中，我们将演示如何打破这一限制。首先，我们将演示如何将进程移动到后台并脱离终端运行。然后，在重新连接后，通过进程管理命令找出该后台运行进程，查看其记录信息，并对该进程进行管理和维护。

6.6.2 案例详解

首先，我们运行如下一条常见的网络管理命令。关闭终端后，该命令也会结束执行。执行如下命令。

```
[zp@localhost ~]$ ping www.kernel.org
```

执行效果如图6-46所示。

```
[zp@localhost ~]$ ping www.kernel.org
PING sin.source.kernel.org (145.40.73.55) 56(84) 比特的数据.
64 比特，来自 sin.source.kernel.org (145.40.73.55): icmp_seq=1 ttl=128 时间=388 毫秒
64 比特，来自 sin.source.kernel.org (145.40.73.55): icmp_seq=2 ttl=128 时间=394 毫秒
64 比特，来自 sin.source.kernel.org (145.40.73.55): icmp_seq=3 ttl=128 时间=398 毫秒
64 比特，来自 sin.source.kernel.org (145.40.73.55): icmp_seq=4 ttl=128 时间=396 毫
64 比特，来自 sin.source.kernel.org (145.40.73.55): icmp_seq=5 ttl=128 时间=396 毫秒
64 比特，来自 sin.source.kernel.org (145.40.73.55): icmp_seq=6 ttl=128 时间=383 毫秒
64 比特，来自 sin.source.kernel.org (145.40.73.55): icmp_seq=7 ttl=128 时间=459 毫秒
64 比特，来自 sin.source.kernel.org (145.40.73.55): icmp_seq=8 ttl=128 时间=379 毫秒
64 比特，来自 sin.source.kernel.org (145.40.73.55): icmp_seq=9 ttl=128 时间=381 毫秒
```

图6-46 执行ping命令

执行如下命令。

```
[zp@localhost ~]$ ping www.kernel.org &
```

回忆一下前面的内容，此时该进程是直接在后台运行的，并且像一块“牛皮糖”一样，“Ctrl+C”组合键都拿它没辙。但是，万幸的是，我们只要关闭当前终端，它就结束了。

如果我们希望这个“牛皮糖”更厉害一点，也就是，即便我们关闭了当前终端，它也能够持续执行这条命令，那么可以执行如下命令。

```
[zp@localhost ~]$ nohup ping www.kernel.org &
```

我们在原有命令前添加了一个新的命令 nohup。它可以让进程忽略 hangup（hup）信号，使得命令继续执行下去，而与用户当前终端没有关系。即使我们关闭终端或者终端连接断开，也不会影响其运行。实际操作中，nohup 命令通常与后台启动控制字符“&”组合使用。

该命令执行后，我们并没有看到类似前面 ping 命令的输出结果。这是因为它在当前路径下生成日志文件 nohup.out，ping 命令的输出结果将添加到该文件中。

读者可以通过 ls 命令证实 nohup.out 文件的存在，还可以通过 jobs 命令证实该后台进程的存在。执行如下命令。

```
[zp@localhost ~]$ ls nohup.out
[zp@localhost ~]$ jobs
```

执行效果如图 6-47 所示。

```
[zp@localhost ~]$ nohup ping www.kernel.org &
[1] 9436
[zp@localhost ~]$ nohup: 忽略输入并把输出追加到'nohup.out'

[zp@localhost ~]$ ls nohup.out
nohup.out
[zp@localhost ~]$ jobs
[1]+  运行中               nohup ping www.kernel.org &
```

图 6-47　使用 nohup 执行 ping 命令

文件 nohup.out 的内容会持续增加，而新的信息被添加在文件的结尾，因此我们可以通过 tail 命令查看其最新的信息。执行如下命令。

```
[zp@localhost ~]$ tail nohup.out
```

执行效果如图 6-48 所示。

```
[zp@localhost ~]$ tail nohup.out
64 比特，来自 sin.source.kernel.org (145.40.73.55): icmp_seq=46 ttl=128 时间=413 毫秒
64 比特，来自 sin.source.kernel.org (145.40.73.55): icmp_seq=47 ttl=128 时间=391 毫秒
64 比特，来自 sin.source.kernel.org (145.40.73.55): icmp_seq=48 ttl=128 时间=392 毫秒
64 比特，来自 sin.source.kernel.org (145.40.73.55): icmp_seq=49 ttl=128 时间=406 毫秒
64 比特，来自 sin.source.kernel.org (145.40.73.55): icmp_seq=50 ttl=128 时间=390 毫秒
64 比特，来自 sin.source.kernel.org (145.40.73.55): icmp_seq=51 ttl=128 时间=402 毫秒
64 比特，来自 sin.source.kernel.org (145.40.73.55): icmp_seq=52 ttl=128 时间=384 毫秒
64 比特，来自 sin.source.kernel.org (145.40.73.55): icmp_seq=53 ttl=128 时间=398 毫秒
64 比特，来自 sin.source.kernel.org (145.40.73.55): icmp_seq=54 ttl=128 时间=398 毫秒
64 比特，来自 sin.source.kernel.org (145.40.73.55): icmp_seq=55 ttl=128 时间=395 毫秒
[zp@localhost ~]$
```

图 6-48　查看文件 nohup.out 的内容

为了验证 nohup 的作用，我们先关闭当前连接（远程登录用户），或者关闭当前 Shell 终端（本地登录用户）。等待一段时间后，重新远程连接登录或者本地打开 Shell 终端，然后重新使用 tail 命令查看 nohup.out 文件的内容。执行如下命令。

```
[zp@localhost ~]$ tail nohup.out -f
```

执行效果如图 6-49 所示。注意，上面命令增加了“-f”选项。

注意观察 icmp_seq 的变化。根据 icmp_seq 的值不难发现，该进程一直在后台运行。

```
[zp@localhost ~]$ tail nohup.out -f
64 比特，来自 sin.source.kernel.org (145.40.73.55): icmp_seq=139 ttl=128 时间=404 毫秒
64 比特，来自 sin.source.kernel.org (145.40.73.55): icmp_seq=140 ttl=128 时间=408 毫秒
64 比特，来自 sin.source.kernel.org (145.40.73.55): icmp_seq=141 ttl=128 时间=406 毫秒
64 比特，来自 sin.source.kernel.org (145.40.73.55): icmp_seq=142 ttl=128 时间=395 毫秒
64 比特，来自 sin.source.kernel.org (145.40.73.55): icmp_seq=143 ttl=128 时间=391 毫秒
64 比特，来自 sin.source.kernel.org (145.40.73.55): icmp_seq=144 ttl=128 时间=400 毫秒
64 比特，来自 sin.source.kernel.org (145.40.73.55): icmp_seq=145 ttl=128 时间=426 毫秒
64 比特，来自 sin.source.kernel.org (145.40.73.55): icmp_seq=146 ttl=128 时间=398 毫秒
64 比特，来自 sin.source.kernel.org (145.40.73.55): icmp_seq=147 ttl=128 时间=388 毫秒
64 比特，来自 sin.source.kernel.org (145.40.73.55): icmp_seq=148 ttl=128 时间=407 毫秒
64 比特，来自 sin.source.kernel.org (145.40.73.55): icmp_seq=150 ttl=128 时间=466 毫秒
64 比特，来自 sin.source.kernel.org (145.40.73.55): icmp_seq=151 ttl=128 时间=399 毫秒
```

图 6-49　查看文件 nohup.out 的内容变化

那么问题来了，难道就让它一直执行吗？试试使用“Ctrl+C”，很开心吧，此时图6-49所示内容不动了。但是，真的是这样的吗？编者怎么觉得它在说：“我还会回来的！”。要不要再试试下面的命令？

```
[zp@localhost ~]$ tail nohup.out -f
```

它怎么又出现了？更恐怖的是，再次连接后，使用以下jobs命令也不能看到该进程信息。不信，读者可以试试。

```
[zp@localhost ~]$ jobs -l
```

其实“干掉”它也没那么难。可以通过ps、pidof等命令找出该进程，然后通过kill、killall等命令结束该进程。执行如下命令。

```
[zp@localhost ~]$ ps -ef |grep ping
[zp@localhost ~]$ pidof ping
[zp@localhost ~]$ killall -9 ping
[zp@localhost ~]$ pidof ping
```

执行效果如图6-50所示。

```
[zp@localhost ~]$ ps -ef |grep ping
gdm       7643  7507  0 08:54 tty1     00:00:00 /usr/libexec/gsd-housekeeping
zp        8984     1  0 10:26 ?        00:00:00 ping 127.0.0.1
zp        9306     1  0 11:04 ?        00:00:00 ping 127.0.0.1
zp        9436     1  0 11:16 ?        00:00:00 ping www.kernel.org
zp        9565  9491  0 11:25 pts/2    00:00:00 grep --color=auto ping
[zp@localhost ~]$ pidof ping
9436 9306 8984
[zp@localhost ~]$ killall -9 ping
[zp@localhost ~]$ pidof ping
```

图6-50 通过killall命令结束该进程

【思考】图6-50中怎么有4个ping？

习题6

1. 简述进程的分类。
2. PID是什么？如何查看进程的PID？
3. 如何向进程发送信号？如何结束进程？
4. 如何调整进程的优先级？
5. 常见的进程启动方式有哪些？
6. 使用top命令监测进程运行状态。

实训6

1. 完成以下进程状态监测实践：（1）ps命令与不同选项的结合；（2）ps命令与less和more命令的结合；（3）ps命令和grep命令的结合；（4）使用top命令监测指定进程信息。

2. 完成以下进程状态控制实践：（1）创建进程；（2）调整进程优先级；（3）结束进程。

知识概览

第 7 章　软件包与网络服务管理
第 8 章　Shell 编程
第 9 章　Linux C 编程

内容导读

Linux 操作系统历史悠久，应用场景广泛。Linux 网络服务管理和 Linux 开发是其中具有代表性的应用场景。不论是管理人员还是系统开发人员或者其他用户，都有必要了解相关理论和实践技巧。Linux 用户日常工作中经常会涉及软件包管理和网络服务管理。

本篇将从软件包与网络服务管理、Shell 编程、Linux C 编程这 3 个方面展开介绍。通过学习本篇的内容，读者可以掌握软件包管理基础知识、网络服务管理实践技巧、Shell 的基本语法规则和进阶技能、在 Linux 环境下进行 C 语言编程的常用工具和流程等。

第7章 软件包与网络服务管理

软件包的安装、升级、卸载等工作被称为软件包管理。无论是对系统管理员还是对开发人员而言，软件包管理技能都是至关重要的技能。网络服务管理是 Linux 极为重要的应用场景之一。本章将软件包管理与网络服务管理进行整合，介绍软件包管理技术在网络服务安装和配置这一具体场景中的应用，以帮助读者掌握 Linux 环境下软件包和网络服务管理的基本方法与技巧。

科技自立自强

国产软件的 Linux 版本

许多国产软件都提供 Linux 版本，例如 WPS Office、网易云音乐、有道词典、腾讯 QQ、360 浏览器、搜狗输入法等。

7.1 软件包管理概述

软件包管理概述

7.1.1 软件包

软件包（Software Package）是指具有特定的功能、用来完成特定任务的一个程序或一组程序。软件包通常是一个存档文件，它包含已编译的二进制文件、库文件、配置文件、帮助文件和安装脚本等资源。软件包这一概念最早出现于 20 世纪 60 年代。IBM 公司将 IBM 1400 系列上的应用程序库改造成更灵活易用的软件包。Informatics 公司根据用户需求，以软件包的形式设计并开发了流程图自动生成软件。20 世纪 60 年代晚期，软件开始从计算机操作系统中分离出来，软件包这一术语开始广泛使用。软件包通常由一个配置文件和若干个可选部件构成，其既能以源码形式存在，又能以目标码形式存在。通用的软件包根据一些共性需求开发。专用的软件包则是开发人员根据用户的具体需求定制的，可以为满足其特殊需求进行修改或变更。

7.1.2 软件包安装方式

Linux 操作系统发展早期，存在许多以源码压缩包形式提供的软件包，用户在安装前需要进行编译。对于开源的软件，用户可以直接下载源码进行安装。但直接通过源码编译方式安装软件的操作难度非常高，并不适合普通用户和日常应用场景。

软件包管理是 Linux 操作系统管理的重要组成部分。软件包管理工具为在操作系统中安装、升级、卸载软件及查询软件状态信息等提供了必要的支持。不同的 Linux 发行版所提供的软件包管理工具并不完全相同。在 GNU/Linux 操作系统中，RPM（Red Hat Package Manager）

和 DPKG（Debian Packager）是较为常见的两类软件包管理工具。RPM 工具所管理的软件包通常以.rpm 为扩展名，我们可以使用 rpm 命令或者其他包管理工具对其进行操作。CentOS、Fedora、RHEL、CentOS Stream 及相关衍生产品通常使用 RPM 工具来管理软件包。DPKG 工具所管理的软件包通常以.deb 为扩展名，我们可以使用 dpkg 命令来对其进行管理。基于 DPKG 工具进行软件包管理的 Linux 发行版主要包括 Debian、Ubuntu 及其衍生产品。

目前，绝大多数 Linux 发行版都提供了基于软件包存储库的安装方式。该安装方式使用中心化的机制来搜索和安装软件。软件存放在存储库中，并通过软件包的形式进行分发。软件包存储库有助于确保用户系统中使用的软件是经过审查的，并且软件的安装版本已经得到了开发人员和包维护人员的认可。软件包对于 Linux 发行版的用户来说是一笔巨大的财富。存储库中可能并未收集某个开源软件，或者存储库中所收集的软件包并不是最新的，此时既可以直接下载官方提供的二进制软件包进行安装，也可以使用源码编译后安装。

软件包通常不是孤立存在的，不同的软件包之间存在较强的依赖关系。为自动处理管理过程中软件包之间的依赖关系，提高软件安装和配置的效率，Debian、Ubuntu 等系统中使用 APT（Advanced Packaging Tool）进行软件包安装管理。APT 提供了大多数常见的操作命令，如搜索存储库、安装软件包及其依赖项、管理升级等。APT 包管理工具作为底层 DPKG 的前端，提供了一个简洁统一的接口，使用的频率更高。

YUM（Yellow dog Updater, Modified）是另一个常用的软件包管理工具，广泛应用于 Red Hat 系列产品及其衍生发行版中。YUM 基于 RPM 进行软件包管理，但 YUM 比 RPM 更为方便。YUM 能够从指定的存储库中自动下载软件包，并自动进行安装。YUM 能够自动处理包与包之间的依赖关系，且能够自动下载并安装所有依赖的软件包，无须用户干预。在 CentOS 中，通过 YUM 来与单独的包文件和存储库进行交互。在最新的 Fedora、RHEL、CentOS Stream 中，YUM 已经被 DNF（Dandified YUM）取代，但 DNF 保留了 YUM 大部分接口。

7.2 软件包管理工具

软件包管理工具

7.2.1 RPM

RPM 是 Red Hat 公司提出的软件包管理标准。它遵循 GPL 协议且功能强大，被广泛应用于许多不同的 Linux 发行版中。RPM 所安装和管理的软件包的扩展名为“.rpm”。使用 RPM 可以完成软件包查询、安装、卸载、更新、校验等任务。RPM 软件包管理工具中的核心命令为 rpm。

目前而言，RPM 的应用范围相对有限。使用 RPM 进行软件包管理，依然存在不便。它不能自动解决软件包之间的依赖关系，一般适用于不需要考虑依赖关系的简单情形。

【实例 7-1】 RPM 查询功能实践。

下面通过一个与查询相关的实例对 RPM 的部分功能进行演示。执行如下命令。

```
[zp@localhost ~]$ vim &
[zp@localhost ~]$ rpm -q vim
[zp@localhost ~]$ rpm -q vim-enhanced
[zp@localhost ~]$ rpm -qa | grep vim
```

执行效果如图 7-1 所示。第 1 条命令能够正确执行，说明当前系统里面已经安装了 Vim 软件包。第 2 条命令却显示没有安装，这是因为命令的名称与软件包名称并不一定完全一致，这也体现了该查询方式的弊端。第 3 条命令由于使用了正确的软件包名称，因此查询成功。第 4 条命令查找所有安装过的包含某个字符串的 Vim 软件包。图 7-1 中，最后一条命令列出了所有匹配结果。与前两条命令中的查询方法不同，参数中给出的字符串并不一定是软件包名称。例如，对于 MySQL 软件包，我们可以直接以 sql 作为参数。

```
[zp@localhost ~]$ vim &
[3] 51783
[zp@localhost ~]$ rpm -q vim
未安装软件包 vim

[3]+  已停止               vim
[zp@localhost ~]$ rpm -q vim-enhanced
vim-enhanced-8.2.2637-15.el9.x86_64
[zp@localhost ~]$ rpm -qa | grep vim
vim-filesystem-8.2.2637-15.el9.noarch
vim-common-8.2.2637-15.el9.x86_64
```

图 7-1　RPM 查询功能实践

接下来，通过 rpm 命令查看软件包或者某个程序文件的更详细信息。执行如下命令。

```
[zp@localhost ~]$ rpm -ql vim-enhanced
[zp@localhost ~]$ rpm -qf /usr/bin/vim
[zp@localhost ~]$ rpm -qfi /usr/bin/vim
[zp@localhost ~]$ rpm -qfl /usr/bin/vim
```

执行效果如图 7-2 所示。第 1 条命令查看某个软件包的文件的具体安装位置。第 2 条命令查看某个程序是由哪个软件包安装的。第 3 条命令通过某个程序查看与之相关的软件包更详细的信息。第 4 条命令返回相关软件包的文件列表，其执行效果与第 1 条命令的执行效果基本相同。限于篇幅，这里没有截取第 4 条命令的相关图片。

```
[zp@localhost ~]$ rpm -ql vim-enhanced
/usr/bin/rvim
/usr/bin/vim
/usr/bin/vimdiff
/usr/bin/vimtutor
/usr/lib/.build-id
/usr/lib/.build-id/76
/usr/lib/.build-id/76/1014238cc7094b6a7920968ae9de32a03cb262
[zp@localhost ~]$ rpm -qf /usr/bin/vim
vim-enhanced-8.2.2637-15.el9.x86_64
[zp@localhost ~]$ rpm -qfi /usr/bin/vim
Name        : vim-enhanced
Epoch       : 2
Version     : 8.2.2637
Release     : 15.el9
Architecture: x86_64
Install Date: 2022年03月26日 星期六 17时51分36秒
```

图 7-2　通过 rpm 命令查看更详细信息

其实，如果想知道可执行文件放到哪里去了，通常可以使用 which 命令或者 whereis 命令。通过 which 命令与 rpm 命令的组合，我们同样可以实现上述几条命令的功能。执行如下命令。

```
[zp@localhost ~]$ which vim
[zp@localhost ~]$ rpm -qf `which vim`
[zp@localhost ~]$ rpm -qif `which vim`
[zp@localhost ~]$ rpm -qlf `which vim`
```

执行效果如图 7-3 所示。注意，上面命令中，“`”不是单引号，它是键盘左上角位于 Esc 键下面的那个键，我们在第 8 章“Shell 编程”中将会对其进行介绍。第 2 条命令返回软件包的全名。第 3 条命令返回软件包的有关信息。第 4 条命令返回软件包的文件列表，限于篇幅，这里没有截取第 4 条命令的相关图片。

```
[zp@localhost ~]$ which vim
/usr/bin/vim
[zp@localhost ~]$ rpm -qf `which vim`
vim-enhanced-8.2.2637-15.el9.x86_64
[zp@localhost ~]$ rpm -qif `which vim`
Name        : vim-enhanced
Epoch       : 2
Version     : 8.2.2637
Release     : 15.el9
Architecture: x86_64
Install Date: 2022年03月26日 星期六 17时51分36秒
```

图 7-3 rpm 命令与其他命令综合应用

7.2.2 YUM

YUM 是另一个常用的软件包管理工具，其核心命令是 yum，它可以支持软件包查找、安装、删除等常用操作，其常用功能如表 7-1 所示。使用 yum 命令进行软件包安装时，它能够自动进行依赖分析，从指定安装源上下载 RPM 包，然后依次安装软件包及一系列依赖包，并最终完成目标软件包的安装。

表 7-1 yum 命令常用功能

命令	功能
yum install -y <packet name>	安装软件包
yum search <packet name>	搜索软件包
yum info <packet name>	查看软件包的详细信息
yum remove <packet name>	卸载软件包
yum update <packet name>	更新软件包，会保留旧的软件包
yum upgrade <packet name>	升级软件包，会删除旧的软件包
yum check-update	查看可更新的软件包
yum deplist	查看依赖关系
yum list installed	查看已安装的软件包
yum list all	查看所有软件包
yum repolist	列出仓库信息
yum clean packets	删除缓存目录下的所有软件包
yum clean all	等同于 yum clean packets 命令加删除其他头文件

在 Linux 中，经常使用 yum 命令来进行软件包的安装、更新与卸载。我们会发现，在使用 yum 命令的时候，通常有下面两种命令模式：

- yum install xxx；
- yum install -y xxx。

它们的差别在于前者在安装过程中，会暂停并询问用户，由用户输入“y”或者“n”。后者则是将 -y 直接以选项的方式附在命令上，对所有提问都回答“yes”。此类选项较多，有兴趣的读者可以自行研究。

尽管未来 YUM 极有可能被 DNF 取代，但这并不妨碍 YUM 是目前应用最为广泛的包管理工具之一。目前绝大多数网络资料和教材中介绍的也仍然是 YUM。

限于篇幅，我们将 yum 命令的应用案例与本章后面将要介绍的网络服务管理进行了整合。读者请通过本章后续的综合案例，学习 yum 命令的用法。

7.2.3 DNF

DNF 是新一代的 RPM 软件包管理工具，它可以用于进行软件包安装、更新和删除等操作。DNF 是 YUM 的升级版。引入 DNF 是为了解决 YUM 工具长期以来存在的一些瓶颈，如性能差、占用内存多、依赖分析、运行速度慢等问题。与 YUM 相同，DNF 也基于 RPM，适用于 Red Hat 系列 Linux 发行版及衍生版。DNF 最早出现在 Fedora 18 中，并成功取代了 YUM，成为 Fedora 22 的正式包管理器。自 CentOS 8 开始，CentOS 正式启用 DNF 作为系统的软件包管理工具。

DNF 工具常用选项与 YUM 工具的基本一致，读者并不需要额外记忆 DNF 工具的用法，只需要将前述 yum 命令中的 yum 替换成 dnf，即可完成相应的功能。为了保持对早期系统的兼容，在本书后续实例中，我们主要采用 YUM。有兴趣的读者可以自行尝试使用 DNF。

【实例 7-2】安装 DNF。

CentOS Stream 9 中已经安装 DNF，采用这种系统的读者可以直接跳过本实例。

在 RHEL 7 或 CentOS 7 及更早期的操作系统中，默认并未安装 DNF。此时，可以按照如下方式自行安装 DNF。

（1）启用 epel-release 依赖。

执行如下命令。

```
[zp@localhost ~]$ yum install epel-release -y
```

（2）使用 yum 命令安装 DNF 包。

执行如下命令。

```
[zp@localhost ~]$ yum install dnf
```

（3）验证是否安装成功。

通过查看 DNF 版本，间接验证 DNF 是否被成功地安装到操作系统中。执行如下命令。

```
[zp@localhost ~]$ dnf -version
```

知识扩展

什么是 EPEL？

EPEL 的全称是 Extra Packages for Enterprise Linux。EPEL 是由 Fedora 社区打造的为 RHEL 及衍生发行版提供高质量软件包的项目。RHEL 官方 RPM 存储库所提供的 RPM 包版本比较滞后，提供的包种类也不够丰富，很多流行的库并不存在。EPEL 的出现，相当于添加了一个第三方源。

7.3 网络服务管理基础

网络服务管理基础

事实上 Linux 已经成为服务器操作系统中的“霸主”。许多传统教材通常将 Linux 网络服务管理作为重点内容进行介绍。

Linux 中与网络相关的命令众多，限于篇幅，本书仅介绍几个常见的或者在本书其他章节可能会用到的与网络相关命令。

7.3.1 显示或配置网卡命令 ifconfig

命令功能：ifconfig 命令被用于显示或配置 Linux 内核中网卡的网络参数。需要注意的是，用 ifconfig 命令配置的网卡信息，在网卡重启后就不存在了。如果需要永久更改上述配置信息，则需要修改网卡的配置文件。

【实例 7-3】 ifconfig 命令的使用。

执行如下命令。

```
[zp@localhost ~]$ ifconfig
```

执行效果如图 7-4 所示。图 7-4 中输出结果主要包括两个段落，分别以 ens33 和 lo 作为标志。此处的 ens33 代表的是网卡。网卡的代码样式与网卡的来源和类型有关，读者在自己的机器上也有可能会看到 eth0、eth1、eth2、wifi0 等字样的网卡代码。lo 代表本地环回网络。使用 ifconfig 命令可以查看 IP 地址、网卡物理地址等信息。例如，本机当前的 IP 地址为 192.168.184.129。在后续的综合案例中，我们可以使用该地址访问本机提供的 FTP、SAMBA 等服务。读者的 IP 地址通常与编者的不同，请在后续实例中将其替换成自己的 IP 地址。读者和编者的环回地址是相同的，都是 127.0.0.1。读者如果在本机上访问本机提供的各项网络服务，也可以直接使用 127.0.0.1 这一地址。

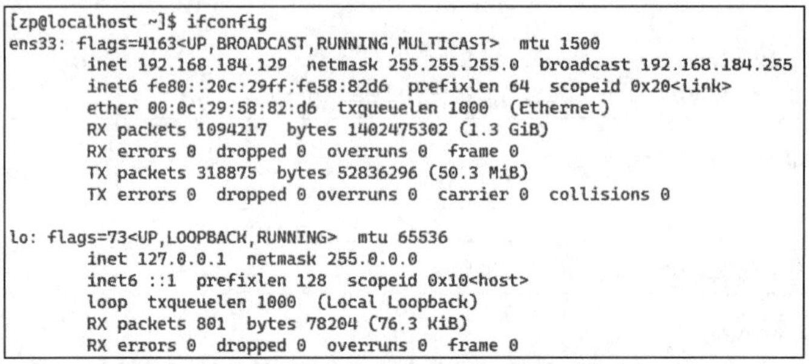

```
[zp@localhost ~]$ ifconfig
ens33: flags=4163<UP,BROADCAST,RUNNING,MULTICAST>  mtu 1500
        inet 192.168.184.129  netmask 255.255.255.0  broadcast 192.168.184.255
        inet6 fe80::20c:29ff:fe58:82d6  prefixlen 64  scopeid 0x20<link>
        ether 00:0c:29:58:82:d6  txqueuelen 1000  (Ethernet)
        RX packets 1094217  bytes 1402475302 (1.3 GiB)
        RX errors 0  dropped 0  overruns 0  frame 0
        TX packets 318875  bytes 52836296 (50.3 MiB)
        TX errors 0  dropped 0 overruns 0  carrier 0  collisions 0

lo: flags=73<UP,LOOPBACK,RUNNING>  mtu 65536
        inet 127.0.0.1  netmask 255.0.0.0
        inet6 ::1  prefixlen 128  scopeid 0x10<host>
        loop  txqueuelen 1000  (Local Loopback)
        RX packets 801  bytes 78204 (76.3 KiB)
        RX errors 0  dropped 0  overruns 0  frame 0
```

图 7-4 ifconfig 命令的使用

7.3.2 因特网包探索器 ping

ping（packet Internet groper）是一种因特网包探索器，是用于测试网络连接量的程序。ping 是工作在 TCP/IP 网络体系结构中的应用层的一个服务命令，主要是向特定的目的主机发送 ICMP（Internet Control Message Protocol，因特网控制报文协议）Echo 请求报文，测试目标地址是否可达并了解其有关状态。

【实例 7-4】 ping 命令的使用。

执行如下命令。

```
[zp@localhost ~]$ ping 127.0.0.1
[zp@localhost ~]$ ping www.centos.org
```

执行效果分别如图 7-5 和图 7-6 所示。第 1 条命令的参数是 IP 地址，这是本地的环回地址。第 2 条命令的参数是一个域名地址。对于 ping 命令的输出结果，我们一般比较关注丢包情况和时延情况。本实例中，127.0.0.1 是本地地址，www.centos.org 是网络地址，显然前者的时延要远远小于后者，图 7-5 和图 7-6 中的输出结果也证实了这一判断。

```
[zp@localhost ~]$ ping 127.0.0.1
PING 127.0.0.1 (127.0.0.1) 56(84) 比特的数据。
64 比特，来自 127.0.0.1: icmp_seq=1 ttl=64 时间=48.7 毫秒
64 比特，来自 127.0.0.1: icmp_seq=2 ttl=64 时间=0.147 毫秒
```

图7-5 ping命令的使用1

```
[zp@localhost ~]$ ping www.centos.org
PING www.centos.org (81.171.33.201) 56(84) 比特的数据。
64 比特，来自 ip-81.171.33.201.centos.org (81.171.33.201): icmp_seq=1 ttl=128 时
间=211 毫秒
64 比特，来自 ip-81.171.33.201.centos.org (81.171.33.201): icmp_seq=2 ttl=128 时
```

图7-6 ping命令的使用2

7.3.3 查看网络连接情况命令 lsof 和 netstat

lsof（list open files）在第6章“进程管理”已经介绍。lsof是一个显示系统当前打开文件的命令。Linux系统的应用程序都会有自己的文件描述符，通过文件描述符与操作系统进行交互。通过lsof也可以查看本机网络连接情况。

【实例7-5】lsof命令的使用。

执行如下命令。

```
[zp@localhost ~]$ lsof -i
```

执行效果如图7-7所示。该命令可以查看当前用户的网络连接情况。输出信息包含9列，对应9个字段，它们的含义如表7-2所示。

```
[zp@localhost ~]$ lsof -i
COMMAND     PID USER   FD   TYPE DEVICE SIZE/OFF NODE NAME
firefox   42036   zp   3u  IPv4 288037      0t0  TCP localhost.localdoma
in:46480->ec2-54-191-222-112.us-west-2.compute.amazonaws.com:https (ESTAB
LISHED)
rootlessp 49711   zp  11u  IPv6 207575      0t0  TCP *:mysql (LISTEN)
```

图7-7 lsof命令的使用

表7-2 网络连接情况相关字段的含义

字段	COMMAND	PID	USER	FD	TYPE	DEVICE	SIZE/OFF	NODE	NAME
含义	进程名称	进程号	用户	文件描述符	类型	指定磁盘名称	文件大小	文件在磁盘上的标识	文件名称

读者也可以指定查看特定类型（例如TCP、UDP）的网络连接情况。

执行如下命令。

```
[zp@localhost ~]$ sudo lsof -i tcp
```

执行效果如图7-8所示。该命令查看所有用户的TCP连接情况，感兴趣的读者可以将tcp替换成udp。

```
[zp@localhost ~]$ sudo lsof -i tcp
COMMAND     PID USER   FD   TYPE DEVICE SIZE/OFF NODE NAME
cupsd       958 root   6u  IPv6  24322      0t0  TCP localhost:ipp (LIST
EN)
cupsd       958 root   7u  IPv4  24323      0t0  TCP localhost:ipp (LIST
EN)
sshd        959 root   3u  IPv4  24305      0t0  TCP *:ssh (LISTEN)
```

图7-8 查看特定类型的网络连接情况

【实例7-6】netstat命令的使用。

```
[zp@localhost ~]$ sudo netstat -nltp
```

执行效果如图7-9所示。netstat的选项众多，本实例使用的4个选项含义分别如下。-n：网络IP地址的形式，显示当前建立的有效连接和端口。-l：仅仅显示连接状态为LISTEN的服务网络状态。-t：显示所有TCP连接情况。-p：显示PID/Program name。

```
[zp@localhost ~]$ sudo netstat -nltp
[sudo] zp 的密码:
Active Internet connections (only servers)
Proto Recv-Q Send-Q Local Address           Foreign Address         State       PID/Program name
tcp        0      0 0.0.0.0:22              0.0.0.0:*               LISTEN      959/sshd: /usr/sbin
tcp        0      0 127.0.0.1:631           0.0.0.0:*               LISTEN      958/cupsd
tcp6       0      0 :::3306                 :::*                    LISTEN      49711/rootlessport
```

图7-9　netstat 命令的使用

7.4 综合案例：FTP 服务器的安装和配置

综合案例：FTP 服务的安装和配置

7.4.1 案例概述

文件传输协议（File Transfer Protocol，FTP）是用于在网络上进行文件传输的一套标准协议。FTP 建立在 TCP 之上，采用 C/S 模式，它是一个用于计算机网络的在客户端与服务器端之间进行文件传输的应用层协议，也是进行文件传输的常用协议。FTP 客户端向 FTP 服务器端发起连接。连接成功后，客户端与服务器端之间会建立起控制连接和数据连接。控制连接用来传送 FTP 执行的内部命令以及命令的响应等控制信息；数据连接是服务器端与客户端之间传输文件的连接。按照数据连接建立方式的不同，FTP 可以分为主动模式与被动模式。主动模式中，FTP 服务器端的 20 端口主动向客户端发起连接。被动模式中，FTP 服务器端开启一个端口等待客户端的主动连接。

Linux 下常用的 FTP 服务器有 vsftpd、proftpd、pure-ftpd 等。本案例以 vsftpd 为例介绍 FTP 服务器的配置。vsftpd（very secure FTP daemon）是一款在 Linux 操作系统中非常受欢迎的 FTP 服务器。vsftpd 支持匿名访问模式和本地用户模式。匿名访问模式中，任何用户都可以访问搭建的 FTP 服务器；本地用户模式中，只支持添加的本地用户访问搭建的 FTP 服务器。

本案例中，我们将学习如何安装 FTP 服务器、如何基于 FTP 实现跨平台数据共享和数据交换。

7.4.2 案例详解

1．安装 vsftpd

执行如下命令。

```
[zp@localhost ~]$ sudo yum install -y vsftpd
```

执行效果如图 7-10 所示。

```
[zp@localhost ~]$ sudo yum install -y vsftpd
[sudo] zp 的密码:
CentOS Stream 9 - BaseOS                        1.5 kB/s | 4.3 kB     00:02
CentOS Stream 9 - AppStream                     3.4 kB/s | 4.4 kB     00:01
CentOS Stream 9 - Extras packages               6.0 kB/s | 5.4 kB     00:00
上次元数据过期检查: 0:00:01 前, 执行于 2022年06月02日 星期四 09时28分41秒。
依赖关系解决。
================================================================================
 软件包          架构          版本                   仓库               大小
================================================================================
安装:
 vsftpd          x86_64        3.0.3-49.el9           appstream          169 k
```

图7-10　安装 vsftpd

2．开启服务

将 vsftpd 设置为开机自启。执行如下命令。

```
[zp@localhost ~]$ sudo systemctl enable vsftpd.service
```

手动启动 vsftpd。执行如下命令。

```
[zp@localhost ~]$ sudo systemctl start vsftpd.service
```

执行效果如图 7-11 所示。systemctl 是 systemd 的主命令，既可以用于管理系统，也可以用于管理不同种类的资源（主要是服务）。systemd 为系统的启动和管理提供了一套完整的解决方案。使用 systemctl enable 命令相当于激活开机启动，systemctl disable 相当于撤销开机启动。systemctl start 和 systemctl stop 分别用于启动或停止服务。

```
[zp@localhost ~]$ sudo systemctl enable vsftpd.service
[zp@localhost ~]$ sudo systemctl start vsftpd.service
```

图 7-11　开启服务

3．本地计算机访问测试

在本地计算机的 CentOS Stream 9 操作系统中发起登录测试。

目前在安装 vsftpd 的 Linux 操作系统中，已经可以访问该 FTP 服务器。访问该 FTP 服务器可以使用如下方式。

```
ftp://192.168.184.129
```

其中，ftp 表示使用的协议，后面的数字串表示服务器的 IP 地址。读者的 IP 地址与编者的 IP 地址通常并不相同，读者可以使用 ifconfig 命令查看计算机的 IP 地址，并予以替换。执行效果如图 7-12 所示。

```
[zp@localhost ~]$ ifconfig
ens33: flags=4163<UP,BROADCAST,RUNNING,MULTICAST>  mtu 1500
        inet 192.168.184.129  netmask 255.255.255.0  broadcast 19
2.168.184.255
```

图 7-12　查看计算机的 IP 地址

接着，编者通过使用 CentOS Stream 9 操作系统内置的工具进行 FTP 服务器登录效果展示，读者也可以安装其他 FTP 客户端工具进行测试。打开 CentOS Sream 9 操作系统的文件管理器，在左侧列表中选择“其他位置”，然后在下方的“连接到服务器”后面的文本框中输入 ftp://192.168.184.129，如图 7-13 所示。单击图 7-13 右下角所示的“连接”按钮，系统将弹出身份认证对话框，如图 7-14 所示。

图 7-13　FTP 服务器登录

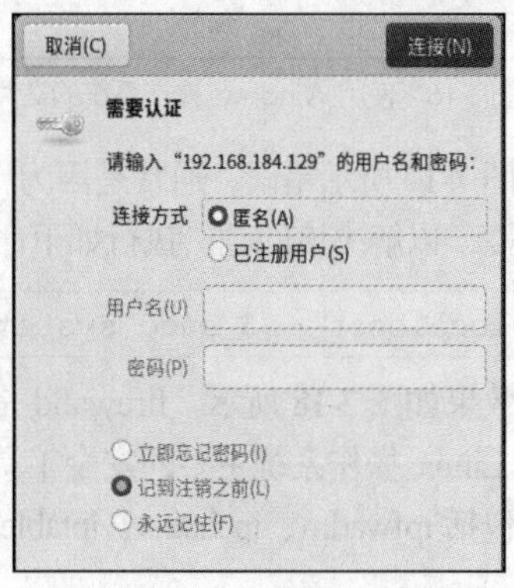

图 7-14　身份认证对话框

接下来，对本地两种登录方式进行测试。

（1）测试匿名访问功能是否开启。保持图 7-14 所示对话框中默认的选项“匿名”的选中状态，单击右上角的“连接”按钮，此时发现无法正常登录，这表明当前的 vsftpd 默认未开启匿名访问功能。需要说明的是，不同时期下载的 vsftpd 安装包的默认设置并不完全相同。部分安装包可能默认开启了匿名访问功能，此时无须输入用户名和密码即可登录 FTP 服务器。但基于安全考虑，一般没有开启修改或上传文件的权限。

（2）测试用户 zp 是否可以登录 FTP 服务器。将身份认证对话框中的连接方式修改为“已注册用户”，并在下方的用户名和密码后面的文本框中输入当前用户 zp 的用户名和密码，单击右上角的“连接”按钮。此时发现用户 zp 可以正常登录，并且登录后将自动打开用户 zp 的用户主目录，效果如图 7-15 所示。

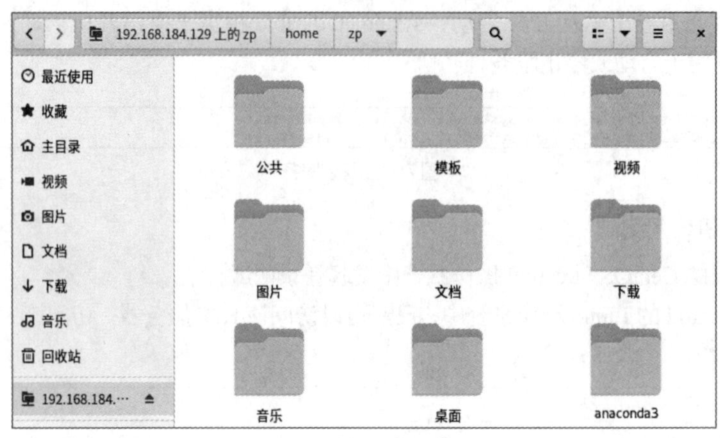

图 7-15　FTP 登录成功

4．局域网计算机访问测试

接下来，我们从 CentOS Stream 9 操作系统之外发起登录测试。由于编者的 CentOS Stream 9 操作系统安装在 VMware 中，我们可以直接从 VMware 所在的宿主机中的 Windows 操作系统中发起登录。打开 Windows 操作系统的文件管理器，在地址栏中输入“ftp://192.168.184.129”，如图 7-16 所示。然后按“Enter”键，此时将弹出对话框，并提示“无法与服务器建立连接”，如图 7-17 所示。

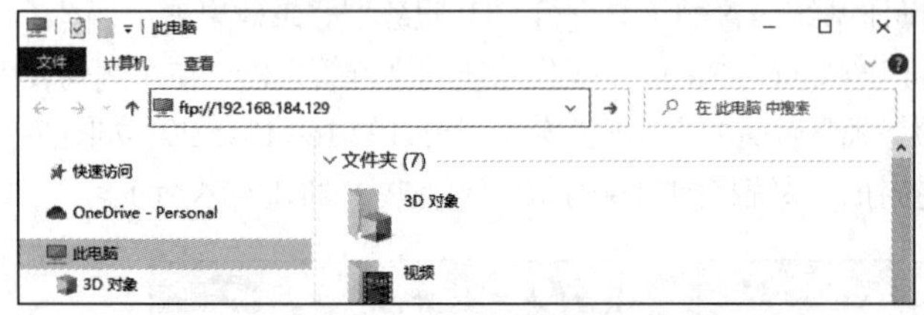

图 7-16　使用 Windows 操作系统的文件管理器访问

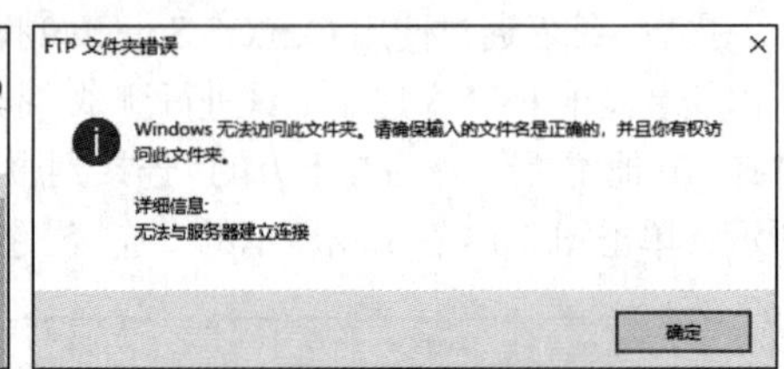

图 7-17　局域网计算机访问测试失败

出现图 7-17 所示错误，通常是因为 CentOS Stream 9 操作系统默认启动了防火墙。我们可以临时关闭防火墙，以解决该问题。执行如下命令。

```
[zp@localhost ~]$ sudo systemctl stop firewalld
```

执行效果如图 7-18 所示。firewalld 是 CentOS 7 操作系统及之后版本的默认防火墙规则管理工具。防火墙是 Linux 操作系统主要的安全工具，它可以提供基本的安全防护。在 Linux 历史上使用过的防火墙工具包括 ipfwadm、ipchains、iptables（CentOS 6）等，而 firewalld 可以动态管理防火墙。

```
[zp@localhost ~]$ sudo systemctl stop firewalld
[sudo] zp 的密码:
[zp@localhost ~]$
```

图 7-18　关闭防火墙

再次打开 Windows 操作系统的文件管理器，在地址栏中输入“ftp://192.168.184.129”。弹出的对话框表明，可以访问 FTP 服务器，但不允许匿名访问，执行效果如图 7-19 所示。

在登录身份对话框中输入用户名和密码，发现用户 zp 可以正常登录，并且登录后将自动打开用户 zp 的用户主目录。效果如图 7-20 所示。

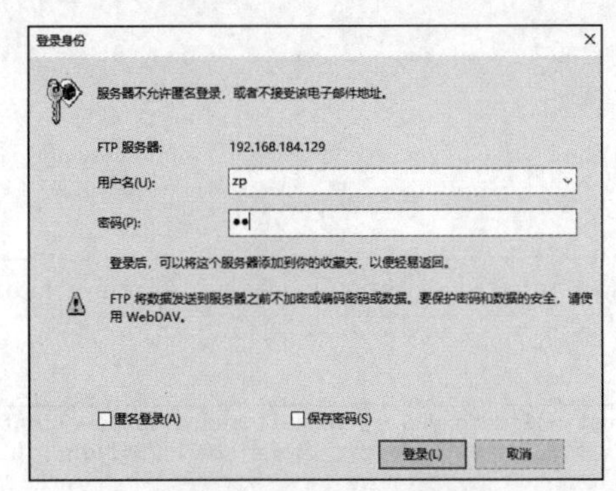

图 7-19　登录身份对话框

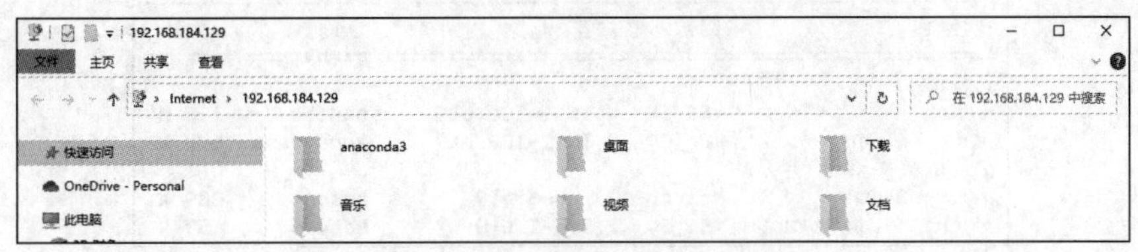

图 7-20　局域网计算机访问测试成功

读者如果此时仍然无法访问，可以执行如下命令后再次尝试登录 FTP 服务器。

```
[zp@localhost ~]$ sudo setenforce 0
```

setenforce 用于修改 SELinux 的运行模式，其中 1 代表 enforcing 模式，0 代表 permissive 模式。SELinux 是 Security-Enhanced Linux 的简称，是美国国家安全局（National Security Agency，NSA）和安全计算公司（Secure Computing Corporation，SCC）开发的一种强制访问控制（Mandatory Access Control，MAC）模块，并以 GPL 的形式发布。

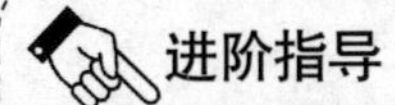

进阶指导

读者可以对 vsftpd 进行更为精细的配置，例如读者可以开启 vsftpd 匿名模式、配置基于 SSL 的 FTP 服务、配置虚拟用户等。这一般需要借助 vsftpd 的主配置文件/etc/vsftpd/vsftpd.conf 等的帮助。有兴趣的读者可以自行查阅资料进行更为深入的研究。

7.5 综合案例：Samba 服务器的安装和配置

综合案例：Samba 服务器的安装和配置

7.5.1 案例概述

Samba 是在 Linux 操作系统上实现 SMB（Server Messages Block，服务器消息块）通信协议的一个服务软件。SMB 通信协议是微软公司和英特尔在 1987 年制定的协议，主要作为 Microsoft 网络的通信协议，可以为局域网内的不同计算机提供文件系统和打印机等资源的共享服务。SMB 客户端通过该通信协议可以访问 SMB 服务器上的共享文件系统和打印机等资源。为了让 Windows 和 UNIX、类 UNIX 计算机能够集成，较好的解决办法是在 UNIX、类 UNIX 计算机中安装支持 SMB 通信协议的软件，这样 Windows 客户无须更改设置就能如同使用 Windows NT 服务器一样使用 UNIX、类 UNIX 计算机上的资源了。

本案例中，我们将学习如何安装 Samba 服务器、如何基于 Samba 进行跨平台数据共享和数据交换。

7.5.2 案例详解

1．安装 Samba

执行如下命令。

```
[zp@localhost ~]$ sudo yum -y install samba samba-client
```

执行效果如图 7-21 所示。

```
[zp@localhost ~]$ sudo yum -y install samba samba-client
上次元数据过期检查：0:00:56 前，执行于 2022年06月05日 星期日 23时
18分06秒。
依赖关系解决。
================================================================
 软件包              架构      版本                 仓库        大小
================================================================
安装：
 samba               x86_64    4.16.1-100.el9       baseos      1.5 M
 samba-client        x86_64    4.16.1-100.el9       appstream   674 k
安装依赖关系：
 python3-dns         noarch    2.1.0-6.el9          baseos      389 k
 python3-ldb         x86_64    2.5.0-1.el9          baseos       57 k
```

图 7-21　安装 Samba

2．创建并配置共享目录

（1）创建本地目录。这是共享目录对应的真实目录。

执行如下命令。

```
[zp@localhost ~]$ sudo mkdir /smbdata
[zp@localhost ~]$ sudo chmod 777 /smbdata
[zp@localhost ~]$ ls / -l |grep smbdata
```

执行效果如图 7-22 所示。

```
[zp@localhost ~]$ sudo mkdir /smbdata
[zp@localhost ~]$ sudo chmod 777 /smbdata
[zp@localhost ~]$ ls / -l |grep smbdata
drwxrwxrwx.   2 root root    6  6月   6 00:22 smbdata
```

图 7-22　创建本地目录

（2）配置共享目录。

通过修改 smb.conf 文件可以实现共享目录配置。

首先，备份 smb.conf 文件。执行如下命令。

```
[zp@localhost ~]$ sudo cp /etc/samba/smb.conf /etc/samba/smb.conf.bak
```

使用 Vi 编辑 smb.conf 文件。执行如下命令。

```
[zp@localhost ~]$ sudo vi /etc/samba/smb.conf
```

在 smb.conf 文件中，增加[zp_smb]节点，在文件中输入如下内容。

```
[zp_smb]
        path=/smbdata
        valid users=@zp @zp01
        writable=yes
        create mode=0777
```

修改后的内容如图 7-23 所示，其中[global]和[homes]都是原来的内容，编者对 smb.conf 文件的其他内容都没有进行修改。

```
[global]
        workgroup = SAMBA
        security = user
        passdb backend = tdbsam
        printing = cups
        printcap name = cups
        load printers = yes
        cups options = raw
[zp_smb]
        path=/smbdata
        valid user=@zp @zp01
        writable=yes
        create mode=0777
[homes]
        comment = Home Directories
```

图7-23　修改后的smb.conf 文件

valid users 后面给出了两个访问该项 Samba 服务资源的合法用户（zp 和 zp01）。注意，被添加的用户必须是当前系统的有效用户，读者操作系统中如果用户名不同，可以自行修改。对 smb.conf 进行不正确的修改会导致 Samba 服务不能正常使用。因此，请在修改完后，执行 testparm 命令以测试修改内容是否符合规则。执行如下命令。

```
[zp@localhost ~]$ sudo vi /etc/samba/smb.conf
[zp@localhost ~]$ testparm
```

执行效果如图 7-24 所示。

```
[zp@localhost ~]$ sudo vi /etc/samba/smb.conf
[zp@localhost ~]$ testparm
Load smb config files from /etc/samba/smb.conf
Loaded services file OK.
Weak crypto is allowed
```

图7-24　修改 smb.conf 文件并测试

如果修改后的内容不符合要求，测试将无法通过。例如，编者故意将[global]下面的 security 的值修改为 share，导致测试未通过，效果如图 7-25 所示。

```
[zp@localhost ~]$ testparm
Load smb config files from /etc/samba/smb.conf
WARNING: Ignoring invalid value 'share' for parameter 'security'
Error loading services.
```

图7-25　测试未通过示例

Samba 的配置过程较为复杂。例如，刚才提及的 security 的合法取值既可以为 user，也可以为 share，还可以为 domain。再如，如果读者的 smb.conf 的初始内容与当前编者所使用的不同，仍然有可能出现其他类型错误。即使读者采用与编者一样的操作系统，这种情况发生的概率仍然存在，毕竟我们的资源都是来自网络，而网络安全等存在一定变数。限于本书篇幅，编者不便对 Samba 配置进行更为深入的介绍。读者如果遇到什么新错误，也不用紧张，网络上肯定有许多人遇到过类似的错误，并且可能已经给出了解决方案。

（3）添加 Samba 用户。

执行如下命令。

```
[zp@localhost ~]$ sudo smbpasswd -a zp
```

执行效果如图 7-26 所示。

```
[zp@localhost ~]$ sudo smbpasswd -a zp
New SMB password:
Retype new SMB password:
Added user zp.
```

图7-26　添加 Samba 用户

该命令用于将指定的用户 zp 连同新设置的密码，添加到本地的 smbpasswd 文件中。如果之前已经使用该命令添加过用户 zp，重新执行该命令相当于修改密码。

执行效果如图 7-27 所示。

```
[zp@localhost ~]$ sudo smbpasswd -a zpsmb
New SMB password:
Retype new SMB password:
Failed to add entry for user zpsmb.
```

图 7-27 重新执行添加 samba 用户命令

3．启动 Samba 服务

Samba 主要依赖两项服务：SMB 和 NMB。SMB 是 Samba 的核心启动服务，主要负责建立 Samba 服务器与 Samba 客户机之间的对话，验证用户身份并提供对文件和打印系统的访问等。启动 SMB 服务后，才能实现文件共享。NMB 服务实现了类似于 DNS 的功能。NMB 可以把 Linux 操作系统共享的工作组名称与其 IP 地址对应起来，如果 NMB 服务没有启动，就只能通过 IP 来访问共享文件。我们可以手动启动这两项服务。执行如下命令。

```
[zp@localhost ~]$ sudo service smb start
[zp@localhost ~]$ sudo service nmb start
```

执行效果如图 7-28 所示。

```
[zp@localhost ~]$ sudo service smb start
[sudo] zp 的密码:
Redirecting to /bin/systemctl start smb.service
[zp@localhost ~]$ sudo service nmb start
Redirecting to /bin/systemctl start nmb.service
[zp@localhost ~]$
```

图 7-28 启动 Samba 服务 1

上述命令等价于下面两条命令。

```
[zp@localhost ~]$ sudo systemctl start smb.service
[zp@localhost ~]$ sudo systemctl start nmb.service
```

执行效果如图 7-29 所示。

```
[zp@localhost ~]$ sudo systemctl start smb.service
[sudo] zp 的密码:
[zp@localhost ~]$ sudo systemctl start nmb.service
```

图 7-29 启动 Samba 服务 2

如果读者之前已经启动过这些服务，在修改 smb.conf 文件之后，希望让修改内容生效，则可以将图 7-28 所示命令中的 start 替换成 restart。例如：

```
[zp@localhost ~]$ sudo service smb restart
[zp@localhost ~]$ sudo service nmb restart
```

执行效果如图 7-30 所示。

```
[zp@localhost ~]$ sudo service smb restart
Redirecting to /bin/systemctl restart smb.service
[zp@localhost ~]$ sudo service nmb restart
Redirecting to /bin/systemctl restart nmb.service
```

图 7-30 重新启动 Samba 服务

读者如果需要设置 Samba 的两项服务 SMB 和 NMB 的开机启动，那么可以使用如下两条命令。

```
[zp@localhost ~]$ chkconfig smb on
[zp@localhost ~]$ chkconfig nmb on
```

chkconfig 命令可以用来检查、设置系统的各种服务。命令语法：

```
chkconfig [--add][--del][--list][系统服务]
```

或者

```
chkconfig [--level <等级代号>][系统服务][on/off/reset]
```

读者也可以使用如下两条命令替代。

```
[zp@localhost ~]$ sudo systemctl enable smb.service
[zp@localhost ~]$ sudo systemctl enable nmb.service
```

4．本地计算机访问测试

目前在安装 Samba 服务器的 Linux 操作系统中，已经可以访问该 Samba 服务器。编者通过使用 CentOS Stream 9 操作系统内置的工具进行 Samba 服务资源访问效果展示。打开 CentOS Stream 9 操作系统的文件管理器，在左侧列表中选择“其他位置”，然后在下方的“连接到服务器”后面的文本框中输入“smb://192.168.184.129/”。其中后面的数字是编者当前机器的 IP 地址，读者可以使用 ifconfig 命令查看自己计算机的 IP 地址，并予以替换。效果如图 7-31 所示。

单击图 7-31 中右下角所示的“连接”按钮，可以访问 Samba 服务器上提供的共享资源。执行效果如图 7-32 所示。其中“zp_smb”就是编者在前面环节配置的共享目录。

图 7-31　本地计算机访问测试

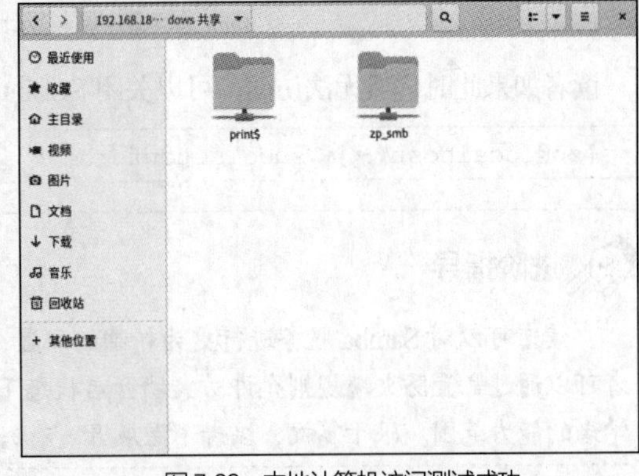

图 7-32　本地计算机访问测试成功

5．局域网计算机访问测试

接下来，我们从 CentOS Stream 9 操作系统之外发起登录测试。由于编者的 CentOS Stream 9 操作系统安装在 VMware 中，我们可以直接从 VMware 所在的宿主机的 Windows 操作系统中发起登录。打开 Windows 操作系统的文件管理器，在地址栏中输入“\\192.168.184.129”，如图 7-33 所示。弹出的对话框表明，连接失败，如图 7-34 所示。

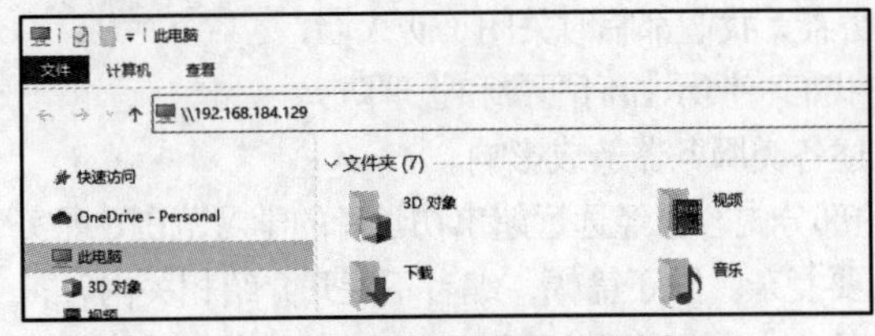

图 7-33　局域网计算机访问测试

图 7-34　局域网计算机访问测试失败

这主要是因为 CentOS Stream 9 默认启动了防火墙。我们可以临时关闭防火墙，以解决该问题。执行如下命令。

```
[zp@localhost ~]$ sudo systemctl stop firewalld
```

执行效果如图 7-18 所示。

再次打开 Windows 操作系统的文件管理器，在地址栏中输入“\\192.168.184.129”。此时将弹出对话框，要求用户输入网络凭证。正确输入用户名和密码后，用户可以查看编者所共享的文件夹 zp_smb，如图 7-35 所示。由于编者在 smb.conf 文件中已经将其设置为 writable，因此，此时可以直接打开该文件夹，在里面执行创建文件及文件夹等操作。该 zp_smb 文件夹跟普通的 Windows 本地文件夹（除了在图标上略有差别外）在操作方式等其他方面基本没什么太大区别。读者在该文件夹中进行的添加或删除文件等操作，将通过网络同步更新到 Linux 操作系统中的“/smbdata”文件夹中。读者可以自行验证。

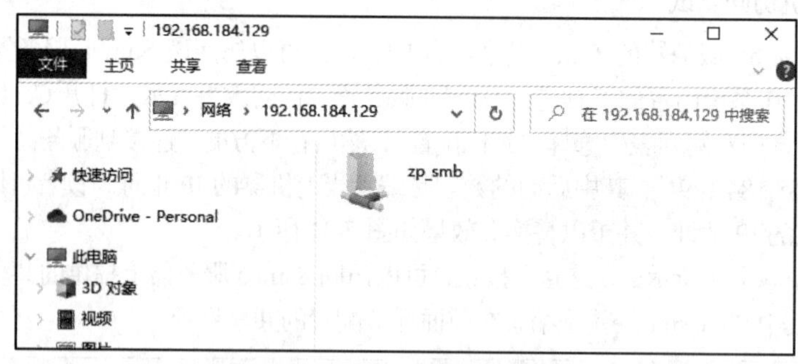

图 7-35　局域网计算机访问测试成功

读者如果此时仍然无法访问，可以关闭 SELinux 后，再次尝试。执行如下命令。

```
[zp@localhost ~]$ sudo setenforce 0
```

进阶指导

读者可以对 Samba 服务进行更为精细的配置，例如，读者可以开启 Samba 匿名模式。再如，读者可以通过配置防火墙规则允许防火墙开启状态下访问 Samba 服务器等，但这已经超出了大多数初学者的能力范围。限于篇幅，编者不做展开。有兴趣的读者可以自行查阅资料进行更为深入的研究。

7.6 综合案例：Linux 防火墙配置

综合案例：Linux 防火墙配置

7.6.1 案例概述

前面的案例中，为了从外部访问配置好的各类服务器，我们都临时关闭了防火墙，这也意味着我们失去了防火墙提供的保护。本案例中我们将演示如何配置和管理防火墙，以使得处于工作状态的防火墙不会对正常访问前述各类服务器造成影响。

Linux 防火墙的配置专业性非常强。本案例涉及的部分内容已经远远超出初学者的学习范围，现实中防火墙的配置所需要考虑的问题远比本案例介绍的要复杂。限于篇幅，编者不展开介绍相关内容，仅对本案例讲解过程中遇到的问题给出基本的解决方案，进而实现“抛砖引玉”。读者的操作系统环境与编者的并不相同，如果遇到新问题，有兴趣的读者可以自行查找解决办法。需要说明的是，读者在学习时跳过本案例不会影响对本书后文内容的学习。

7.6.2 案例详解

1．查看并改变防火墙的运行状态

执行如下命令。

```
[zp@localhost ~]$ sudo systemctl stop firewalld
[zp@localhost ~]$ sudo firewall-cmd --state
[zp@localhost ~]$ sudo systemctl start firewalld
[zp@localhost ~]$ sudo firewall-cmd --state
```

执行效果如图 7-36 所示。第 1 条命令用于停止正在运行的防火墙。第 2 条和第 4 条命令相同，用于查看防火墙运行状态。第 3 条命令用于启动防火墙。

```
[zp@localhost ~]$ sudo systemctl stop firewalld
[zp@localhost ~]$ sudo firewall-cmd --state
not running
[zp@localhost ~]$ sudo systemctl start firewalld
[sudo] zp 的密码:
[zp@localhost ~]$ sudo firewall-cmd --state
running
```

图 7-36 查看并改变防火墙的运行状态

2．查看 FTP 服务器监听端口

执行如下命令，可以查看 FTP 服务器监听端口。

```
[zp@localhost ~]$ sudo netstat -antup | grep ftp
```

执行效果如图 7-37 所示。netstat 是查看网络连接状态及其相关信息的命令。它能提供 TCP 连接、TCP 和 UDP 监听、进程内存管理的相关报告。图 7-37 表明 FTP 服务器已经启动了，监听的端口号为 21。

```
[zp@localhost ~]$ sudo netstat -antup | grep ftp
tcp6       0      0 :::21                   :::*
   LISTEN      5928/vsftpd
```

图 7-37 查看 FTP 服务器监听端口

3．查看 Samba 服务器监听端口

相对 FTP 服务器，Samba 服务器的端口更多，逻辑关系也更复杂。Samba 服务器涉及 smbd 和 nmbd 两个进程。Samba 的 smbd 进程通常使用 445/TCP 进行 SMB 连接。由于对 NetBIOS 兼容，它还监听 139/TCP。nmbd 进程监听 137/UDP 和 138/UDP，以实现对 NetBIOS 的兼容。首先，查看 smbd 进程监听端口。执行如下命令。

```
[zp@localhost ~]$ sudo netstat -antup | grep smb
```

执行效果如图 7-38 所示。

接下来，查看 nmbd 进程监听端口。执行如下命令。

```
[zp@localhost ~]$ sudo netstat -antup | grep nmb
```

执行效果如图 7-39 所示。

```
[zp@localhost ~]$ sudo netstat -antup | grep smb
tcp        0      0 0.0.0.0:445             0.0.0.0:*
   LISTEN      12164/smbd
tcp        0      0 0.0.0.0:139             0.0.0.0:*
   LISTEN      12164/smbd
tcp        0      0 192.168.184.129:33134   192.168.184.129:445
   CLOSE_WAIT  10124/gvfsd-smb-bro
tcp        0      0 192.168.184.129:445     192.168.184.1:53222
   ESTABLISHED 12168/smbd
tcp        1      0 127.0.0.1:50378         127.0.0.1:139
   CLOSE_WAIT  10124/gvfsd-smb-bro
tcp        1      0 192.168.184.129:48652   192.168.184.129:139
   CLOSE_WAIT  10124/gvfsd-smb-bro
tcp        1      0 192.168.184.129:33136   192.168.184.129:445
   CLOSE_WAIT  10124/gvfsd-smb-bro
tcp6       0      0 :::445                  :::*
   LISTEN      12164/smbd
tcp6       0      0 :::139                  :::*
   LISTEN      12164/smbd
```

图 7-38　查看 smbd 进程监听端口

```
[zp@localhost ~]$ sudo netstat -antup | grep nmb
udp        0      0 192.168.184.255:137     0.0.0.0:*
                    11415/nmbd
udp        0      0 192.168.184.129:137     0.0.0.0:*
                    11415/nmbd
udp        0      0 0.0.0.0:137             0.0.0.0:*
                    11415/nmbd
udp        0      0 192.168.184.255:138     0.0.0.0:*
                    11415/nmbd
udp        0      0 192.168.184.129:138     0.0.0.0:*
                    11415/nmbd
udp        0      0 0.0.0.0:138             0.0.0.0:*
                    11415/nmbd
```

图 7-39　查看 nmbd 进程监听端口

4．防火墙配置之前的外部连接测试

作为对比，前面案例的“局域网计算机访问测试”环节，我们曾在关闭防火墙之前，从宿主机的 Windows 操作系统中分别访问 FTP 服务器和 Samba 服务器。它们都属于防火墙配置之前的外部连接测试。可以发现，此时两者均无法访问，提示的出错信息分别与图 7-17 和图 7-34 中的类似。

5．防火墙配置及效果测试

（1）开放 FTP 相关端口。

执行如下命令。

```
[zp@localhost ~]$ sudo firewall-cmd --permanent --add-port=21/tcp
[zp@localhost ~]$ sudo firewall-cmd --reload
```

执行效果如图 7-40 所示。防火墙配置后，必须重新加载才会起作用。上述第 1 条命令用于开放 21 端口，第 2 条命令用于重新加载防火墙配置。

```
[zp@localhost ~]$ sudo firewall-cmd --permanent --add-port=21/tcp
[sudo] zp 的密码：
success
[zp@localhost ~]$ sudo firewall-cmd --reload
success
```

图 7-40　开放 FTP 相关端口

再次进行 FTP 登录测试。具体测试方法细节参考 7.4 节中的“局域网计算机访问测试”。在弹出的登录身份对话框中，输入密码即可登录。执行效果如图 7-41 所示。

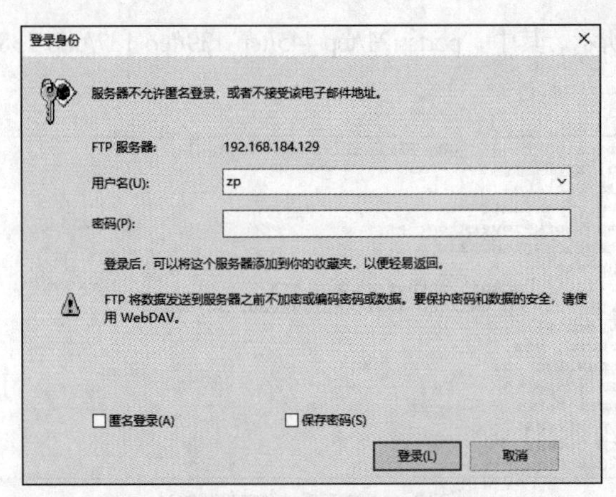

图7-41 进行FTP登录测试

读者的操作系统环境与编者的存在较大差异，故有可能导致访问失败，一个可能性比较大的原因是 FTP 客户端工具的传输模式设置存在问题。许多 FTP 客户端工具默认采用了被动模式，而读者的 FTP 服务器默认可能采用了主动模式。因此，读者可以尝试将 FTP 客户端的传输模式修改为主动模式。以 FileZilla 为例，读者可以通过菜单栏的“编辑→设置”找到相应的配置项。当然，读者也可以通过从服务器端入手修改配置文件来解决这一问题，这已经超出了初学者的学习范围。防火墙配置本身非常复杂，并且针对访问失败问题没有一成不变的解决方法，读者如果遇到相关问题，均属于正常现象，自行尝试解决即可。需要说明的是，读者在学习时跳过本步骤或本小节均不会影响对本书后文内容的学习。

（2）开放 Samba 相关端口。

执行如下命令。

```
[zp@localhost ~]$ sudo firewall-cmd --permanent --add-port=445/tcp
[zp@localhost ~]$ sudo firewall-cmd --permanent --add-port=139/tcp
[zp@localhost ~]$ sudo firewall-cmd --permanent --add-port=137/udp
[zp@localhost ~]$ sudo firewall-cmd --permanent --add-port=138/udp
[zp@localhost ~]$ sudo firewall-cmd --reload
```

执行效果如图 7-42 所示。

再次登录测试。具体测试方法细节参考 7.5 节中的“局域网计算机访问测试”。测试通过，登录成功。由于 7.5 节的综合案例中已经成功连接，这次登录过程并没有提示输入密码。执行效果如图 7-43 所示。

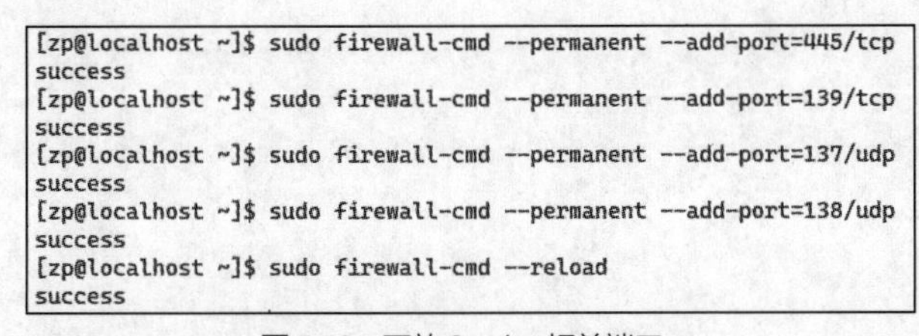

图7-42 开放 Samba 相关端口

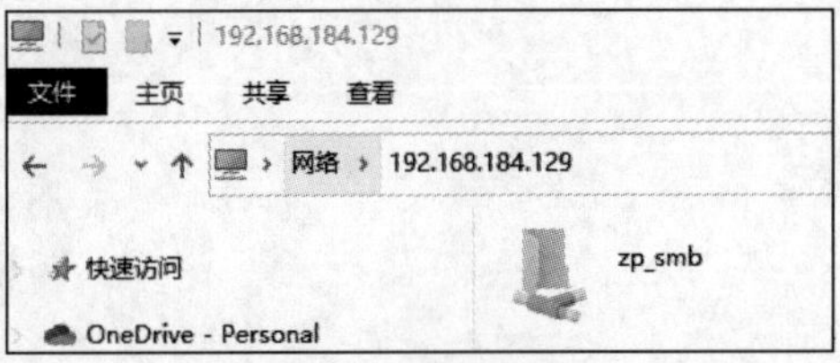

图7-43 测试成功

6．查看防火墙配置情况

执行如下命令。

```
[zp@localhost ~]$ sudo firewall-cmd --list-all
```

执行效果如图 7-44 所示。其中"ports: 21/tcp 445/tcp 139/tcp 137/udp 138/udp"一行列出了端口开放情况。

```
[zp@localhost ~]$ sudo firewall-cmd --list-all
[sudo] zp 的密码:
public (active)
  target: default
  icmp-block-inversion: no
  interfaces: ens33
  sources:
  services: cockpit dhcpv6-client ssh
  ports: 21/tcp 445/tcp 139/tcp 137/udp 138/udp
  protocols:
  forward: yes
  masquerade: no
  forward-ports:
  source-ports:
  icmp-blocks:
  rich rules:
[zp@localhost ~]$
```

图7-44　查看防火墙配置情况

习题 7

1. 简述 Linux 软件包管理发展历史。
2. 简述 CentOS Stream 9 中常见软件包安装方法。
3. 什么是 FTP?
4. 什么是 Samba?

实训 7

1. 了解 Web 服务器、HTTP 等基础知识。
2. 使用 RPM、YUM 或者 DNF 安装配置 Apache 服务器。
3. 为 Apache 服务器进行简单的防火墙配置，确保宿主机或者局域网其他机器可以访问该服务器。

第8章 Shell 编程

通过 Shell 脚本可以实现 Linux 操作系统管理和维护的自动化。把烦琐重复的命令写入 Shell 脚本，有利于减少不必要的重复工作时间，提高运维人员的工作效率。本章将介绍 Shell 编程的相关知识，以使读者掌握 Shell 的基本语法规则和进阶技能。

科技自立自强

中国在尖端科技领域的“弯道超车”

科技是第一生产力、人才是第一资源、创新是第一动力。

中国在许多尖端科技领域起步较晚，但大都实现了“弯道超车”。例如，中国高铁起步较晚，但如今成绩举世瞩目。中国盾构机，从被外国垄断到拿下全球 2/3 的市场仅用了 20 年。特高压成套输电设备的成功研制，再次证明了“中国创造”能力与“中国引领”作用。中国在量子科技领域总体已处于国际第一梯队，世界首颗量子科学实验卫星“墨子号”由中国发射。北斗卫星导航系统成功运行，打破了国外全球卫星导航系统的垄断。此外，在超级计算机、可控核聚变等领域，中国也都处于世界顶尖水平。

人才是第一资源

8.1 Shell 编程概述

Shell 编程概述

8.1.1 Shell 脚本概述

作为一种编程语言，Shell 语言与包括 C 语言在内的许多语言存在显著不同。Shell 语言是一种解释型语言，不需要经过编译、汇编等过程。Shell 语言有自己的语法规则。依照 Shell 语言的语法规则编写的源文件称为 Shell 脚本（Shell Script）。Shell 脚本与 Windows 下的批处理文件较为相似，这样便于管理员或者用户进行系统设置和管理。Shell 脚本支持对 Linux/UNIX 下的命令进行调用，这使其非常适用于对 Linux/UNIX 操作系统进行管理。

初学者无须对 Shell 脚本感到恐惧。在前面章节的各个实例中，我们学习了大量的命令。如果将一条或者多条命令保存到一个扩展名为“.sh”的文本文件中，我们就可以得到一个最简单的 Shell 脚本。通过执行该脚本，我们可以达成执行该脚本中多条命令的目的。事实上，Linux/UNIX 操作系统的管理人员会将一些常用的任务写入不同的脚本中，方便重复调用。

Shell 脚本本身是一个文本文件，扩展名通常为“.sh”。我们可以使用任何文本编辑器编写 Shell 脚本。常用的命令行编辑器有 Vi/Vim，图形界面程序有 gedit、Emacs 等。Shell 脚本的执行需要 Shell 解释程序的支持，Bash 是最常用的 Shell 解释程序。

下面编写一个简单的 Shell 脚本，以展示其编写与使用的基本流程。

【实例 8-1】Shell 入门实例。

打开文本编辑器，新建一个文本文件，并命名为 test001.sh。读者可以使用 Vi/Vim、gedit 等工具来创建脚本文件。本章后续内容，将不再明确给出编辑工具名称。在文件 test001.sh 中输入如下代码。

```
#!/bin/bash
echo "No sweet without sweat."  #没有汗水，哪来幸福
```

第 1 行的“#!”是一个约定的标记，它告诉系统，这个脚本需要什么解释程序来执行，即使用哪一种 Shell；后面的/bin/bash 指明了解释程序的具体位置。这一行并不是必需的，如果省略，系统将调用默认的 Shell 解释器。

第 2 行的 echo 命令用于向标准输出文件（stdout 即 standard output，一般就是指显示器）输出文本。第 2 行中“#”及其后面的内容是注释。Shell 脚本中以“#”开头的内容是注释。

完整命令如下。

```
[zp@localhost ~]$ mkdir shell
[zp@localhost ~]$ cd shell/
[zp@localhost shell]$ vi test001.sh
[zp@localhost shell]$ cat test001.sh
```

执行效果如图 8-1 所示。首先，创建并切换到 shell 目录，本章案例默认放在 shell 目录中。接下来创建并查看源程序文件 test001.sh。

```
[zp@localhost ~]$ mkdir shell
[zp@localhost ~]$ cd shell/
[zp@localhost shell]$ vi test001.sh
[zp@localhost shell]$ cat test001.sh
#!/bin/bash
echo "No sweet without sweat."  #没有汗水,哪来幸福
```

图 8-1　Shell 入门实例

8.1.2　运行 Shell 脚本的几种方法

8.1.1 小节中，我们编写了一个简单的 Shell 脚本。本小节我们就让它运行起来。运行 Shell 脚本主要有下面 3 种方法。

方法 1：为 Shell 脚本添加可执行权限。

通过将 Shell 脚本的可执行权限赋予当前用户，可以实现 Shell 脚本的解释执行。使用 chmod 命令可以给 Shell 脚本添加可执行权限。

【实例 8-2】添加可执行权限以执行 Shell 脚本。

执行如下命令。

```
[zp@localhost shell]$ chmod +x test001.sh
[zp@localhost shell]$ ./test001.sh
[zp@localhost shell]$ /home/zp/shell/test001.sh
```

执行效果如图 8-2 所示。第 1 条命令给脚本添加可执行权限。第 2 条命令执行脚本文件，注意“./”不能省略。第 3 条命令直接通过绝对路径的方式去执行 Shell 脚本。

```
[zp@localhost shell]$ chmod +x test001.sh
[zp@localhost shell]$ ./test001.sh
No sweet without sweat.
[zp@localhost shell]$ /home/zp/shell/test001.sh
No sweet without sweat.
```

图 8-2　添加可执行权限以运行 Shell 脚本

注意，使用此方法，需要指定脚本的路径，该路径可以是相对路径，也可以是绝对路径。其中“./”表示当前目录。整条命令的含义是执行当前目录下的 test001.sh 脚本。如果缺少“./”，Linux 会到系统路径（由环境变量 PATH 指定）下查找 test001.sh，而系统路径下不存在这个脚本，所以会执行失败。

方法 2：直接使用 bash 或 sh 来执行 Shell 脚本。

读者也可以直接使用 bash 或 sh 来执行 Shell 脚本。bash 或 sh 是常见的 Shell 解释程序。读者可以将脚本文件的名字作为参数传递给 bash 或者 sh，以执行该 Shell 脚本。

【实例 8-3】使用 bash 或 sh 执行 Shell 脚本。

执行如下命令。

```
[zp@localhost shell]$ bash test001.sh
[zp@localhost shell]$ sh test001.sh
```

执行效果如图 8-3 所示。使用 bash 和 sh 大多数情况下执行效果类似。但由于两者并不完全相同，因此也存在 bash 执行通过，而 sh 执行不通过的情形。

```
[zp@localhost shell]$ bash test001.sh
No sweet without sweat.
[zp@localhost shell]$ sh test001.sh
No sweet without sweat.
```

图 8-3　使用 bash 或 sh 执行 Shell 脚本

方法 3：使用 source 命令执行 Shell 脚本。

读者还可以使用 source 命令执行 Shell 脚本。source 是 Shell 内置命令的一种，它会读取脚本文件中的代码，并依次执行所有语句。source 命令会强制执行脚本文件中的全部命令，并不需要事先修改脚本文件的权限。

source 命令的语法为：

```
source filename
```

也可以简写为：

```
.filename
```

需要注意的是，点号（.）和文件名之间有一个空格。两种写法的效果相同。

【实例 8-4】使用 source 命令执行 Shell 脚本。

执行如下命令。

```
[zp@localhost shell]$ source test001.sh
[zp@localhost shell]$ source ./test001.sh
[zp@localhost shell]$ . test001.sh
```

执行效果如图 8-4 所示。注意，使用 source 命令执行 Shell 脚本时，不需要给脚本增加可执行权限，并且写不写“./”都可以。

```
[zp@localhost shell]$ source test001.sh
No sweet without sweat.
[zp@localhost shell]$ source ./test001.sh
No sweet without sweat.
[zp@localhost shell]$ . test001.sh
No sweet without sweat.
```

图 8-4　使用 source 命令执行 Shell 脚本

上述 3 种 Shell 脚本运行方法存在一定的区别。前两种方法是在新进程中运行 Shell 脚本；而最后一种方法是在当前进程中运行 Shell 脚本。这些细微的差别，已经超出初学者的理解范畴。

8.2 Shell 语法基础

Shell 语法基础

8.2.1 变量类型

Shell 语言有 3 种主要的变量类型：环境变量、内置变量和用户变量。

1．环境变量

环境变量（Environment Variable）是系统环境的一部分，我们可以在 Shell 程序中使用它们。某些变量（如 PATH）还能在 Shell 中加以修改。

【实例 8-5】查看环境变量。

执行如下命令。

```
[zp@localhost shell]$ echo $PATH
```

执行效果如图 8-5 所示。

```
[zp@localhost shell]$ echo $PATH
/usr/local/hadoop-3.3.3/bin:/home/zp/.local/bin:/home/zp/bin:/usr
/local/bin:/usr/bin:/usr/local/sbin:/usr/sbin
```

图 8-5　Shell 环境变量实例

2．内置变量

内置变量（Built-In Variable）是 Linux 操作系统提供的一种特殊类型的变量。与环境变量不同，在 Shell 程序内这类变量的值是不能修改的。

【实例 8-6】利用内置变量$$查看当前进程的 PID。

执行如下命令。

```
[zp@localhost shell]$ echo $$
```

执行效果如图 8-6 所示。读者查询得到的 PID 应该与图 8-6 中的不同。

```
[zp@localhost shell]$ echo $$
2807
```

图 8-6　Shell 内置变量实例

内置变量通常用在 Shell 脚本中。例如，执行 Shell 脚本文件时，我们通常需要给它传递一些参数。这些参数在脚本文件内部可以使用$*n* 的形式来接收。具体而言，$1 表示第 1 个参数，$2 表示第 2 个参数，依此类推。再如，调用函数时也可以传递参数。这些传递进来的参数在函数内部也使用$*n* 的形式接收。同样，$1 表示第 1 个参数，$2 表示第 2 个参数，依此类推。这种通过$*n* 的形式来接收的参数，在 Shell 中称为位置参数。一般而言，Shell 变量的名字必须以字母或者下画线开头，不能以数字开头。但是位置参数却以数字作为变量名，这与变量的命名规则是相悖的，所以我们将它们视为“特殊变量”。除了$*n*，Shell 中还有$#、$*、$@、$?、$$等特殊变量。常见的内置变量如表 8-1 所示。

表 8-1　常见的内置变量

变量	含义说明
$$	Shell 本身的 PID
$!	Shell 最后运行的后台进程的 PID
$?	最后执行的命令的退出状态码
$-	使用 Set 命令设定的标志一览

续表

变量	含义说明
$*	所有参数列表。以"$1$2…$n"的形式输出所有参数
$@	输出所有参数。每个参数作为一个单独的字符串
$#	添加到 Shell 的参数个数
$0	Shell 本身的文件名
$1 ~ $n	添加到 Shell 的各参数值。$1 是第 1 个参数、$2 是第 2 个参数……

【实例 8-7】常见的内置变量。

打开文本编辑器，新建一个脚本文件 test002.sh。在该文件中输入如下代码。

```
#!/bin/bash
printf '$$ is %s\n' "$$"
printf '$! is %s\n' "$!"
printf '$? is %s\n' "$?"
printf '$- is %s\n' "$-"
printf '$* is %s\n' "$*"
printf '$@ is %s\n' "$@"
printf '$# is %s\n' "$#"
printf '$0 is %s\n' "$0"
printf '$1 is %s\n' "$1"
printf '$2 is %s\n' "$2"
```

执行如下命令，以执行该脚本，并传入参数。

```
[zp@localhost shell]$ vi test002.sh
[zp@localhost shell]$ bash test002.sh zhang ping
```

执行效果如图 8-7 所示。

```
[zp@localhost shell]$ vi test002.sh
[zp@localhost shell]$ bash test002.sh zhang ping
$$ is 2867
$! is
$? is 0
$- is hB
$* is zhang ping
$@ is zhang
$@ is ping
$# is 2
$0 is test002.sh
$1 is zhang
$2 is ping
```

图 8-7 常见的内置变量

3．用户变量

用户变量（User Variable）在脚本或命令中定义，一般仅在当前 Shell 实例中有效，其他 Shell 启动的程序不能访问。我们可以在 Shell 程序内任意使用和修改它们。8.2.2 小节中将对其进行详细讲解。

8.2.2 变量定义和访问

Shell 变量在定义时不需要指明类型，直接赋值即可。在 Bash Shell 中，每一个变量的值都是字符串，无论你给变量赋值时有没有使用引号，值都会以字符串的形式存储。默认不区分变量类型。使用 declare 关键字可显式声明变量类型。Shell 变量名由数字、字母、下画线组成，必须以字母或者下画线开头，不能使用 Shell 的关键字。

1．变量的定义

变量定义的格式如下。注意，“=”两边不能有空格，这是初学者最容易犯错误的地方。

```
变量名=变量值
```

Shell 支持以下 3 种定义变量的方式。

```
VariableName=VariableValue
VariableName='VariableValue'
VariableName="VariableValue"
```

VariableName 是变量名，VariableValue 是赋予变量的值。如果 VariableValue 不包含任何空白符（例如空格、缩进等），那么可以不使用引号；如果 VariableValue 包含空白符，就必须使用引号标识。单引号和双引号在作用上有区别，稍后我们会详细说明。

2．变量的访问

要获取变量的值，只需在变量名前面加$。已定义的变量可以被重新赋值。注意，对变量重新赋值时，不能在变量名前加$。

【实例 8-8】变量定义和访问。

执行如下命令。

```
[zp@localhost shell]$ author=zp              #错误示例："="两边故意加了空格，以进行对比
[zp@localhost shell]$ author=zp              #正确示例：定义变量，"="两边不应有空格
[zp@localhost shell]$ echo $author           #使用变量，在变量名前面加$
[zp@localhost shell]$ author="Zhang Ping"
[zp@localhost shell]$ echo $author
[zp@localhost shell]$ echo ${author}         #变量名外面的大括号{ }是可选的
[zp@localhost shell]$ author=Zhang Ping      #错误示例：包含空格，但没加引号
```

执行效果如图 8-8 所示。注意，变量定义时，“=”前后不能有空格。如果变量值中包含空白符，则必须使用引号标识。

```
[zp@localhost shell]$ author = zp
bash: author: command not found...
[zp@localhost shell]$ author=zp
[zp@localhost shell]$ echo $author
zp
[zp@localhost shell]$ author="Zhang Ping"
[zp@localhost shell]$ echo $author
Zhang Ping
[zp@localhost shell]$ echo ${author}
Zhang Ping
[zp@localhost shell]$ author=Zhang Ping
bash: Ping: command not found...
Similar command is: 'ping'
```

图 8-8　变量定义和访问

给变量名加大括号可以帮助解释程序准确识别变量的边界。给所有变量名加上大括号“{}”是一个良好的编程习惯。

【实例 8-9】变量名称的边界。

执行如下命令。

```
[zp@localhost shell]$ language="Shell"
#正确示例：解释程序把${language}当成一个变量
[zp@localhost shell]$ echo "It's a ${language}Script file"
```

```
#错误示例：解释程序把$languageScript 当成一个变量（其值为空）
[zp@localhost shell]$ echo "It's a $languageScript file"
[zp@localhost shell]$ language="Java" #已定义变量重新赋值
#正确示例：解释程序把${language}当成一个变量
[zp@localhost shell]$ echo "It's a ${language}Script file"
#错误示例：解释程序把$languageScript 当成一个变量（其值为空）
[zp@localhost shell]$ echo "It's a $languageScript file"
```

执行效果如图 8-9 所示。

```
[zp@localhost shell]$ language="Shell"
[zp@localhost shell]$ echo "It's a ${language}Script file"
It's a ShellScript file
[zp@localhost shell]$ echo "It's a $languageScript file"
It's a  file
[zp@localhost shell]$ language="Java"
[zp@localhost shell]$ echo "It's a ${language}Script file"
It's a JavaScript file
[zp@localhost shell]$ echo "It's a $languageScript file"
It's a  file
```

图 8-9　变量名称的边界

8.2.3 引号的使用

下面主要介绍 3 种类型的引号，分别是单引号、双引号和反引号。

单引号：以单引号（''）标识变量的值时，单引号里面是什么就输出什么，即使内容中有变量和命令也会把它们原样输出。这种方式比较适合定义显示纯字符串的情况，即不希望解析变量、命令等的场景。

双引号：以双引号（""）标识变量的值时，输出时会先解析里面的变量和命令，而不是把双引号中的变量名和命令原样输出。这种方式比较适合字符串中附带有变量和命令且想将其解析后再输出的变量定义。

反引号：注意区分反引号和单引号，反引号（``）位于“Esc”键的下方。反引号主要用于命令替换，具体用法将在后面介绍。

【实例 8-10】单引号和双引号用于变量赋值和访问。

执行如下命令。

```
[zp@localhost shell]$ author="Zhang Ping"            #定义变量 author
#定义变量 hello1 和 hello2
[zp@localhost shell]$ hello1='Hello, ${author}'     #单引号
[zp@localhost shell]$ hello2="Hello, ${author}"     #双引号
#使用变量 hello1 和 hello2
[zp@localhost shell]$ echo ${hello1}
[zp@localhost shell]$ echo ${hello2}
```

执行效果如图 8-10 所示。

```
[zp@localhost shell]$ author="Zhang Ping"
[zp@localhost shell]$ hello1='Hello, ${author}'
[zp@localhost shell]$ hello2="Hello, ${author}"
[zp@localhost shell]$ echo ${hello1}
Hello, ${author}
[zp@localhost shell]$ echo ${hello2}
Hello, Zhang Ping
```

图 8-10　单引号和双引号用于变量赋值和访问

8.2.4 命令替换

通过命令替换（Command Substitution），可以达到将命令的执行结果赋值给变量的目的。具体有以下两种实现方式。

第 1 种方式是把命令用反引号标识，反引号和单引号非常相似，容易产生混淆。采用这种方式编写的 Shell 脚本移植性比较高，基本上可在全部的 UNIX Shell 中使用。但是没有使用$()直观，特别是在多层次的复合替换中，需要一定的经验和技巧，才不会犯错。

第 2 种方式是把命令用$()标识，区分更加明显，所以推荐使用这种方式。需要注意的是，并不是每一种 Shell 解释程序都支持$()。存在跨平台移植需求时，请谨慎使用。

【实例 8-11】命令替换。

执行如下命令。

```
[zp@localhost shell]$ echo "Today is $(date)"
[zp@localhost shell]$ echo 'Today is $(date)'
[zp@localhost shell]$ echo "Today is `date`"
[zp@localhost shell]$ echo 'Today is `date`'
```

执行效果如图 8-11 所示。

```
[zp@localhost shell]$ echo "Today is $(date)"
Today is 2022年 07月 16日 星期六 07:03:14 EDT
[zp@localhost shell]$ echo 'Today is $(date)'
Today is $(date)
[zp@localhost shell]$ echo "Today is `date`"
Today is 2022年 07月 16日 星期六 07:03:30 EDT
[zp@localhost shell]$ echo 'Today is `date`'
Today is `date`
```

图 8-11　命令替换

8.2.5 输入

read 命令用于读取标准输入设备的下一行。默认情况下，标准输入中的新一行到换行符前的所有字符会被读取，并赋值给对应的变量。该命令可以一次读入多个变量的值，变量和输入的值都需要使用空格隔开。在 read 命令后面，如果没有指定变量名，读取的数据将被自动赋值给特定的变量 REPLY。

read 命令的语法格式：read [选项] [变量名]。

read 常用的选项如表 8-2 所示。

表 8-2　read 命令常用的选项

选项	含义
p	提示语句，后面接输入提示信息
n	参数个数，有时候要限制密码长度，或者其他输入长度，例如[Y/N]被限制为只输入一位
s	屏蔽回显，屏幕上不显示输入内容，一般用于密码输入
t	等待时间，例如设置 30s，30s 内未输入或者输入不全，终止输入
d	输入界限，例如设置$为输入界限，输入$，自然终止输入
r	屏蔽特殊字符“\”的转义功能，加了之后将其作为普通字符处理

【实例 8-12】输入一个变量值。

从标准输入读取一行并赋值给变量 password。执行如下命令。

```
[zp@localhost shell]$ read -s -p "Enter Password:" password
[zp@localhost shell]$ echo -e "\nThe password you input is:$password"
```

执行效果如图 8-12 所示。

```
[zp@localhost shell]$ read -s -p "Enter Password:" password
Enter Password:[zp@localhost shell]$
[zp@localhost shell]$ echo -e "\nThe password you input is:$passw
ord"

The password you input is:zhangping
[zp@localhost shell]$
```

图 8-12 输入一个变量值

有兴趣的读者可以分析下面这一行代码的含义。

```
read -n8 -t10 -r -s -d $ -p "Enter Password:" password
```

【实例 8-13】输入多个变量值。

从标准输入读取一行，直至遇到第 1 个空白或换行符。把用户输入的第 1 个词存到变量 first 中，剩余部分保存到变量 last 中。执行如下命令。

```
#从标准输入读取一行，直至遇到第 1 个空白或换行符，并赋值给 first 和 last
[zp@localhost shell]$ read first last
#输出 first 和 last 的值
[zp@localhost shell]$ echo $first
[zp@localhost shell]$ echo $last
```

执行效果如图 8-13 所示。

```
[zp@localhost shell]$ read first last
zhang ping
[zp@localhost shell]$ echo $first
zhang
[zp@localhost shell]$ echo $last
ping
```

图 8-13 输入多个变量值

8.2.6 输出

Shell 语言中有两个常用的变量输出命令，分别是 echo 和 printf。

1．echo

echo 命令发送数据到标准的输出设备，数据采用的是字符串。echo 命令也可以输出一个变量。

echo 命令有两个重要选项：-e 用于识别输出内容里面的转义字符；-n 用于忽略结尾的换行。更多 echo 的选项可以通过 help echo 查看。

【实例 8-14】使用 echo 命令输出。

执行如下命令。

```
#使用 echo 命令输出内容
[zp@localhost shell]$ echo "Hello\tShell!"
#使用 echo 命令的-e 选项可以识别输出内容中的转义字符
[zp@localhost shell]$ echo -e "Hello\tShell!"
#使用 echo 命令的-n 选项忽略结尾的换行
[zp@localhost shell]$ echo -n "Hello\tShell!"
```

执行效果如图 8-14 所示。

```
[zp@localhost shell]$ echo "Hello\tShell!"
Hello\tShell!
[zp@localhost shell]$ echo -e "Hello\tShell!"
Hello    Shell!
[zp@localhost shell]$ echo -n "Hello\tShell!"
Hello\tShell![zp@localhost shell]$
```

图 8-14　使用 echo 命令输出

2．printf

printf 支持格式化输出。printf 的默认输出没有换行，换行需要自己加“\n”。

【实例 8-15】使用 printf 命令输出。

执行如下命令。

```
#使用 printf 命令输出内容（ptintf 可识别转义序列）
[zp@localhost shell]$ printf  "Hello\tShell"
#printf 命令换行输出需加上\n
[zp@localhost shell]$ printf  "Hello\tShell\n"
```

执行效果如图 8-15 所示。

```
[zp@localhost shell]$ printf  "Hello\tShell"
Hello   Shell[zp@localhost shell]$ printf  "Hello\tShell\n"
Hello   Shell
[zp@localhost shell]$
```

图 8-15　使用 printf 命令输出

8.2.7 数组

与大多数编程语言一样，Shell 也支持数组。数组可以用来存放多个值。Bash Shell 只支持一维数组，初始化时不需要定义数组大小。Shell 数组元素的索引从 0 开始。

1．数组定义

数组定义的格式如下：

```
array_name=(value1 value2 … valuen)
```

Shell 数组用圆括号来标识，元素之间用空格隔开。此外，也可以使用索引来定义数组。

```
array_name[0]=value1
array_name[1]=value2
array_name[2]=value3
```

注意

赋值号“=”两边不能有空格，必须紧挨着数组名和数组元素。

2．访问数组内容

（1）读取数组元素，格式如下：

```
${array_name[index]}
```

（2）获取数组中的所有元素，格式如下：

```
${array_name[@]}
```

或

```
${array_name[*]}
```

（3）获取数组长度，格式如下：

```
${#array_name[@]}
```

或

```
${#array_name[*]}
```

【实例 8-16】数组综合实例。

执行如下命令。

```
[zp@localhost shell]$ array1=(1 "2" 3) #定义数组
#读取数组元素
[zp@localhost shell]$ echo "The first item is ${array1[0]}"
[zp@localhost shell]$ echo "The second item is ${array1[1]}"
[zp@localhost shell]$ echo "The third item is ${array1[2]}"
#获取数组的长度，即数组元素个数为 3
[zp@localhost shell]$ echo "The total number is ${#array1[*]}"
[zp@localhost shell]$ echo "The total number is ${#array1[@]}"
#获取数组中的所有元素
[zp@localhost shell]$ echo "Items in array1 are: ${array1[*]}"
[zp@localhost shell]$ echo "Items in array1 are: ${array1[@]}"
```

执行效果如图 8-16 所示。编者故意在 array1 的第 2 个元素上加了双引号。注意，元素之间是用空格分隔的，而不是其他语言中常用的逗号。此外需要注意的是，定义数组时使用的是圆括号。

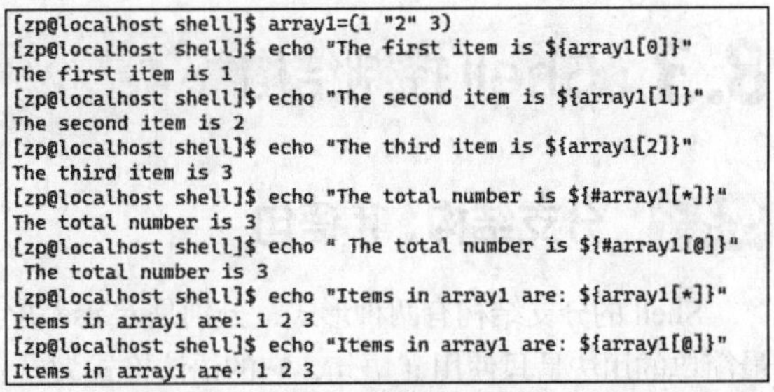

```
[zp@localhost shell]$ array1=(1 "2" 3)
[zp@localhost shell]$ echo "The first item is ${array1[0]}"
The first item is 1
[zp@localhost shell]$ echo "The second item is ${array1[1]}"
The second item is 2
[zp@localhost shell]$ echo "The third item is ${array1[2]}"
The third item is 3
[zp@localhost shell]$ echo "The total number is ${#array1[*]}"
The total number is 3
[zp@localhost shell]$ echo " The total number is ${#array1[@]}"
 The total number is 3
[zp@localhost shell]$ echo "Items in array1 are: ${array1[*]}"
Items in array1 are: 1 2 3
[zp@localhost shell]$ echo "Items in array1 are: ${array1[@]}"
Items in array1 are: 1 2 3
```

图 8-16 数组综合实例

8.2.8 表达式

Shell 表达式与其他语言的表达式区别比较大。首先，Shell 语言不会自动计算表达式的值，需要使用特定的命令或者命令别名辅助求解表达式的值。其次，可供使用的命令或者命令别名的种类较多，并且各自用法并不完全相同，容易引起混淆。此外，部分命令或者命令别名的语法要求非常严格，并且对于不符合要求的书写方式，系统大多数情况下不会报错，只会给出不正确的结果，这样进一步增加了发现问题的难度。本书仅介绍几种较为常见的表达式求解方法，并对适合初学者的方法进行推荐。

1．算术表达式

Shell 本身并不支持数学运算。读者可以通过 expr 等命令来实现算术表达式的求值操作。使用 expr 命令时需要注意：操作数（用于计算的数）和运算符之间一定要有空格，初学者容易在这里犯错。建议初学者使用$[]或者$(())进行数学运算，此时不要求运算符与操作数之间有空格，书写更加灵活。

【实例 8-17】求算术表达式的值。

执行如下命令。

```
[zp@localhost shell]$ echo $[4*5]              #作为对比，读者可在运算符附近增加空格
…
[zp@localhost shell]$ echo $((20/4))           #作为对比，读者可在运算符附近增加空格
…
```

执行效果如图 8-17 所示。

```
[zp@localhost ~]$ echo $[4*5]
20
[zp@localhost ~]$ echo $[4 * 5 ]
20
[zp@localhost ~]$ echo $[4 *5]
20
[zp@localhost ~]$ echo $((20/4))
5
[zp@localhost ~]$ echo $((20/ 4))
5
[zp@localhost ~]$ echo $(( 20/ 4))
5
```

图 8-17　求算术表达式的值

2．逻辑表达式

与其他语言不同，Shell 并不会自行求解逻辑表达式的值。读者可以使用“(())”“[]”等命令或命令别名来计算逻辑表达式的值。“[]”是 test 命令的别名，广泛应用于 Linux 操作系统各类脚本中。然而 test 命令及其别名“[]”对表达式的书写要求非常严格，并且有自己特定的语法规则，初学者容易犯错。

“(())”是“[]”的增强版，它可以支持采用与 C 语言较为类似的运算符，对初学者较为友好。“(())”对表达式的书写要求较为宽松，其表达式的书写规则与 C 语言等主流语言的较为类似。需要说明的是，一些较早期的 Shell 解释程序并不支持“(())”。

接下来的两节中，我们主要使用“(())”求解逻辑表达式。关于 test 命令及其别名“[]”的用法，我们将在 8.5 节“Shell 进阶”中进行介绍。

8.3 Shell 控制结构

8.3.1 分支结构：if 语句

Shell 的分支结构有两种形式，分别是 if else 语句和 case in 语句。本小节我们只介绍 if else 语句。最简单的用法是只使用 if 语句，它的语法格式为：

```
if  condition
then
    语句
fi
```

注意，if 语句最后必须以 fi 来闭合。

Shell 的 if 语句中的 condition 部分，与其他语言存在较大区别。condition 中需要包含逻辑表达式指定运算命令。实践中，一般可以使用“(())”或者“[]”来计算逻辑表达式的值。如前所述，“[]”对初学者并不友好，因此我们主要采用“(())”。

读者也可以将 then 和 if 写在一行：

```
if condition;  then
    语句
fi
```

请注意 condition 后面的分号（;）。当 if 和 then 位于同一行的时候，这个分号是必需的，否则会有语法错误。对于较为简单的例子，所有代码都可以写在同一行中。例如：

```
if (($X == $Y));then echo "equal";else echo "no";fi
```

Shell 支持多分支 if 语句，读者可以结合下面的例子理解。多分支结构也可以使用 case 语句实现，限于篇幅，这里不做展开，读者可以根据配套代码包中的相关实例自行理解。

【实例 8-18】多分支 if 语句实例。

输入成绩（百分制），输出 A、B、C、D、E 五等制的成绩。新建脚本 testIf05.sh，在其中输入如下内容。注意，if 和 elif 的后面都有 then 关键字。

```
#!/bin/bash
read score
if (( $score >= 0 && $score < 60 )); then
      echo "E"
elif (( $score >= 60 && $score < 70 )); then
      echo "D"
elif (( $score >= 70 && $score < 80 )); then
      echo "C"
elif (( $score >= 80 && $score <90 )); then
      echo "B"
elif (( $score >= 90 && $score <= 100 )); then
      echo "A"
else
      echo "成绩有误"
fi
```

脚本代码的执行效果如图 8-18 所示。

```
[zp@localhost shell]$ bash testIf05.sh
75
C
[zp@localhost shell]$ bash testIf05.sh
85
B
[zp@localhost shell]$ bash testIf05.sh
150
成绩有误
```

图 8-18　多分支 if 语句实例

8.3.2 循环结构：for 语句

Shell 提供了 for 循环语句。for 循环通常用于明确知道重复执行次数的情况，它将循环次数通过变量预先定义好，实现使用计数方式控制循环。Shell for 循环有两种使用形式：C 语言风格的 for 循环和 Python 语言风格的 for 循环。

1．C 语言风格的 for 循环

C 语言风格的 for 循环，语法格式如下：

```
for((exp1; exp2; exp3))
do
    语句
done
```

exp1 仅在第 1 次循环时执行，以后都不会再执行，可以被认为是一个初始化语句。exp2 一般是一个关系表达式，决定了是否还要继续下次循环，它被称为“循环条件”。exp3 很多情况下是一个带有自增或自减运算的表达式，以使循环条件逐渐变得“不成立”。exp1（初始化语句）、exp2（循环条件）和 exp3（自增或自减）都是可选项，可以省略（但分号“;”必须保留），这一点与 C 语言基本类似。do 和 done 是 Shell 中的关键字。

【实例 8-19】C 语言风格的 for 循环实例。

本实例将计算从 1 到 20 的整数之和。新建脚本 testFor01.sh，在其中输入如下内容。

```
#!/bin/bash
```

```
sum=0
for ((i=1; i<=20; i++))
do
     ((sum += i))
done
echo "结果为: $sum"
```

脚本代码的执行效果如图 8-19 所示。

```
[zp@localhost shell]$ bash testFor01.sh
结果为: 210
```

图 8-19　C 语言风格的 for 循环实例

2．Python 语言风格的 for 循环

Python 语言风格的 for 循环，语法格式如下：

```
for variable in value_list
do
     语句
done
```

variable 表示变量，value_list 表示取值列表，in 是 Shell 中的关键字。每次循环都会从 value_list 中取出一个值赋予变量 variable，然后执行循环体中的语句。直到取完 value_list 中的所有值，循环才结束。

【实例 8-20】Python 语言风格的 for 循环实例 1。

本实例将输出 a 到 z 之间的所有字符。新建脚本 testFor02.sh，在其中输入如下内容。

```
#!/bin/bash
for c in {a..z}
do
     printf "%c" $c
done
printf "\n"
```

脚本代码的执行效果如图 8-20 所示。

```
[zp@localhost shell]$ bash testFor02.sh
abcdefghijklmnopqrstuvwxyz
```

图 8-20　输出字符列表

【实例 8-21】Python 语言风格的 for 循环实例 2。

新建脚本 testFor03.sh，在其中输入如下内容。

```
#!/bin/bash
for i in `ls /boot`
do
echo "$i"
done
```

脚本代码的执行效果如图 8-21 所示。

```
[zp@localhost shell]$ bash testFor03.sh
config-5.14.0-71.el9.x86_64
efi
grub2
initramfs-0-rescue-e783d51aeb294e9697c54bf3d7605b2e.img
initramfs-5.14.0-71.el9.x86_64.img
initramfs-5.14.0-71.el9.x86_64kdump.img
loader
symvers-5.14.0-71.el9.x86_64.gz
System.map-5.14.0-71.el9.x86_64
vmlinuz-0-rescue-e783d51aeb294e9697c54bf3d7605b2e
vmlinuz-5.14.0-71.el9.x86_64
```

图 8-21　输出/boot 目录下的文件列表

8.3.3 循环结构：while 语句和 until 语句

while 循环用于不断执行一系列命令，直到判断条件为假（false）时终止循环。until 循环用来执行一系列命令，直到判断条件为真时才终止循环。

Shell while 循环的语法规则如下：

```
while condition
do
    语句
done
```

Shell until 循环的语法规则如下：

```
until condition
do
    语句
done
```

condition 表示判断条件。while 循环中，当条件满足时，重复执行循环体语句，当条件不满足时，退出循环。until 循环和 while 循环恰好相反，一旦判断条件满足，就终止循环。注意，在循环体中必须有语句修改 condition 的值，以保证最终退出循环。

【实例 8-22】while 循环实例。

本实例利用 while 循环计算 1 到 50 的整数之和。新建脚本 testWhile01.sh，在其中输入如下内容。

```
#!/bin/bash
sum=0
i=1
while ((i <= 50))
do
    ((sum += i))
    ((i++))
done
echo "结果为: $sum"
```

脚本代码的执行效果如图 8-22 所示。

```
[zp@localhost shell]$ bash testWhile01.sh
结果为: 1275
```

图 8-22 while 循环实例

【实例 8-23】until 循环实例。

本实例将利用 until 循环计算 1 到 50 的整数之和。新建脚本 testUntil01.sh，内容如下。

```
#!/bin/bash
sum=0
i=1
until ((i > 50))
do
    ((sum += i))
    ((i++))
done
echo "结果为: $sum"
```

脚本代码的执行效果如图 8-23 所示。

```
[zp@localhost shell]$ bash testUntil01.sh
结果为: 1275
```

图 8-23 until 循环实例

8.4 Shell 函数

Shell 函数的本质是一段可以重复使用的脚本代码，这段代码被提前编写好，放在了指定的位置，使用时直接调取即可。Shell 中的函数和 C++、Java、Python、C#等其他编程语言中的函数类似，只是在语法细节上有所差别。

8.4.1 函数的定义

Shell 函数必须先定义后使用。Shell 函数定义的语法格式如下：

```
[function] 函数名(){
        语句序列
        [return 返回值]
}
```

其中，function 是 Shell 中用于函数定义的关键字。由“{ }”标识的部分称为函数体。函数体中是语句序列。调用一个函数，实际上就是执行函数体中的语句序列。“return 返回值”表示返回函数值，return 是 Shell 关键字。“return 返回值”不是必需项，可以省略。

函数定义时也可以不写 function 关键字：

```
函数名() {
    语句序列
    [return 返回值]
}
```

如果写了 function 关键字，也可以省略函数名后面的圆括号：

```
function 函数名{
        语句序列
        [return 返回值]
}
```

【实例 8-24】函数定义。

本实例展示函数定义的基本形式。新建脚本 testFunc01.sh，内容如下。

```
#!/bin/bash
#函数定义
function hello(){
        echo "Hello,Shell!"
}
#函数调用
Hello
```

脚本代码的执行效果如图 8-24 所示。

```
[zp@localhost shell]$ bash testFunc01.sh
Hello,Shell!
```

图 8-24　函数定义

8.4.2 函数调用与参数传递

根据进行 Shell 函数调用时是否传递参数，可以将其分为如下两类。

第一类，不传递参数。此时直接给出函数名，调用方式如下：

```
函数名
```

第二类，传递参数。函数名后接参数列表，参数之间以空格分隔。调用方式如下：

```
函数名 参数1 参数2  参数n
```

请注意 Shell 函数及其调用的特殊之处。首先，函数调用时，函数名后面不需要带括号。其次，Shell 函数定义时不能指明参数，但是在调用时却可以传递参数。

Shell 函数参数是位置参数的一种，我们可以使用$*n* 在函数内部接收调用时传递的参数。例如，$1 表示第 1 个参数，$2 表示第 2 个参数，依此类推。此外，还可以通过$#获取传递的参数的个数；通过$@或者$*一次性获取所有的参数。

【实例 8-25】使用$*n* 接收参数。

本实例展示存在多个参数传递时的函数调用。新建脚本 testFunc02.sh，内容如下。

```
#!/bin/bash
#函数定义
function name(){
     echo "Family name(Last name): $1"
     echo "Given name(First name): $2"
}
#函数调用
name Zhang Ping
```

脚本代码的执行效果如图 8-25 所示。

```
[zp@localhost shell]$ bash testFunc02.sh
Family name(Last name): Zhang
Given name(First name): Ping
```

图 8-25 使用$*n* 接收参数

【实例 8-26】使用$@接收参数。

本实例使用$@接收多个参数。本实例脚本用于计算传入的多个数值参数的乘积。新建脚本 testFunc03.sh，内容如下。

```
#!/bin/bash
#函数定义
function getProduct(){
     local result=1
     for n in $@
     do
          ((result*=n))
     done
     echo $result
}
#函数调用和参数传递
getProduct 2 4 6 8
```

脚本代码的执行效果如图 8-26 所示。

```
[zp@localhost shell]$ bash testFunc03.sh
384
```

图 8-26 使用$@接收参数

8.4.3 函数的返回值

Shell 函数中的 return 关键字主要用于表示函数执行成功与否。试图利用 return 关键字返回重要数据，可能会事与愿违。特别是利用 return 返回非数值类型数据时，会得到错误提示："numeric argument required"。

获取 Shell 函数返回结果的方法一般有如下 3 种。

第 1 种，直接从函数内部输出结果。例如，8.4.1 小节和 8.4.2 小节的例子中，我们都是使用 echo 命令直接从函数内部输出结果的。

第 2 种，使用全局变量。首先定义全局变量，在函数中将计算结果赋值给全局变量，然后在脚本中其他位置，通过访问全局变量，可以获得相应的计算结果。Shell 函数中定义的变量默认是全局变量，函数与其所在脚本共享该全局变量。使用 local 关键字可定义局部变量。

第 3 种，使用内置变量。$?这一个特殊的内置变量可用于获取上一个命令执行后的返回结果。因而在函数调用后，可以使用$?来接收函数返回结果。

【实例 8-27】获取函数返回值。

本实例中将演示 4 种函数返回值获取方案，其中第 1 种方案和第 4 种方案是不可行方案，用于对比测试。第 2 种和第 3 种方案都可行。新建脚本 testFunc04.sh，内容如下。

```
#!/bin/bash
#函数定义
function getProduct(){
     local result_loc=1 #局部变量
     result=1 #全局变量
     for n in $@
     do
        ((result_loc*=n))
     done
     result=$result_loc
     return $result
}
#函数调用和参数传递
#直接利用 return 返回结果，失败
echo ---test1----
echo $(getProduct 2 3 4)
#通过特殊变量$?获取结果，成功
echo ---test2----
getProduct 4 5 6
echo $?
#通过全局变量获取结果，成功
echo ---test3----
getProduct 6 7 8
echo $result
#通过局部变量获取结果，失败
echo ---test4----
getProduct 1 2 3
echo $result_loc
```

脚本代码的执行效果如图 8-27 所示。本案例中，共进行了 4 种函数返回值获取方案的测试，具体描述见代码注释。由测试结果可知，第 2 种方案通过特殊变量$?获取结果，测试成功。第 3 种方案通过全局变量获取结果，测试成功。其他两种方案均没有成功。

```
[zp@localhost shell]$ bash testFunc04.sh
---test1----

---test2----
120
---test3----
336
---test4----

[zp@localhost shell]$ |
```

图8-27 获取Shell函数返回值

8.5 Shell进阶

Shell进阶

前文对 Shell 的基本语法规则进行了介绍，掌握这些知识后，读者可以使用 Shell 完成基本的编程任务。然而，读者仅仅使用上述各节的知识，并不能理解 Linux 操作系统中许多真实的 Shell 脚本的含义。例如，图 8-28 和图 8-29 中的代码片段来自于真实的 Linux 脚本。它们均使用了尚未介绍的 Shell 语法规则。本章剩余部分将对一些典型的 Shell 特有语法规则进行介绍。

```
# Get the timezone set.
    if [ -z "$TZ" -a -e /etc/timezone ]; then
        TZ=`cat /etc/timezone`
    fi
}
```

图8-28 Shell脚本代码片段1

```
# If the admin deleted the hwclock config, create a blank
# template with the defaults.
if [ -w /etc ] && [ ! -f /etc/adjtime ] && [ ! -e /etc/adjtime ]; then
    printf "0.0 0 0.0\n0\nUTC\n" > /etc/adjtime
fi

if [ -d /run/udev ] || [ -d /dev/.udev ]; then
    return 0
fi
```

图8-29 Shell脚本代码片段2

8.5.1 test命令及其别名

图 8-28 和图 8-29 中 if 语句的条件部分使用的都是“[]”，这是 test 命令的别名，用于求解方括号中表达式的值。Linux 操作系统中大量脚本采用了这种方法，因此读者有必要了解一下。相对于前面章节中使用的“(())”，test 命令及其别名对表达式的书写要求更为严格，初学者很容易犯错误。test 命令语法格式为：

```
test 逻辑表达式
```

test 命令有一个更常用的别名，即方括号，语法格式为：

```
[ 逻辑表达式 ]
```

需要注意的是，当使用方括号时，逻辑表达式两边必须有空格，即完整的格式为：左方括号、空格、逻辑表达式、空格、右方括号。

【实例 8-28】test 命令计算逻辑表达式。

执行如下命令。

```
[zp@localhost shell]$ test 6 = 6        #正确示例："="前后都有空格
#判断上一条命令中的条件是否成立，"$?"是内置变量，读者请查看表8-1
[zp@localhost shell]$ echo $?
```

```
#退出状态码为 0，表示上一条命令测试通过
[zp@localhost shell]$ test 6 = 8        #正确示例："=" 前后都有空格
[zp@localhost shell]$ echo $?
#退出状态码为 1，表示上一条命令测试没通过
#注意比较下面命令的区别。下面是常见的错误示例
[zp@localhost shell]$ test 6=6          #错误示例：作为对比，"=" 前后空格已被故意删除
[zp@localhost shell]$ echo $?
[zp@localhost shell]$ test 6=8          #错误示例：作为对比，"=" 前后空格已被故意删除
[zp@localhost shell]$ echo $?
```

执行效果如图 8-30 所示。作为对照，本实例中，我们既安排了正确示例，也安排了错误示例。错误示例的输出结果并不能正确表达用户的真实意图。

```
[zp@localhost shell]$ test 6 = 6
[zp@localhost shell]$ echo $?
0
[zp@localhost shell]$ test 6 = 8
[zp@localhost shell]$ echo $?
1
[zp@localhost shell]$ test 6=6
[zp@localhost shell]$ echo $?
0
[zp@localhost shell]$ test 6=8
[zp@localhost shell]$ echo $?
0
```

图 8-30　test 命令计算逻辑表达式

需要注意的是，上述实例中的 "=" 是字符串比较运算符，更多信息参考表 8-5。读者如果需要进行数值比较，可以参考表 8-3。

【实例 8-29】别名方式计算逻辑表达式。

执行如下命令。

```
[zp@localhost shell]$ [ 6 = 6 ]         #正确示例："=" 前后都有空格，与方括号间也有空格
[zp@localhost shell]$ echo $?           #退出状态码为 0，表示上一条命令测试通过
[zp@localhost shell]$ [ 6 = 8 ]         #正确示例："=" 前后都有空格，与方括号间也有空格
[zp@localhost shell]$ echo $?           #退出状态码为 1，表示上一条命令测试没通过
#注意比较下面命令的区别。下面是常见的错误示例
[zp@localhost shell]$ [6 = 8]           #错误示例：与方括号间的空格被故意删除，直接报错
[zp@localhost shell]$ echo $?
[zp@localhost shell]$ [ 6=8 ]           #错误示例：作为对比，"=" 前后的空格已被故意删除
[zp@localhost shell]$ echo $?
[zp@localhost shell]$ [ 6=6 ]           #错误示例：作为对比，"=" 前后的空格已被故意删除
[zp@localhost shell]$ echo $?
```

执行效果如图 8-31 所示。

```
[zp@localhost shell]$ [ 6 = 6 ]
[zp@localhost shell]$ echo $?
0
[zp@localhost shell]$ [ 6 = 8 ]
[zp@localhost shell]$ echo $?
1
[zp@localhost shell]$ [6 = 8]
bash: [6: command not found...
[zp@localhost shell]$ echo $?
127
[zp@localhost shell]$ [ 6=8 ]
[zp@localhost shell]$ echo $?
0
[zp@localhost shell]$ [ 6=6 ]
[zp@localhost shell]$ echo $?
0
```

图 8-31　别名方式计算逻辑表达式

8.5.2 数值比较运算符

数值比较运算符用于数值比较。表 8-3 中列出了常用的数值比较运算符。

表 8-3　常用的数值比较运算符

运算符	规则说明
-gt	检测左边的数是否大于右边的，如果是，则返回 true，否则返回 false
-lt	检测左边的数是否小于右边的，如果是，则返回 true
-eq	检测两个数是否相等，相等返回 true
-ne	检测两个数是否不相等，不相等返回 true
-ge	检测左边的数是否大于或等于右边的，如果是，则返回 true
-le	检测左边的数是否小于或等于右边的，如果是，则返回 true

【实例 8-30】数值比较运算符实例 1。

本实例使用 until 循环计算 0 到 10 的数值之和，until 语句中使用了数值比较运算符。新建脚本 adv01.sh，内容如下。

```
#!/bin/bash
i=0
s=0
until [ $i -eq 11 ]
do
    let s+=i
    let i++
done
echo $s
```

脚本代码的执行效果如图 8-32 所示。

```
[zp@localhost shell]$ bash adv01.sh
55
```

图 8-32　数值比较运算符实例 1

【实例 8-31】数值比较运算符实例 2。

本实例展示数值比较运算符-eq、-ne 的使用方法。新建脚本 adv02.sh，内容如下。

```
#!/bin/bash
read var1 var2
if [ $var1 -eq $var2 ]
then
      echo "$var1 -eq $var2 为真: $var1 等于 $var2"
else
      echo "$var1 -eq $var2 为假: $var1 不等于 $var2"
fi
if [ $var1 -ne $var2 ]
then
      echo "$var1 -ne $var2 为真: $var1 不等于 $var2"
else
      echo "$var1 -ne $var2 为假: $var1 等于 $var2"
fi
```

脚本代码的执行效果如图 8-33 所示。

```
[zp@localhost shell]$ bash adv02.sh
12 22
12 -eq 22 为假: 12 不等于 22
12 -ne 22 为真: 12 不等于 22
[zp@localhost shell]$ bash adv02.sh
10 10
10 -eq 10 为真: 10 等于 10
10 -ne 10 为假: 10 等于 10
```

图 8-33　数值比较运算符实例 2

【实例 8-32】数值比较运算符实例 3。

本实例展示运算符-lt、-le、-ge、-gt 的使用方法。新建脚本 adv03.sh，内容如下。

```
#!/bin/bash
read var1 var2
if [ $var1 -ge $var2 ]
then
      echo "$var1 -ge $var2 为真: $var1 大于或等于 $var2"
else
      echo "$var1 -ge $var2 为假: $var1 小于 $var2"
fi
if [ $var1 -gt $var2 ]
then
      echo "$var1 -gt $var2 为真: $var1 大于 $var2"
else
      echo "$var1 -gt $var2为假: $var1 不大于 $var2"
fi
if [ $var1 -le $var2 ]
then
      echo "$var1 -le $var2 为真: $var1 小于或等于 $var2"
else
      echo "$var1 -le $var2 为假: $var1 大于 $var2"
fi
if [ $var1 -lt $var2 ]
then
      echo "$var1 -lt $var2 为真: $var1 小于 $var2"
else
      echo "$var1 -lt $var2 为假: $var1 不小于 $var2"
fi
```

脚本代码的执行效果如图 8-34 所示。

```
[zp@localhost shell]$ bash adv03.sh
10 20
10 -ge 20 为假: 10 小于 20
10 -gt 20为假: 10 不大于 20
10 -le 20 为真: 10 小于或等于 20
10 -lt 20 为真: 10 小于 20
[zp@localhost shell]$ bash adv03.sh
20 10
20 -ge 10 为真: 20 大于或等于 10
20 -gt 10 为真: 20 大于 10
20 -le 10 为假: 20 大于 10
20 -lt 10 为假: 20 不小于 10
[zp@localhost shell]$ bash adv03.sh
20 20
20 -ge 20 为真: 20 大于或等于 20
20 -gt 20为假: 20 不大于 20
20 -le 20 为真: 20 小于或等于 20
20 -lt 20 为假: 20 不小于 20
```

图 8-34　数值比较运算符实例 3

8.5.3 逻辑运算符

表 8-4 中列出了常用的逻辑运算符。

表 8-4 常用的逻辑运算符

运算符	规则说明
!	非运算，表达式 true 则返回 false，否则返回 true
-o	或运算，有一个表达式为 true 则返回 true
-a	与运算，两个表达式都为 true 才返回 true

【实例 8-33】逻辑运算符实例 1。

判断当前时间，输出相应问候语。新建脚本 adv11.sh，在其中输入如下内容。

```
#!/bin/bash
echo $(date)
hour=$(date +%H)
if [ $hour -ge 0 -a $hour -le 11 ]
then
  echo "上午好! "
elif [ $hour -ge 12 -a $hour -le 17 ]
then
  echo "下午好! "
else
  echo "晚上好! "
fi
```

脚本代码的执行效果如图 8-35 所示。

```
[zp@localhost shell]$ bash adv11.sh
2022年 07月 18日 星期一 06:37:20 EDT
上午好!
```

图 8-35 逻辑运算符实例 1

【实例 8-34】逻辑运算符实例 2。

新建脚本 adv12.sh，内容如下。

```
#!/bin/bash
read var1 var2
if [ $var1 != $var2 ]
then
   echo "$var1 != $var2 为真: $var1 不等于 $var2 "
else
   echo "$var1 == $var2 : $var1 等于 $var2 "
fi
if [ $var1 -lt 50 -a $var2 -gt 15 ]
then
   echo "$var1 小于 50 且 $var2 大于 20 : 为真"
else
   echo "$var1 小于 50 且 $var2 大于 20 : 为假"
fi
if [ $var1 -lt 50 -o $var2 -gt 50 ]
then
   echo "$var1 小于 50 或 $var2 大于 50 : 为真"
```

```
else
   echo "$var1 小于 50 或 $var2  大于 50 : 为假"
fi
if [ $var1 -lt 20 -o $var2  -gt 50 ]
then
   echo "$var1 小于 20 或 $var2  大于 50 : 为真"
else
   echo "$var1 小于 20 或 $var2  大于 50 : 为假"
fi
```

脚本代码的执行效果如图 8-36 所示。

```
[zp@localhost shell]$ bash adv12.sh
22 33
22 !=  33 为真: 22 不等于 33
22 小于 50 且  33  大于 20 : 为真
22 小于 50 或  33  大于 50 : 为真
22 小于 20 或  33  大于 50 : 为假
[zp@localhost shell]$ bash adv12.sh
55 44
55 !=  44 为真: 55 不等于 44
55 小于 50 且  44  大于 20 : 为假
55 小于 50 或  44  大于 50 : 为假
55 小于 20 或  44  大于 50 : 为假
[zp@localhost shell]$ bash adv12.sh
22 22
22 ==  22 : 22 等于 22
22 小于 50 且  22  大于 20 : 为真
22 小于 50 或  22  大于 50 : 为真
22 小于 20 或  22  大于 50 : 为假
```

图 8-36　逻辑运算符实例 2

8.5.4 字符串比较和检测运算符

表 8-5 中列出了常用的字符串比较和检测运算符。

表 8-5　常用的字符串比较和检测运算符

运算符	规则说明	运算符	规则说明
=	比较两个字符串是否相等，相等返回 true	-n	检测字符串长度是否不为 0，不为 0 返回 true
!=	比较两个字符串是否相等，不相等返回 true	$	检测字符串是否为空，不为空返回 true
-z	检测字符串长度是否为 0，为 0 返回 true		

【实例 8-35】字符串比较运算符实例。

本实例展示字符串比较运算符的使用方法。新建脚本 adv21.sh，内容如下。

```
#!/bin/bash
read var1 var2
if [ $var1 = $var2 ]
then
     echo "$var1 = $var2 为真: $var1 等于 $var2"
else
     echo "$var1 = $var2 为假: $var1 不等于 $var2"
fi
if [ $var1 != $var2 ]
then
     echo "$var1 != $var2 为真: $var1 不等于 $var2"
```

```
else
    echo "$var1 != $var2 为假: $var1 等于 $var2"
fi
```

脚本代码的执行效果如图 8-37 所示。

```
[zp@localhost shell]$ bash adv21.sh
zhang ping
zhang = ping 为假: zhang 不等于 ping
zhang != ping 为真: zhang 不等于 ping
[zp@localhost shell]$ bash adv21.sh
ping ping
ping = ping 为真: ping 等于 ping
ping != ping 为假: ping 等于 ping
```

图 8-37 字符串比较运算符实例

【实例 8-36】字符串检测运算符实例。

本实例展示字符串检测运算符的使用方法。新建脚本 adv22.sh，内容如下：

```
#!/bin/bash
read var1
if [ -z "$var1" ]                          #此行中的双引号可以省略
then
    echo "-z $var1 : 字符串长度为 0"
else
    echo "-z $var1 : 字符串长度不为 0"
fi
if [ -n "$var1" ]                          #此行中的双引号不能省略
then
    echo "-n $var1 : 字符串长度不为 0"
else
    echo "-n $var1 : 字符串长度为 0"
fi
if [ "$var1" ]                             #此行中的双引号可以省略
then
    echo "$var1 : 字符串不为空"
else
    echo "$var1 : 字符串为空"
fi
```

本实例第 2 条 if 语句中，条件部分的变量$var1 必须要用双引号引起来，否则结果不正确。在方括号里进行-n 测试时一定要把字符串用双引号引起来，这是-n 运算符比较特殊的地方。本实例第 1 条和第 3 条 if 语句中，条件部分的变量$var1 既可以加引号，也可以不加引号，但是建议读者加上引号。脚本代码的执行效果如图 8-38 所示。注意，第 2 次测试中，输入数据时，编者直接按"Enter"键，作为输入内容。测试结果表明，此时字符串长度识别为 0，字符串识别为空。读者可以尝试只输入几个空格，然后按"Enter"键并观察测试结果。

```
[zp@localhost shell]$ bash adv22.sh
ping
-z ping : 字符串长度不为0
-n ping : 字符串长度不为0
ping : 字符串不为空
[zp@localhost shell]$ bash adv22.sh

-z  : 字符串长度为0
-n  : 字符串长度为0
 : 字符串为空
```

图 8-38 字符串检测运算符实例

8.5.5 文件测试运算符

表 8-6 中列出了常用的文件测试运算符，它们可以用于检测 UNIX/Linux 文件的各种属性。

表 8-6 常用的文件测试运算符

运算符	规则说明
-b file	检测文件是否是块设备文件，如果是，则返回 true
-c file	检测文件是否是字符设备文件，如果是，则返回 true
-d file	检测文件是否是目录，如果是，则返回 true
-f file	检测文件是否是普通文件（既非目录，也非设备文件），如果是，则返回 true
-g file	检测文件是否设置了 SGID 位，如果是，则返回 true
-k file	检测文件是否设置了粘着位（Sticky Bit），如果是，则返回 true
-p file	检测文件是否是命名管道，如果是，则返回 true
-u file	检测文件是否设置了 SUID 位，如果是，则返回 true
-r file	检测文件是否可读，如果是，则返回 true
-w file	检测文件是否可写，如果是，则返回 true
-x file	检测文件是否可执行，如果是，则返回 true
-s file	检测文件是否为空（文件大小是否大于 0），如果不为空，则返回 true
-e file	检测文件（包括目录）是否存在，如果是，则返回 true
-S file	检测文件是否是套接字文件，如果是，则返回 true
-L file	检测文件是否存在且是符号链接文件，如果是，则返回 true

【实例 8-37】文件属性检测实例 1。

本实例展示文件测试运算符的使用方法。新建脚本 adv31.sh，内容如下。

```
#!/bin/bash
read f01
if [ -r $f01 ]
then
    echo "$f01 是可读文件"
else
    echo "$f01 是不可读文件"
fi
if [ -w $f01 ]
then
    echo "$f01 是可写文件"
else
    echo "$f01 是不可写文件"
fi
if [ -x $f01 ]
then
    echo "$f01 是可执行文件"
else
    echo "$f01 是不可执行文件"
fi
```

脚本代码的执行效果如图 8-39 所示。本案例进行了 3 次检测。首先对“/bin/bash”文件进行检测，然后对 adv31.sh 脚本进行检测，最后为 adv31.sh 脚本添加可执行权限并重新检测。

```
[zp@localhost shell]$ bash adv31.sh
/bin/bash
/bin/bash 是可读文件
/bin/bash 是不可写文件
/bin/bash 是可执行文件
[zp@localhost shell]$ bash adv31.sh
adv31.sh
adv31.sh 是可读文件
adv31.sh 是可写文件
adv31.sh 是不可执行文件
[zp@localhost shell]$ chmod +x adv31.sh
[zp@localhost shell]$ bash adv31.sh
adv31.sh
adv31.sh 是可读文件
adv31.sh 是可写文件
adv31.sh 是可执行文件
```

图 8-39 文件属性检测实例 1

【实例 8-38】文件属性检测实例 2。

本实例展示文件测试运算符的使用方法。新建脚本 adv32.sh，内容如下。

```
#!/bin/bash
read f02
if [ -f $f02 ]
then
        echo "$f02 是普通文件"
else
        echo "$f02 是特殊文件"
fi
if [ -d $f02 ]
then
        echo "$f02 是目录"
else
        echo "$f02 不是目录"
fi
```

本次测试过程共进行了 3 次检测。首先对“/home”文件进行检测，然后对“adv32.sh”脚本文件进行检测，最后为“/dev/sda1”文件添加可执行权限后，重新对其进行检测。脚本代码的执行效果如图 8-40 所示。

```
[zp@localhost shell]$ bash adv32.sh
/home
/home 是特殊文件
/home 是目录
[zp@localhost shell]$ bash adv32.sh
adv32.sh
adv32.sh 是普通文件
adv32.sh 不是目录
[zp@localhost shell]$ bash adv32.sh
/dev/sda1
/dev/sda1 是特殊文件
/dev/sda1 不是目录
```

图 8-40 文件属性检测实例 2

8.6 综合案例：自动化任务初探索

综合案例：自动化任务初探索

8.6.1 案例概述

自动化任务通常用于执行定期备份、监控、运行指定脚本等工作。读者可以使用

cron、anacron 工具配置需要周期性运行的任务，读者还可以使用 at、batch 等工具执行一次性任务。

本案例的目的在于以自动化任务为主题，引导读者学习 Linux 自带的真实 Shell 脚本实例。自动化任务配置属于进程调度中比较高级的内容，限于篇幅，编者并不打算过多展开。

8.6.2 案例详解

1．cron 相关配置文件位置

Linux 的 cron 服务可以实现计划任务的定时执行。与 cron 相关的脚本主要位于/etc 目录。执行如下命令。

```
[zp@localhost ~]$ ls /etc/ -l |grep cron
```

执行效果如图 8-41 所示。读者的系统中，可能绝大多数目录都是空的。如果读者的系统中没有找到本实例查看的某些文件或目录，或者某些文件内容不同，属于正常现象。

```
[zp@localhost ~]$ ls /etc/ -l |grep cron
-rw-r--r--.  1 root root       541  8月  9  2021 anacron
drwxr-xr-x.  2 root root        21  3月 26 17:47 cron.d
drwxr-xr-x.  2 root root         6  8月  9  2021 cron.daily
-rw-r--r--.  1 root root         0  8月  9  2021 cron.deny
drwxr-xr-x.  2 root root        22  8月  9  2021 cron.hourly
drwxr-xr-x.  2 root root         6  8月  9  2021 cron.monthly
-rw-r--r--.  1 root root       451  8月  9  2021 crontab
drwxr-xr-x.  2 root root         6  8月  9  2021 cron.weekly
```

图 8-41　cron 相关配置文件和目录

细心的读者会发现，除了 cron，这里还出现另一个 anacron 字样的文件。那么 anacron 是什么呢？cron 可以指定任务在某个固定时间运行，例如每小时（hourly）、每天（daily）、每周（weekly）、每月（monthly），可是如果在该指定时间，计算机没有开机，那个任务便错过了时间，在一个新的时间轮回到达之前不会再运行。anacron 就是为了解决 cron 这种每天、每周、每月执行可能会错过的问题而诞生的。

那么，anacron 是如何判断这些定时任务已经超过执行时间的呢？anacron 每次执行任务时，都会记录其执行时间到/var/spool/anacron 下的对应文件中。执行如下命令。

```
[zp@localhost ~]$ ls /var/spool/anacron/
[zp@localhost ~]$ sudo cat /var/spool/anacron/cron.daily
```

执行效果如图 8-42 所示。第 1 条命令显示该目录下存在 3 个文件，文件的名称与图 8-41 的相应任务的目录名称一致。

```
[zp@localhost ~]$ ls /var/spool/anacron/
cron.daily  cron.monthly  cron.weekly
[zp@localhost ~]$ sudo cat /var/spool/anacron/cron.daily
[sudo] zp 的密码：
20220713
```

图 8-42　anacron 保存的执行时间信息

2．脚本分析

接下来，我们查看一个具体的脚本内容。执行如下命令。

```
[zp@localhost ~]$ cat /etc/cron.hourly/0anacron
```

执行效果如图 8-43 所示。本脚本整体可以分为 3 个部分。其中空白行之前的为第 1 部分，空白行之后到倒数第 2 行为第 2 部分，最后一行是第 3 部分。接下来，我们将分析该脚本的用途，以帮助读者实现对本章乃至前面章节知识的综合应用。

```
[zp@localhost ~]$ cat /etc/cron.hourly/0anacron
#!/usr/bin/sh
# Check whether 0anacron was run today already
if test -r /var/spool/anacron/cron.daily; then
    day=`cat /var/spool/anacron/cron.daily`
fi
if [ `date +%Y%m%d` = "$day" ]; then
    exit 0
fi

# Do not run jobs when on battery power
online=1
for psupply in /sys/class/power_supply/* ; do
    if [ `cat "$psupply/type" 2>/dev/null`x = Mainsx ] && [ -f "$
psupply/online" ]; then
        if [ `cat "$psupply/online" 2>/dev/null`x = 1x ]; then
            online=1
            break
        else
            online=0
        fi
    fi
done
if [ $online = 0 ]; then
    exit 0
fi
/usr/sbin/anacron -s
[zp@localhost ~]$
```

图 8-43 脚本内容查看

由第 1 段的注释可知，第 1 部分的代码片段用于检测 0anacron 今天是否已经运行。读者可以按照下面的方式拆解代码并分步执行，以了解执行细节。执行如下命令。

```
[zp@localhost ~]$ sudo test -r /var/spool/anacron/cron.daily
[zp@localhost ~]$ sudo echo $?
[zp@localhost ~]$ sudo cat /var/spool/anacron/cron.daily
[zp@localhost ~]$ date +%Y%m%d
```

执行效果如图 8-44 所示。前 3 条命令之所以人为加入 sudo，是因为该脚本实际执行时使用的是 root 用户。第 1 行命令用来判断是否拥有/var/spool/anacron/cron.daily 的文件读取权限，这里使用了本章介绍的“-r”文件测试运算符。由第 1 行命令我们知道没有返回错误，因此上述执行过程是成功的。在图 8-43 所示代码片段中 if 语句对应位置将会被当作真，这与大多数读者心目中 1 代表真，略有不同。作为条件的退出状态码时，0 表示真（成功），非 0 表示假。因此上述脚本中第 1 个 if 语句中的语句块将被执行。第 3 行命令用于查看指定文件内容。由之前的介绍可知，该文件存放的是上一次执行任务的时间。第 4 行命令查看当前系统时间。上述脚本中的第 2 个 if 语句将对这两个时间进行比较，以判断是否需要提前退出。当前编者机器上，这两个时间并不相同，因此脚本执行到这里将自动退出。

```
[zp@localhost ~]$ sudo test -r /var/spool/anacron/cron.daily
[zp@localhost ~]$ sudo echo $?
0
[zp@localhost ~]$ sudo cat /var/spool/anacron/cron.daily
20220713
[zp@localhost ~]$ date +%Y%m%d
20220715
```

图 8-44 脚本代码拆解分析

由第 2 部分代码片段中的注释可知，该代码片段用于确保电池供电时不运行任务。该代码片段中，首先定义了一个 online 变量，默认值为 1 用于表示电源供电。接下来通过一个 for 循环来遍历相关数据，并通过两层嵌套的 if 语句验证当前供电模式。如果是电池供电，online 将被修改成 0。for 循环后面的

if 语句将基于 online 值，判断处于何种供电模式，以决定是否需要提前退出当前脚本。第 2 部分代码片段涉及较多底层文件或目录用途等细节，已经超出了初学者的知识范围。限于篇幅，不做展开。读者学习时，重点放在 Shell 语法的分析和理解上。

图 8-44 中的最后一行才是该脚本最终需要执行的命令。这里使用的是绝对路径。读者可以在命令行界面中执行“anacron -h”以了解相关选项的含义。

读者可以将需要定期执行的脚本放在/etc/cron.daily 目录中，并为该脚本文件添加执行权限，从而实现自定义任务的周期性重复执行。

习题 8

1. 什么是位置变量？Shell 的变量类型有哪几种？
2. 简述运行 Shell 脚本的常见方式。
3. 简述 Shell 分支结构的实现方式。
4. 简述 Shell 循环结构的实现方式。

实训 8

1. 设计 Shell 程序，显示当前日期时间、执行路径、用户账户及所在的目录位置。
2. 设计 Shell 程序，从键盘输入两个字符串，比较两个字符串是否相等。
3. 设计 Shell 程序，分别用 for、while、until 语句编写九九乘法表。
4. 设计 Shell 程序，判断一个文件是不是字符设备文件，并给出相应的提示信息。
5. 设计 Shell 程序，添加一个新组为 group1，然后添加属于这个组的 50 个用户，用户名的形式为 stu**，其中**表示从 01 到 50。
6. 设计 Shell 程序，该程序能接收用户从键盘输入的 20 个整数，然后求出其总和、最大值及最小值。

第9章 Linux C 编程

C 语言是 Linux 下较为常用的编程语言之一，大量面向 Linux 的开源项目都基于 C 语言实现。随着物联网、机器人等技术和产业的发展，嵌入式开发的应用场景进一步扩大。而在资源受限的嵌入式开发领域，Linux 的开源与 C 语言的高效，二者形成了堪称完美的组合。

科技自立自强

开源事业

大量的国内企业和个人在 Linux、Apache 等主流开源基金会中扮演了重要角色。这些企业向开源基金会捐赠了大量优秀开源项目。许多国内企业通过深度合作成为这些开源基金会的最高级别会员。

9.1 概述

概述

不同操作系统下的 C 语言程序设计的区别主要在于常用开发环境的不同，而其语法规则本身是一致的。本章将介绍 Linux 下进行 C 语言编程的常用工具和流程。编者假定读者有一定的 C 语言基础，本章内容将不涉及 C 语言语法规则的介绍。与其他平台下的 C 语言程序设计类似，Linux 下的 C 语言程序设计也涉及编辑器、编译器、调试器及项目管理器等内容。

（1）编辑器：编辑器主要用于文本形式的源码的录入。Linux 下 C 语言编程常用的编辑器是 Vi、Vim 和 Emacs，初学者可以使用 gedit 作为自己的编辑器，也可以直接使用 Linux 版本的集成开发环境编辑代码。

（2）编译器：编译是指源码转换生成可执行代码的过程。编译过程本身非常复杂，包括词法分析、语法分析、语义分析、中间代码生成和优化、符号表的管理和出错处理等。这些细节都被封装在编译器中。Linux 中最常用的编译器是 GCC。它是 GNU 推出的功能强大、性能优越的多平台编译器，其平均执行效率比一般的编译器要高。

（3）调试器：调试器是专为程序员设计的，用于跟踪调试。对于比较复杂的项目，调试过程所消耗的时间通常远远大于编写代码的时间。因此，一款功能强大、使用方便的调试器是必不可少的。Linux 中最常用的调试器是 GDB，它可以方便地完成断点设置、单步跟踪等调试功能。

（4）项目管理器：对于进阶用户和较为大型的项目，一般使用 Makefile 进行项目管理，使用 make 实现自动编译链接。Makefile 本质上是一个脚本，通过与 make 进行组合使用，可以方便地进行编译控制。它还能自动管理软件编译的内容、方式和时机，使程序员把精力集中在代码的编写上而不是源码的组织上。

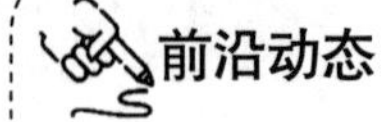

前沿动态

Linux 内核 C 语言版本将升级至 C11

2022 年年初，Linux 开源社区宣布，未来会把内核 C 语言版本升级至 C11，预计 5.18 版本之后生效。这也意味着用了 30 年的 Linux 内核 C 语言版本（C89）终于将升级至 C11。

【实例 9-1】开发环境配置。

CentOS Stream 9 在默认情况下，并没有提供 C/C++的编译环境，需要自行安装。本章主要涉及 GCC、GDB、make、Autotools 等工具的使用。读者可以使用 YUM 或 DNF 等工具逐一安装所需要的各类工具。但编者不建议大家这么做，这是因为逐项安装并配置 Linux C/C++开发环境比较麻烦。建议读者按照如下的方式配置开发环境。

执行如下命令。

```
[zp@localhost ~]$ sudo dnf groupinstall "Development Tools" -y
```

执行效果如图 9-1 所示。DNF 是 YUM 的升级版本。早期版本的用户系统可能并没有配置 DNF，此时可以使用如下命令代替。

```
[zp@localhost ~]$ sudo yum groupinstall "Development Tools" -y
```

```
[zp@localhost ~]$ sudo dnf groupinstall "Development Tools" -y
[sudo] zp 的密码：
CentOS Stream 9 - BaseOS          7.2 kB/s | 4.0 kB     00:00
```

图 9-1　开发环境配置

在安装过程中，系统提示界面显示，安装过程总共涉及 110 个软件包，需要下载 182MB 内容。读者如果忘记在命令中添加“-y”选项，则安装过程中途将会暂停。此时，读者需要明确输入“y”，才能正式开始下载或者安装。

安装完成后，读者可以通过检查 GCC 编译器的版本，间接验证安装是否成功。执行如下命令。

```
[zp@localhost ~]$ gcc -v
```

执行效果如图 9-2 所示。

```
[zp@localhost ~]$ gcc -v
使用内建 specs。
COLLECT_GCC=gcc
COLLECT_LTO_WRAPPER=/usr/libexec/gcc/x86_64-redhat-linux/11/lto-w
```

图 9-2　查看 GCC 编译器版本

9.2 GCC 编译

GCC 编译

9.2.1 GCC 工具链

GNU/Linux 操作系统上常用的编译工具是 GCC（GNU Compiler Collection，GNU 编译器套件）。GCC 是多个程序的集合，通常被称为工具链。GCC 编译器是其重要组成部分。GCC 最初含义为 GNU C 语言编译器（GNU C Compiler），只能处理 C 语言，很快被扩展，可处理 C++、FORTRAN、Pascal、Objective-C、Java、Ada、Go 等不同编程语言。

GCC 是依据 GPL 许可证发行的自由软件，也是 GNU 计划的关键部分。开发 GCC 的初衷是为 GNU 操作系统专门编写一款编译器，现已被大多数类 UNIX 操作系统（如 Linux、BSD、macOS X 等）采纳为标准的编译器，甚至在 Windows 上也可以使用 GCC。GCC 支持多种计算机体系结构芯片，如 x86、ARM、MIPS 等，并已被移植到其他多种硬件平台。

9.2.2 gcc 命令基本用法

程序员通过 gcc 命令，可以实现对整个编译过程的精细控制。gcc 命令语法格式如下：

```
gcc [选项] [文件名]
```

GCC 编译器的选项众多，编者仅介绍常用选项。

C 语言编译过程，一般可以分为预处理（Pre-processing）、编译（Compiling）、汇编（Assembling）、链接（Linking）4 个阶段。Linux 程序员可以根据自己的需要让 GCC 在编译的任何阶段结束，及时检查或使用编译器在该阶段的输出信息，从而更好地控制整个编译过程。以 C 语言源文件 zp.c 为例，通过相关选项，读者可以控制 GCC 在图 9-3 所示的编译过程 4 个阶段的任一阶段结束并输出相应结果。

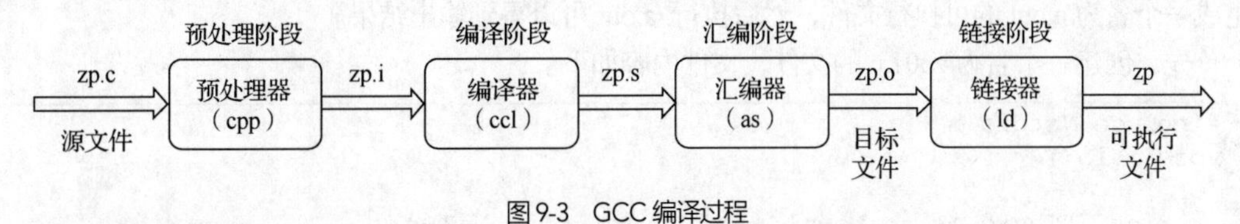

图 9-3 GCC 编译过程

1．预处理阶段

预处理阶段主要处理宏定义和 include 并做语法检查，最终生成预处理文件。例如，预处理阶段将根据#ifdef、#if 等语句的条件是否成立取舍相应的代码，并进行#include 语句对应文件内容的替换等。选项-E 可以使 GCC 编译器在预处理结束时停止编译。执行如下命令。

```
gcc -E -o zp.i zp.c
```

gcc 通过-E 选项调用 cpp 命令，完成预处理工作。-o 用于指定输出文件。

2．编译阶段

在编译阶段，编译器将对源码进行词法分析、语法分析、优化等操作，最后生成汇编程序。这是整个过程中最重要的一个阶段，因此也常把整个过程称为编译。

通过选项-S 可以使 GCC 在编译完成后停止，生成扩展名为.s 的汇编程序。执行如下命令。

```
gcc -S -o zp.s zp.c
```

gcc 通过-S 选项调用 ccl 命令，完成编译工作。

3．汇编阶段

汇编阶段使用汇编器对汇编代码进行处理，生成机器语言代码，保存在扩展名为.o 的目标文件中。当程序由多个代码文件构成时，每个文件都要先完成汇编工作，生成扩展名为.o 的目标文件后，才能进入下一步的链接工作。目标文件已经是最终程序的某一部分了，只是在链接工作完成之前还不能执行。通过-c 选项可以生成目标文件。执行如下命令。

```
gcc -c -o zp.o zp.c
```

gcc 通过-c 选项调用 as 命令，完成汇编工作。

4．链接阶段

链接阶段将所有的*.o 文件和需要的库文件链接成一个可执行文件。经过汇编以后的机器代码还不能直接运行。为了使操作系统能够正确加载可执行文件，文件中必须包含固定格式的信息头，还必须与系统提供的启动代码链接起来才能正常运行，这些工作都是由链接器来完成的。执行如下命令。

```
gcc -o zp zp.c
```

gcc 通过调用 ld 命令，完成链接工作。

5．运行程序

链接阶段结束后，将生成可执行代码，我们可以通过如下方式运行该可执行文件。

```
./zp
```

9.2.3 gcc 使用实例

【实例 9-2】最简单的 gcc 用法。

最简单的 gcc 用法是，直接将源程序作为 gcc 的参数，不添加其他任何参数。这样，GCC 编译器会生成一个名为 a.out 的可执行文件，然后执行./a.out 可以得到输出结果。

首先，创建一个名为 zp01.c 的文件，文件内容如下。

```
#include "stdio.h"
void main()
{
  printf("There is no royal road to learning.\n");
}
```

然后，在 zp01.c 文件所在目录中执行如下命令。

```
[zp@localhost c]$ gcc zp01.c
[zp@localhost c]$ ls -l
[zp@localhost c]$ ./a.out
```

执行效果如图 9-4 所示。第 1 条命令使用 gcc 默认选项对 zp01.c 进行编译，此时将自动生成一个名为 a.out 的可执行文件。第 2 条命令查看生成的结果，注意到文件 a.out 具备可执行属性。第 3 条命令执行 a.out 文件。注意，第 3 条命令的“./”不能省略。

```
[zp@localhost c]$ gcc zp01.c
[zp@localhost c]$ ls -l
总用量 32
-rwxr-xr-x. 1 zp zp 25792  7月 19 08:48 a.out
-rw-r--r--. 1 zp zp    86  7月 19 08:48 zp01.c
[zp@localhost c]$ ./a.out
There is no royal road to learning.
```

图 9-4　最简单的 gcc 用法

从程序员的角度来看，本实例通过一条简单的 gcc 命令就可以生成可执行文件 a.out；但从编译器的角度来看，却需要完成一系列非常繁杂的工作。首先，gcc 需要调用预处理程序 cpp，由它负责展开在源文件中定义的宏，并向其中插入#include 语句所包含的内容；然后，gcc 会调用 ccl 和 as 将处理后的源码编译成目标代码；最后，gcc 会调用链接程序 ld，把生成的目标代码链接成一个可执行文件。

【实例 9-3】GCC 完整编译过程演示。

下面通过一个实例，完整地演示编译过程的 4 个阶段。实例代码仍然使用 zp01.c。开始演示之前，建议读者删除【实例 9-2】中除 zp01.c 之外的所有其他文件。

（1）预处理阶段演示。执行如下命令。

```
[zp@localhost c]$ gcc -E zp01.c -o zp01.i        #预处理
[zp@localhost c]$ ls                             #确认已生成预处理后的源文件 zp01.i
[zp@localhost c]$ wc -l zp01.i                   #该文件的尺寸较大
[zp@localhost c]$ tail zp01.i                    #只查看该文件结束位置的几行代码
```

执行效果如图 9-5 所示。

```
[zp@localhost c]$ gcc -E zp01.c -o zp01.i
[zp@localhost c]$ ls
zp01.c  zp01.i
[zp@localhost c]$ wc -l zp01.i
739 zp01.i
[zp@localhost c]$ tail zp01.i
extern int __overflow (FILE *, int);
# 896 "/usr/include/stdio.h" 3 4

# 2 "zp01.c" 2

# 2 "zp01.c"
void main()
{
  printf("There is no royal road to learning.\n");
}
```

图9-5 预处理阶段演示

（2）编译阶段演示。执行如下命令。

```
[zp@localhost c]$ gcc -S zp01.i -o zp01.s        #编译
[zp@localhost c]$ ls                             #确认已生成汇编文件 zp01.s
[zp@localhost c]$ wc -l zp01.s                   #查看该文件的尺寸
[zp@localhost c]$ tail zp01.s                    #仅查看该文件结束位置的几行代码
```

执行效果如图 9-6 所示。

```
[zp@localhost c]$ gcc -S zp01.i -o zp01.s
[zp@localhost c]$ ls
zp01.c  zp01.i  zp01.s
[zp@localhost c]$ wc -l zp01.s
28 zp01.s
[zp@localhost c]$ tail zp01.s
        call    puts
        nop
        popq    %rbp
```

图9-6 编译阶段演示

（3）汇编阶段演示。执行如下命令。

```
[zp@localhost c]$ gcc -c zp01.s -o zp01.o        #汇编
[zp@localhost c]$ ls                             #确认已生成二进制文件 zp01.o
[zp@localhost c]$ file zp01.o                    #查看生成文件信息
[zp@localhost c]$ ./zp01.o                       #该文件并不是可执行文件
[zp@localhost c]$ ll |grep zp01.o                #确认该文件不具备可执行属性
[zp@localhost c]$ file zp01.i                    #作为对比，查看前两个阶段的输出结果
[zp@localhost c]$ file zp01.s
```

执行效果如图 9-7 所示。

```
[zp@localhost c]$ gcc -c zp01.s -o zp01.o
[zp@localhost c]$ ls
zp01.c  zp01.i  zp01.o  zp01.s
[zp@localhost c]$ file zp01.o
zp01.o: ELF 64-bit LSB relocatable, x86-64, version 1 (SYSV), no
 stripped
[zp@localhost c]$ ./zp01.o
-bash: ./zp01.o: 权限不够
[zp@localhost c]$ ll |grep zp01.o
-rw-r--r--. 1 zp zp  1528  7月 19 08:55 zp01.o
[zp@localhost c]$ file zp01.i
zp01.i: C source, UTF-8 Unicode text
[zp@localhost c]$ file zp01.s
zp01.s: assembler source, ASCII text
```

图 9-7　汇编阶段演示

（4）链接阶段演示。执行如下命令。

```
[zp@localhost c]$ gcc zp01.o -o zp01        #链接
[zp@localhost c]$ ls
[zp@localhost c]$ file zp01                 #查看生成文件信息
[zp@localhost c]$ ./zp01                    #执行该程序
```

执行效果如图 9-8 所示。第 3 条命令的输出信息中包含 executable 字样，表示该文件是可以执行的。

```
[zp@localhost c]$ gcc zp01.o -o zp01
[zp@localhost c]$ ls
zp01  zp01.c  zp01.i  zp01.o  zp01.s
[zp@localhost c]$ file zp01
zp01: ELF 64-bit LSB executable, x86-64, version 1 (SYSV), dynami
cally linked, interpreter /lib64/ld-linux-x86-64.so.2, BuildID[sh
a1]=e38a86d335887248f19754935d2e314947b4eb44, for GNU/Linux 3.2.0
, not stripped
[zp@localhost c]$ ./zp01
There is no royal road to learning.
```

图 9-8　链接阶段演示

【实例 9-4】最常用的 gcc 用法。

该实例代码仍然使用 zp01.c。建议读者先删除或者移走【实例 9-3】中产生的各类中间文件，只保留 zp01.c 文件。执行如下命令。

```
[zp@localhost c]$ gcc zp01.c -o zp01
[zp@localhost c]$ ls                    #确认输出结果
[zp@localhost c]$ file zp01
[zp@localhost c]$ ./zp01                #运行程序
```

执行效果如图 9-9 所示。本实例直接通过 gcc 输出可执行文件，并通过“-o”选项指定输出文件的名称为 zp01。

```
[zp@localhost c]$ gcc zp01.c -o zp01
[zp@localhost c]$ ls
zp01  zp01.c
[zp@localhost c]$ file zp01
zp01: ELF 64-bit LSB executable, x86-64, version 1 (SYSV), dynam
cally linked, interpreter /lib64/ld-linux-x86-64.so.2, BuildID[s
a1]=e432ce7671359ab8f7557527696b855d4965e5ee, for GNU/Linux 3.2.
, not stripped
[zp@localhost c]$ ./zp01
There is no royal road to learning.
```

图 9-9　最常用的 gcc 用法

【实例 9-5】其他 gcc 选项举例。

由于 gcc 选项众多，这里列举一个作为示范。实例代码仍然使用 zp01.c。开始实践之前，请删除或者移走除 zp01.c 之外的所有其他文件。

使用-Wall 选项查看是否有警告信息。执行如下命令。

```
[zp@localhost c]$ gcc zp01.c -o OutWall -Wall
[zp@localhost c]$ ./OutWall
```

执行效果如图 9-10 所示。本实例编译过程显示了与 main()函数返回值相关的警告："zp01.c:2:6:警告：'main' 的返回类型不是 'int' [-Wmain]"。注意，在之前的编译过程中，并没有显示该警告信息。与此同时，读者应该注意到，该警告信息并不影响文件的执行。

```
[zp@localhost c]$ gcc zp01.c -o OutWall -Wall
zp01.c:2:6: 警告：'main'的返回类型不是'int' [-Wmain]
    2 | void main()
      |      ^~~~
[zp@localhost c]$ ./OutWall
There is no royal road to learning.
```

图 9-10 其他 gcc 选项举例

9.3 综合案例：使用 GCC 编译包含多个源文件的项目

9.3.1 案例概述

综合案例：使用 GCC 编译包含多个源文件的项目

本案例旨在展示如何使用 GCC 编译包含多个源文件的 C 语言项目。本案例所采用的项目代码功能与前述的 zp01.c 基本类似，区别在于，这里将其重新改写成了多文件版本，并加入适当的宏定义，以使其更加规范。本案例一共包括 3 个文件，分别是 hello.h、hello.c 和 helloMain.c。关于本案例的 GCC 编译，我们将分别介绍以下两种方法。

9.3.2 案例详解

1．编写源文件

（1）编写 hello.h 文件。

```
// hello.h
#ifndef _HELLO_H
#define _HELLO_H
void hello();
#endif
```

（2）编写 hello.c 文件。

```
// hello.c
#include "hello.h"
#include <stdio.h>
void hello(){
printf("Keep on going and never give up. \n");
}
```

（3）编写 helloMain.c 文件。

```
// helloMain.c
#include "hello.h"
void main()
{
   hello();
}
```

2. 编译

方法 1：首先分别编译各个源文件，然后生成最终的可执行文件。

执行如下命令。

```
[zp@localhost gcc]$ ls                    #查看编译前的文件清单
[zp@localhost gcc]$ gcc -c hello.c        #编译生成目标文件
[zp@localhost gcc]$ ls                    #检查生成的 hello.o 文件
[zp@localhost gcc]$ gcc -c helloMain.c
[zp@localhost gcc]$ ls                    #检查生成的 helloMain.o 文件
#编译生成可执行文件
[zp@localhost gcc]$ gcc -o hello helloMain.o hello.o
[zp@localhost gcc]$ ls                    #检查生成的可执行文件 hello
[zp@localhost gcc]$ ./hello               #运行可执行文件 hello
```

执行效果如图 9-11 所示。

```
[zp@localhost gcc]$ ls
hello.c  hello.h  helloMain.c
[zp@localhost gcc]$ gcc -c hello.c
[zp@localhost gcc]$ ls
hello.c  hello.h  helloMain.c  hello.o
[zp@localhost gcc]$ gcc -c helloMain.c
[zp@localhost gcc]$ ls
hello.c  hello.h  helloMain.c  helloMain.o  hello.o
[zp@localhost gcc]$ gcc -o hello helloMain.o hello.o
[zp@localhost gcc]$ ls
hello  hello.c  hello.h  helloMain.c  helloMain.o  hello.o
[zp@localhost gcc]$ ./hello
Keep on going and never give up.
```

图 9-11　分别编译各个源文件

方法 2：直接将多个文件一起编译，生成最终的可执行文件。为避免干扰，请读者删除编译方法 1 中生成的各个文件，只保留 hello.h、hello.c 和 helloMain.c。

执行如下命令。

```
[zp@localhost gcc]$ ls     #查看编译前的文件清单
#编译生成可执行文件
[zp@localhost gcc]$ gcc hello.c helloMain.c hello.h -o hello
#检查生成的可执行文件 hello
[zp@localhost gcc]$ ls
#运行可执行文件 hello
[zp@localhost gcc]$ ./hello
```

执行效果如图 9-12 所示。

```
[zp@localhost gcc]$ ls
hello.c  hello.h  helloMain.c
[zp@localhost gcc]$ gcc hello.c helloMain.c hello.h -o hello
[zp@localhost gcc]$ ls
hello  hello.c  hello.h  helloMain.c
[zp@localhost gcc]$ ./hello
Keep on going and never give up.
```

图 9-12 多个文件一起编译

两种方法各有优势。方法 2 编译时需要重新编译所有文件。而方法 1 可以只重新编译修改的文件，未修改的文件不用重新编译。对于较为简单的项目，如本实例，可以直接采用方法 2。对于较为复杂的实例，通常采用方法 1。

9.4 GDB 调试

GDB 调试

GCC 中提供了功能强大的调试工具 GDB（GNU Debugger）。gdb 命令拥有较多内部命令，下面仅列举常用内部命令（括号中为命令完整形式）。

- l（list）：显示代码。list 行号：将显示当前文件以“行号”为中心的前后 10 行代码，如 list 12。list 函数名：将显示“函数名”所在函数的源码，如 list main。
- b（break）：设置断点，参数可以是行数、函数名，也可以是文件名。
- tb（tbreak）：设置临时断点，参数和 b 的一样。
- info b（i b/info break）：查看断点。
- clear *n*：清除第 *n* 行的断点。
- d（delete）*n*：删除第 *n* 个断点。
- disable *n*：暂停第 *n* 个断点。
- enable *n*：开启第 *n* 个断点。
- r（run）：执行程序。
- s（step）：有函数时，进入函数体；没有时，单步执行。
- n（next）：单步执行，不进入函数体。
- c（continue）：遇到断点以后，程序会阻塞，输入“c”可以让程序继续执行。
- p（print）：输出表达式，表达式可以是变量，也可以是操作，还可以是函数调用，如 print f(a)。
- until：可以运行程序，直到退出循环体。
- finish：运行程序，直到当前函数完成返回，并输出函数返回时的堆栈地址、返回值和参数值等信息。
- watch：设置一个监视点，一旦被监视的“表达式”的值改变，GDB 将强行终止正在被调试的程序。
- frame *n*：移动到指定的栈帧，并输出栈的信息。*n* 为帧编号，如果不指定 *n*，输出当前栈的信息。
- pwd：显示当前所在目录。
- info program：查看程序是否在运行、PID 以及被暂停的原因。
- bt（backtrace）：查看堆栈信息，因为栈遵循后进先出原则，所以要从下往上看，最下面的是最先执行的函数。
- threads：查看所有线程信息。

- shell XXX：执行 Shell 命令，XXX 代表 Shell 命令，如 shell ls 就表示执行 Shell 里的 ls 命令。
- thread *n*：切换线程，参数为线程号（可以通过 threads 查看）。常通过 threads 查看线程号，然后通过 thread *n* 切换到指定线程，再用 bt 查看线程栈的信息。
- condition：给断点设置触发条件，比如 b 10 if a > b 与 b 10 然后 condition 1 if a> b 等价（假设 b 10 的断点号为 1），取消断点条件用 condition 断点号。
- ignore：特殊断点条件，程序只有忽略该断点指定次数以后才会触发。ignore 1 10，表示忽略断点号为 1 的断点 10 次以后才会触发程序。
- kill：将强行终止当前正在调试的程序。
- help 命令：将显示“命令”的常用帮助信息。
- call 函数(参数)：调用“函数”，并传递“参数”，如“call gdb_test(55)”。
- display：在每次单步执行后，紧接着输出被设置的表达式及值。
- stepi 或 nexti：单步跟踪一些机器指令。
- Ctrl + L：刷新窗口。
- quit：退出 GDB，简记为 q。

9.5 综合案例：使用 GDB 调试 C 语言项目

综合案例：使用GDB调试C语言项目

9.5.1 案例概述

本案例将演示如何使用 GDB 对简单的 C 语言项目进行调试。本案例中我们将以经典的九九乘法表程序演示 gdb 命令的基本用法。

9.5.2 案例详解

1．编写 C 语言源文件

编写 C 语言源文件 zp02.c，文件内容如下。

```
#include "stdio.h"
void main()
{
     int i,j;
     for (i=1;i<10;i++)
     {
          for(j=1;j<=i;j++)
               printf("%d*%d=%-3d",j,i,i*j);
          printf("\n");
     }
}
```

2．使用 gcc 的-g 选项编译文件

执行如下命令。

```
[zp@localhost gdb]$ gcc -g zp02.c -o zp02
[zp@localhost gdb]$ ll
[zp@localhost gdb]$ ./zp02
```

执行效果如图 9-13 所示。gcc 命令中加入“-g”选项后，得到的依然是可执行文件。

```
[zp@localhost gdb]$ gcc -g zp02.c -o zp02
[zp@localhost gdb]$ ll
总用量 32
-rwxr-xr-x. 1 zp zp 27176  7月 19 09:47 zp02
-rw-r--r--. 1 zp zp   143  7月 19 09:46 zp02.c
[zp@localhost gdb]$ ./zp02
1*1=1
1*2=2  2*2=4
1*3=3  2*3=6  3*3=9
1*4=4  2*4=8  3*4=12 4*4=16
1*5=5  2*5=10 3*5=15 4*5=20 5*5=25
1*6=6  2*6=12 3*6=18 4*6=24 5*6=30 6*6=36
1*7=7  2*7=14 3*7=21 4*7=28 5*7=35 6*7=42 7*7=49
1*8=8  2*8=16 3*8=24 4*8=32 5*8=40 6*8=48 7*8=56 8*8=64
1*9=9  2*9=18 3*9=27 4*9=36 5*9=45 6*9=54 7*9=63 8*9=72 9*9=81
```

图 9-13 使用 gcc 的-g 选项编译文件

3．使用 gdb 启动文件调试

执行如下命令。

```
[zp@localhost gdb]$ gdb zp02
```

执行效果如图 9-14 所示。

```
[zp@localhost gdb]$ gdb zp02
GNU gdb (GDB) Red Hat Enterprise Linux 10.2-8.el9
Copyright (C) 2021 Free Software Foundation, Inc.
License GPLv3+: GNU GPL version 3 or later <http://gnu.org/licens
es/gpl.html>
This is free software: you are free to change and redistribute it
```

图 9-14 启动文件调试

GDB 调试工具以(gdb)作为提示符，输入相应的 gdb 内部命令，可以进行调试。输入 help，可以获取帮助信息，执行效果如图 9-15 所示。输入 quit，可以退出 GDB。

```
(gdb) help
List of classes of commands:

aliases -- User-defined aliases of other commands.
breakpoints -- Making program stop at certain points.
```

图 9-15 查看帮助信息

4．常见 gdb 内部命令的使用

（1）使用 list 或 l 查看程序的源码。执行效果如图 9-16 所示。

```
(gdb) list
1	#include "stdio.h"
2	void main()
3	{
4		int i,j;
5		for(i=1;i<10;i++)
6		{
7			for(j=1;j<=i;j++)
8				printf("%d*%d=%-3d",j,i,i*j);
9			printf("\n");
10		}
```

图 9-16 查看程序的源码

list（或字母 l）后面可以接行号作为参数，此时将显示当前文件以“行号”为中心的前后 10 行代码。执行效果如图 9-17 所示。

```
(gdb) l 10
5               for(i=1;i<10;i++)
6               {
7                       for(j=1;j<=i;j++)
8                               printf("%d*%d=%-3d",j,i,i*j);
9                       printf("\n");
10              }
11      }
12
(gdb)
```

图 9-17　查看代码片段

（2）使用 run 运行此文件，得到程序的执行效果，如图 9-18 所示。

```
(gdb) run
Starting program: /home/zp/c/gdb/zp02
[Thread debugging using libthread_db enabled]
Using host libthread_db library "/lib64/libthread_db.so.1".
1*1=1
1*2=2  2*2=4
1*3=3  2*3=6  3*3=9
1*4=4  2*4=8  3*4=12 4*4=16
1*5=5  2*5=10 3*5=15 4*5=20 5*5=25
1*6=6  2*6=12 3*6=18 4*6=24 5*6=30 6*6=36
1*7=7  2*7=14 3*7=21 4*7=28 5*7=35 6*7=42 7*7=49
1*8=8  2*8=16 3*8=24 4*8=32 5*8=40 6*8=48 7*8=56 8*8=64
1*9=9  2*9=18 3*9=27 4*9=36 5*9=45 6*9=54 7*9=63 8*9=72 9*9=81
[Inferior 1 (process 3562) exited with code 012]
```

图 9-18　运行文件

（3）使用 break 6 在程序的第 6 行设置一个断点。执行效果如图 9-19 所示。

```
(gdb) break 6
Breakpoint 1 at 0x401147: file zp02.c, line 7.
```

图 9-19　设置一个断点

（4）继续使用 run 查看设置断点后程序的运行情况。此时，程序运行到断点处，将自动暂停。执行效果如图 9-20 所示。

```
(gdb) run
Starting program: /home/zp/c/gdb/zp02
[Thread debugging using libthread_db enabled]
Using host libthread_db library "/lib64/libthread_db.so.1".

Breakpoint 1, main () at zp02.c:7
7                       for(j=1;j<=i;j++)
```

图 9-20　测试断点效果

（5）使用 watch j 给变量 j 设置一个监视点。使用 p j 输出变量 j 的值。执行效果如图 9-21 所示。

```
(gdb) watch j
Hardware watchpoint 2: j
(gdb) p j
$1 = 1
```

图 9-21　设置变量监视点并输出变量的值

（6）使用 step 或 next 可以单步执行程序。单步执行数次后，可以使用 p j 观察变量 j 值的变化情况。执行效果如图 9-22 所示。

```
(gdb) step
8                       printf("%d*%d=%-3d",j,i,i*j);
(gdb) next
7               for(j=1;j<=i;j++)
(gdb) p j
$2 = 1
(gdb) n
9               printf("\n");
(gdb) p j
$3 = 2
```

图 9-22 单步执行程序

（7）使用 info b 可以查看当前所有断点和监视点信息。执行效果如图 9-23 所示。

```
(gdb) info b
Num     Type           Disp Enb Address            What
1       breakpoint     keep y   0x0000000000401147 in main
                                                   at zp02.c:7
        breakpoint already hit 2 times
2       hw watchpoint  keep y                      j
```

图 9-23 查看当前所有断点和监视点信息

（8）使用 info b *n*（*n* 为断点号）可查看单个断点的信息。执行效果如图 9-24 所示。

```
(gdb) info b 1
Num     Type           Disp Enb Address            What
1       breakpoint     keep y   0x0000000000401147 in main
                                                   at zp02.c:7
        breakpoint already hit 2 times
```

图 9-24 查看单个断点的信息

（9）使用 d *n* 可以删除指定编号的断点（单独使用 d 可以删除所有断点），删除后再次使用 info b 查看断点的信息。执行效果如图 9-25 所示。

```
(gdb) info b
Num     Type           Disp Enb Address            What
1       breakpoint     keep y   0x0000000000401147 in main
                                                   at zp02.c:7
        breakpoint already hit 2 times
2       hw watchpoint  keep y                      j
3       breakpoint     keep y   0x000000000040117c in main
                                                   at zp02.c:9
(gdb) d 1
(gdb) info b
Num     Type           Disp Enb Address            What
2       hw watchpoint  keep y                      j
3       breakpoint     keep y   0x000000000040117c in main
```

图 9-25 删除断点

9.6 make 编译

make 编译

9.6.1 make 和 Makefile 概述

在 Linux 环境下进行 C/C++开发，当源文件数量较少时，我们可以使用 GCC 或 g++手动编译和链接。但是当源文件数量较多，且具有复杂依赖时，就需要 make 工具来帮助我们进行管理。在 Linux（UNIX）环境下使用 GNU 的 make 工具能够比较容易地构建一个属于自己的工程，整个工程的编译只需要一个命令就可以完成编译链接。本章的所有示例均基于 C 语言的源程序，make 工具也可以管理其他语言构建的工程。make 工具简化了编译工作，实现了自动化编译，极大地提高了软件开发的效率。

执行 make 命令时，需要提供 Makefile。make 命令基于 Makefile，实现了一种自动化的编译机制。make 命令通过解释 Makefile 中的规则，编译所需要的文件和链接目标文件，自动维护编译工作。Makefile 需要按照其语法规则编写，定义源文件之间的依赖关系，说明如何编译各个源文件并链接生成可执行文件。Makefile 中描述了整个工程所有文件的编译顺序、编译规则。工程中源文件按类型、功能、模块分别放在若干个目录中。Makefile 定义了一系列的规则，描述了哪些文件需要先编译，哪些文件需要后编译，不同编译目标可以通过哪些文件得到，不同文件之间存在怎样的依赖关系等信息。许多 IDE（Integrated Development Environment，集成开发环境）都支持 Makefile。make 和 Makefile 的组合实现了自动化编译。一旦 Makefile 编写完成，只需要一个 make 命令，整个工程即可完全自动编译，极大地提高了软件开发的效率。make 命令根据不同的情况，采取不同的编译规则。

（1）如果工程还没有被编译过，那么所有的 C 语言源文件都要被编译并链接。

（2）如果对工程的某些 C 语言源文件进行了修改，那么 make 将只编译被修改的 C 文件，并链接目标文件。

（3）如果工程的头文件被改变了，那么我们需要编译引用这几个头文件的 C 文件，并链接目标文件。

9.6.2 Makefile 语法基础

Makefile 主要包含 5 类元素：显式规则、隐式规则、变量定义、文件指示和注释。

（1）显式规则。显式规则描述如何生成一个或多个目标文件。显示规则定义了要生成的文件、文件的依赖文件，以及生成的命令。

（2）隐式规则。make 具有自动推导的功能。借助隐式规则可以让我们比较简略地书写 Makefile。

（3）变量定义。变量的定义类似于 C 语言中的宏定义。变量一般都是字符串。当 Makefile 被执行时，其中的变量都会被扩展到相应的引用位置上。

（4）文件指示。文件指示主要包括 3 个方面：一是在一个 Makefile 中引用另一个 Makefile，就像 C 语言中的 include 一样；二是指根据某些情况指定 Makefile 中的有效部分，就像 C 语言中的#if 一样；三是定义一个多行的命令。

（5）注释。Makefile 中只有行注释。以“#”字符开头的内容将被视为注释，这一点与 Shell 中类似。如果要在 Makefile 中使用“#”字符，可以用反斜杠进行转义，如“\#”。

Makefile 规则由 Target（目标）、Prerequisites（先决条件）、Command（命令）3 个部分组成。Makefile 通过一系列的规则来定义文件的依赖关系。Makefile 规则的基本语法如下：

```
Target … :Prerequisites …
        Command
        …
        …
```

Target 包含一个或多个目标文件，这些文件通常是最后需要生成的文件或者为了实现这个目的而必需的中间过程文件。例如，这些文件可以是*.o 文件，也可以是最后的可执行文件等。Target 也可以是一个动作名称，如“clean”，我们称这样的 Target 是“伪目标”（Phony Target）。

Prerequisites 包含要生成 Target 所需要的所有源文件或目标文件。

Command 包含将 Prerequisites 转换成 Target 所需要执行的命令或者命令集合，即 make 执行这条规则时所需要执行的动作。一个规则可以有多条命令，每一条命令占一行。

注意

Makefile中的命令（Command）必须以“Tab”字符开始，而不是以空格字符开始。这一点也是初学者最容易疏忽的，而且此类错误比较隐蔽。

Makefile定义了达成目标时应该满足的文件依赖关系和具体的目标生成规则。Target中的一个或多个目标文件依赖于Prerequisites中的文件，其生成规则定义在Command中。如果Prerequisites中有一个以上的文件的内容比Target中的文件内容要新，Command中的文件就会被执行。

9.6.3 Makefile实例

下面通过两个Makefile实例（基础版和进阶版），详细讲解Makefile的语法规则。

【实例9-6】Makefile基础版实例。

该实例项目由3个头文件和8个C文件组成。图9-26所示是与该项目对应的Makefile基础版实例。该Makefile描述了如何创建最终的可执行文件“edit”。

（1）该Makefile共包括10条规则。每条规则的目标（Target）都位于该条规则中冒号“:”的左侧，通常是可执行文件（如“edit”）或*.o文件（如main.o、kbd.o）。每条规则的先决条件就是冒号后面的那些文件（如*.o文件、*.c文件和*.h文件）。命令一般由cc开头，如cc -c maic.c。在UNIX环境下，cc通常代表CC编译器。在Linux环境下，实际调用时，cc通常指向的是GCC编译器。

（2）我们可以将一个较长行使用反斜线“\”来分解为多行，这样可以使Makefile书写清晰、容易阅读和理解。例如本实例中，有3处使用了反斜线。但需要注意的是，反斜线之后不能有空格。该类错误也是初学者最容易犯的错误之一，而且错误比较隐蔽。

（3）默认的情况下，make执行的是Makefile中的第1条规则，此规则的第1个目标被称为“终极目标”（就是一个Makefile最终需要更新或者创建的目标）。本实例中，目标“edit”在Makefile中是第1个目标，因此它就是make的“终极目标”。当修改了任何C源文件或者头文件后，执行make将会重建终极目标“edit”。

```
edit : main.o kbd.o command.o display.o \
       insert.o search.o files.o utils.o
       cc -o edit main.o kbd.o command.o display.o \
              insert.o search.o files.o utils.o
main.o : main.c defs.h
       cc -c main.c
kbd.o : kbd.c defs.h command.h
       cc -c kbd.c
command.o : command.c defs.h command.h
       cc -c command.c
display.o : display.c defs.h buffer.h
       cc -c display.c
insert.o : insert.c defs.h buffer.h
       cc -c insert.c
search.o : search.c defs.h buffer.h
       cc -c search.c
files.o : files.c defs.h buffer.h command.h
       cc -c files.c
utils.o : utils.c defs.h
       cc -c utils.c
clean :
       rm edit main.o kbd.o command.o display.o \
       insert.o search.o files.o utils.o
```

图9-26 Makefile基础版实例

（4）所有的*.o文件既是依赖（相对于第1条规则中的可执行文件edit）又是目标（相对于其他规则中的*.c和*.h文件）。在这个例子中，“edit”的依赖为8个.o文件；而“main.o”的依赖文件为“main.c”和“defs.h”。

（5）当规则的目标是一个文件，它的任何一个依赖文件被修改以后，在执行make时，这个目标文件将会被重新编译或者重新链接。当然，此目标的任何一个依赖文件如果有必要则首先会被重新编译。

当“main.c”或“defs.h”被修改以后，再次执行 make，“main.o”就会被更新（其他的*.o 文件不会被更新），同时“main.o”的更新将会导致“edit”被更新。

（6）目标“clean”不是一个文件，它仅仅是一个动作标识。正常情况下，不需要执行这条规则所定义的动作，因此目标“clean”没有出现在其他任何规则的依赖列表中。目标“clean”也没有任何依赖文件，它只有一个目的，就是通过这个目标名来执行它所定义的命令。Makefile 中把那些没有任何依赖只有执行动作的目标称为“伪目标”。在执行 make 时，目标“clean”所指定的动作不会被执行。如果需要执行目标“clean”所定义的命令，此时可在 Shell 下输入 make clean。

【实例 9-7】Makefile 进阶版实例。

我们通过基础版实例，完整展示了 Makefile 的基本结构和用法。该 Makefile 非常规范，很容易被初学者理解。然而，该 Makefile 并没有展示出 GNU make 的完整特征和优势。例如，该文件篇幅过大，存在大量重复的内容。以第 1 条规则为例，该规则的前两行和后两行有超过 80%的内容是重复的。与此同时，最后一条规则的命令部分也存在与第 1 条规则高度相似的代码片段。再如，该文件中第 2 条至第 9 条规则所完成的动作基本类似，我们完全可以设置一种自动处理机制来简化 Makefile 的书写。

图 9-27 所示是一个改进的 Makefile 实例。其功能与【实例 9-6】的功能相同，但更为简洁。

```
objects = main.o kbd.o command.o display.o \
          insert.o search.o files.o utils.o
edit : $(objects)
        cc -o edit $(objects)
$(objects) : defs.h
kbd.o command.o files.o : command.h
display.o insert.o search.o files.o : buffer.h
clean:
        rm edit $(objects)
```

图 9-27　Makefile 进阶版实例

该 Makefile 主要应用了变量定义和隐式规则这两个 GNU make 的高级特征。

（1）变量定义。文件的第 1 行和第 2 行进行了一个 objects 的变量定义。该文件中共 4 个位置使用了该变量，使用形式为“$(objects)”。

（2）隐式规则。进阶版的 Makefile 中，所有生成目标“*.o”文件的规则中，其命令部分都已经被删除。各条规则中，与模板“*.o”文件同名的“*.c”文件也都已经被删除。此外，在简化后的规则中，具有相同依赖（先决条件）的目标都已经合并成同一条规则。make 编译过程中，将会自动根据目标中的“*.o”文件，找到对应的同名“*.c”文件，并将其添加到先决条件列表中。而用于生成该“*.o”目标文件的命令也将被自动推导出来。

GNU make 功能强大，内容也非常多，其官方提供的文档篇幅超过 200 页。有关 GNU make 完整语法规则的介绍已经超出本书的知识范围，这里不做进一步展开。

9.6.4 Make 编译的基本步骤

编写完 Makefile 后，将其放置于工程目录。然后，从命令行界面切换到该工程目录。执行 make 命令，将自动开启编译过程，具体过程如下。

（1）make 命令执行后，首先在当前目录下查找名称为 makefile（或者 Makefile）的文件。如果目录下没有这个文件，将提示“make: *** 没有指明目标并且找不到 makefile”，并停止后续处理。

（2）查找 Makefile 中的第 1 条规则的第 1 个目标，并将其作为最终目标文件。例如，9.6.3 小节的【实例 9-6】将 edit 作为其最终目标文件。

（3）如果 edit 文件不存在，或者它依赖的文件的修改时间要比 edit 文件的修改时间“新”，就会执行命令部分来生成 edit 文件。

（4）如果 edit 文件所依赖的目标代码不存在，则 make 会在 Makefile 中查找以该目标代码为目标的规则。如果找到该规则，make 将根据规则中指定的依赖文件，通过规则中定义的命令生成目标代码。当所有 edit 文件所依赖的目标代码都最终存在时，make 再用这些目标代码，由第 1 条规则所定义的命令生成可执行文件 edit。

9.7 综合案例：使用 Makefile 管理 C 语言项目

综合案例：使用 Makefile 管理 C 语言项目

9.7.1 案例概述

本节通过一个完整的案例，展示使用 Makefile 和 make 进行项目管理和编译的全过程。本案例项目共包含 3 个文件，分别是 1 个头文件和 2 个 C 文件，名称分别是 print.h、testMain.c、print.c。testMain.c 中调用的函数在 print.c 中定义，print.h 是对应的头文件。

本案例由 5 个阶段组成，分别是编写源码、编写 Makefile、执行 make、运行生成的可执行文件、测试 make clean。为与前面的内容相呼应，本案例将给出两个版本（基础版和进阶版），并分别演示其效果。两者功能一致，主要在于 Makefile 编写方法不同。

9.7.2 案例详解 1（基础版）

1. 编写源码

（1）创建 testMain.c 文件，内容如下。

```
#include "print.h"
void main()
{
    print("An idle youth, a needy age. ");
    print("Yesterday will not be called again. ");
}
```

（2）创建 print.h 文件，内容如下。

```
#ifndef _PRINT_HI_H
#define _PRINT_HI_H
void print(char *str);
#endif
```

（3）创建 print.c 文件，内容如下。

```
#include "print.h"
#include <stdio.h>
void print(char *str)
{
    printf("As the saying goes, %s\n",str);
}
```

2. 编写 Makefile

文件内容如下。

```
test: testMain.o print.o
    cc -o test testMain.o print.o
testMain.o: testMain.c print.h
    cc -c testMain.c
print.o: print.h print.c
```

```
        cc -c print.c
clean:
        rm -f *.o test
```

注意每条规则的命令部分都是以“Tab”字符开始的。Makefile 在 Vi 编辑器中的编写效果如图 9-28 所示。

```
test: testMain.o print.o
        cc -o test testMain.o print.o
testMain.o: testMain.c print.h
        cc -c testMain.c
print.o: print.h print.c
        cc -c print.c
clean:
        rm -f *.o test
```

图 9-28　Makefile 的编写效果

3．执行 make

进入项目所在目录，执行如下命令。

```
[zp@localhost make]$ ls
[zp@localhost make]$ make
[zp@localhost make]$ ls
```

执行效果如图 9-29 所示。

```
[zp@localhost make]$ ls
Makefile  print.c  print.h  testMain.c
[zp@localhost make]$ make
cc -c testMain.c
cc -c print.c
cc -o test testMain.o print.o
[zp@localhost make]$ ls
Makefile  print.h  test        testMain.o
print.c   print.o  testMain.c
```

图 9-29　执行 make

4．运行生成的可执行文件

查看 make 编译结果，运行可执行文件。执行如下命令。

```
[zp@localhost make]$ file test        #查看编译结果，注意 test 是可执行文件
[zp@localhost make]$ ./test          #运行可执行文件 test
```

执行效果如图 9-30 所示。

```
[zp@localhost make]$ file test
test: ELF 64-bit LSB executable, x86-64, version 1 (SYSV), dynam
cally linked, interpreter /lib64/ld-linux-x86-64.so.2, BuildID[s
a1]=4a641ce69409052724df76b9df2ba3cd02351192, for GNU/Linux 3.2.
, not stripped
[zp@localhost make]$ ./test
As the saying goes, An idle youth, a needy age.
As the saying goes, Yesterday will not be called again.
```

图 9-30　运行生成的可执行文件

5．测试 make clean

目标 clean 是一个伪目标。目标 clean 主要用于清除中间文件和最终目标，使项目恢复到初始状态。make 命令执行过程中，该规则的代码默认并不会被执行。如果要执行该规则的代码，需要在 make 命令中显式指定该 clean 目标。执行如下命令。

```
[zp@localhost make]$ ls              #查看执行命令前的文件清单
[zp@localhost make]$ make clean      #执行 make clean
[zp@localhost make]$ ls              #查看执行命令后的文件清单
```

执行效果如图 9-31 所示。

```
[zp@localhost make]$ ls
Makefile  print.h  test        testMain.o
print.c   print.o  testMain.c
[zp@localhost make]$ make clean
rm -f *.o test
[zp@localhost make]$ ls
Makefile  print.c  print.h  testMain.c
```

图 9-31　测试 make clean

9.7.3　案例详解 2（进阶版）

进阶版所使用的源码与 9.7.2 小节的完全一致，差别在于 Makefile 的内容。进阶版 Makefile 内容如下。

```
objects=testMain.o print.o
test: $(objects)
        cc -o test $(objects)
testMain.o: print.h
print.o: print.h
clean:
        rm -f *.o test
```

该 Makefile 在 Vi 编辑器中的最终编写效果如图 9-32 所示。由于使用了变量定义和隐式规则，因此该文件的内容更加精简。

```
objects=testMain.o print.o
test: $(objects)
        cc -o test $(objects)
testMain.o: print.h
print.o: print.h
clean:
        rm -f *.o test
```

图 9-32　进阶版 Makefile

以新修改的 Makefile 为基础，重新进行编译，并检查编译效果。执行如下命令。

```
[zp@localhost make]$ ls            #查看执行 make 命令前的文件清单
[zp@localhost make]$ make          #使用 make 编译
[zp@localhost make]$ ls            #查看执行 make 命令后的文件清单
[zp@localhost make]$ file test     #查看 test 文件类型信息
[zp@localhost make]$ ./test        #运行编译后的可执行文件
```

执行效果如图 9-33 所示。

```
[zp@localhost make]$ ls
Makefile  Makefile.v1  print.c  print.h  testMain.c
[zp@localhost make]$ make
cc    -c -o testMain.o testMain.c
cc    -c -o print.o print.c
cc -o test testMain.o print.o
[zp@localhost make]$ ls
Makefile     print.c  print.o  testMain.c
Makefile.v1  print.h  test     testMain.o
[zp@localhost make]$ file test
test: ELF 64-bit LSB executable, x86-64, version 1 (SYSV), dynam
cally linked, interpreter /lib64/ld-linux-x86-64.so.2, BuildID[s
a1]=4a641ce69409052724df76b9df2ba3cd02351192, for GNU/Linux 3.2.
, not stripped
[zp@localhost make]$ ./test
As the saying goes, An idle youth, a needy age.
As the saying goes, Yesterday will not be called again.
```

图 9-33　以进阶版 Makefile 为基础进行编译

9.8 Makefile 自动生成技术

Makefile 自动生成技术

当软件项目结构复杂时，依靠前述方式，人工维护 Makefile 是非常不现实的，不仅很复杂，而且费时费力，还容易出错。为此，我们引入 Autotools 工具，自动生成 Makefile。Autotools 工具主要包括以下命令。

（1）autoscan：扫描源码目录生成 configure.scan 文件。

（2）aclocal：根据 configure.ac 文件的内容，自动生成 aclocal.m4 文件。

（3）autoconf：在编译软件包前执行一系列测试，发现系统的特性，使源码可以适应不同系统的差别，增强可移植性。

（4）autoheader：扫描 configure.ac 中的内容，并确定需要如何生成 config.h.in 文件。

（5）automake：根据 Makefile.am 文件自动构建 Makefile.in 文件的工具，极大地简化了描述软件包结构及追踪源码间依赖关系的过程。

Autotools 运行的基本流程如下。

（1）执行 autoscan 命令扫描目录，生成 configure.scan 文件。

（2）将文件 configure.scan 重命名为 configure.ac，并编辑该文件。

（3）执行 aclocal 命令，扫描 configure.ac 文件生成 aclocal.m4 文件。

（4）执行 autoconf 命令，生成 configure 文件。

（5）执行 autoheader 命令，生成 config.h.in 文件。

（6）创建并编辑 Makefile.am 文件。

（7）执行 automake 命令，生成 Makefile.in 文件。

（8）执行./configure 命令，生成 Makefile 文件。

（9）执行 make 命令，生成可执行文件。

9.9 综合案例：使用 Autotools 管理 C 语言项目

综合案例：使用 Autotools 管理 C 语言项目

9.9.1 案例概述

本案例展示如何使用 Autotools 管理一个包含多个文件的 C 语言项目。目前大多数 C 语言编写的开源项目都使用与本案例类似的方式进行管理和编译。因此，读者如果需要编译从网络上下载的开源项目源码，就会惊奇地发现，这类项目的编译、安装和卸载方法与本案例的第 2 步“编译、安装和卸载项目”中所介绍的方法基本一致。事实上，读者如果按照某个开源协议将本案例第 3 步“对外发布项目”得到的压缩包公开，就创建了一个简单的开源项目。本案例所使用的 C 语言项目源码与 9.7 节的综合案例中的完全一致。

9.9.2 案例详解

1．使用 Autotools 工具管理 C 语言项目

（1）切换到项目工作目录，执行命令 autoscan 扫描目录生成 configure.scan 文件。

```
[zp@localhost autotools]$ autoscan
```

执行效果如图 9-34 所示。

```
[zp@localhost autotools]$ ls
print.c  print.h  testMain.c
[zp@localhost autotools]$ autoscan
[zp@localhost autotools]$ ls
autoscan.log  configure.scan  print.c  print.h  testMain.c
```

图 9-34 生成 configure.scan 文件

这里增加了 autoscan.log、configure.scan 两个文件。执行如下命令，可以查看其内容。

```
[zp@localhost autotools]$ cat autoscan.log
[zp@localhost autotools]$ cat configure.scan
```

前者内容为空，后者内容如图 9-35 所示。

```
AC_PREREQ([2.69])
AC_INIT([FULL-PACKAGE-NAME], [VERSION], [BUG-REPORT-ADDRESS])
AC_CONFIG_SRCDIR([print.h])
AC_CONFIG_HEADERS([config.h])

# Checks for programs.
AC_PROG_CC

# Checks for libraries.

# Checks for header files.

# Checks for typedefs, structures, and compiler characteristics.

# Checks for library functions.

AC_OUTPUT
```

图 9-35 查看 configure.scan 文件内容

（2）将文件 configure.scan 重命名为 configure.ac，然后编辑这个配置文件。

```
[zp@localhost autotools]$ mv configure.scan configure.ac
[zp@localhost autotools]$ vi configure.ac
```

修改内容如下。

首先，将 AC_INIT([FULL-PACKAGE-NAME], [VERSION], [BUG-REPORT-ADDRESS])修改成如下形式：

```
AC_INIT([zp-hello], [1.0], [zp@zp.cn])
```

其次，增加如下代码：

```
AM_INIT_AUTOMAKE
```

最后，增加如下代码：

```
AC_CONFIG_FILES([Makefile])
```

修改后的 configure.ac 文件内容如图 9-36 所示。

```
AC_PREREQ([2.69])
AC_INIT([zp-hello], [1.0], [zp@zp.cn])
AC_CONFIG_SRCDIR([print.h])
AC_CONFIG_HEADERS([config.h])
AM_INIT_AUTOMAKE

# Checks for programs.
AC_PROG_CC

# Checks for libraries.

# Checks for header files.

# Checks for typedefs, structures, and compiler characteristics.

# Checks for library functions.
AC_CONFIG_FILES([Makefile])
AC_OUTPUT
```

图 9-36 修改后的 configure.ac 文件内容

（3）在项目目录下执行 aclocal 命令，扫描 configure.ac 文件生成 aclocal.m4 文件。

```
[zp@localhost autotools]$ ls
[zp@localhost autotools]$ aclocal
[zp@localhost autotools]$ ls
```

执行效果如图 9-37 所示。

```
[zp@localhost autotools]$ ls
autoscan.log  configure.ac  print.c  print.h  testMain.c
[zp@localhost autotools]$ aclocal
[zp@localhost autotools]$ ls
aclocal.m4      autoscan.log  print.c  testMain.c
autom4te.cache  configure.ac  print.h
```

图 9-37　执行 aclocal 命令

（4）在项目目录下执行 autoconf 命令，生成 configure 文件。

```
[zp@localhost autotools]$ autoconf
[zp@localhost autotools]$ ls
```

执行效果如图 9-38 所示。

```
[zp@localhost autotools]$ autoconf
[zp@localhost autotools]$ ls
aclocal.m4      autoscan.log  configure.ac  print.h
autom4te.cache  configure     print.c       testMain.c
```

图 9-38　执行 autoconf 命令

（5）在项目目录下执行 autoheader 命令生成 config.h.in 文件。

```
[zp@localhost autotools]$ autoheader
[zp@localhost autotools]$ ls
[zp@localhost autotools]$ cat config.h.in
```

执行效果如图 9-39 所示。

```
[zp@localhost autotools]$ autoheader
[zp@localhost autotools]$ ls
aclocal.m4      autoscan.log  configure     print.c  testMain.c
autom4te.cache  config.h.in   configure.ac  print.h
[zp@localhost autotools]$ cat config.h.in
/* config.h.in.  Generated from configure.ac by autoheader.  */
```

图 9-39　执行 autoheader 命令

（6）在项目目录下创建一个 Makefile.am 文件。

执行如下命令。

```
[zp@localhost autotools]$ cat Makefile.am
```

执行效果如图 9-40 所示。

```
[zp@localhost autotools]$ cat Makefile.am
AUTOMAKE_OPTIONS=foreign
bin_PROGRAMS=hello
hello_SOURCES=testMain.c print.h print.c
```

图 9-40　创建 Makefile.am 文件

（7）在项目下执行 automake 命令生成 Makefile.in 文件。

通常要使用选项--add-missing 让 automake 自动添加一些必需的附件。

```
[zp@localhost autotools]$ automake --add-missing
```

执行效果如图 9-41 所示。

```
[zp@localhost autotools]$ ls
aclocal.m4       config.h.in   Makefile.am  testMain.c
autom4te.cache   configure     print.c
autoscan.log     configure.ac  print.h
[zp@localhost autotools]$ automake --add-missing
configure.ac:11: installing './compile'
configure.ac:8: installing './install-sh'
configure.ac:8: installing './missing'
Makefile.am: installing './depcomp'
[zp@localhost autotools]$ ls
aclocal.m4       config.h.in   install-sh   print.c
autom4te.cache   configure     Makefile.am  print.h
autoscan.log     configure.ac  Makefile.in  testMain.c
compile          depcomp       missing
```

图 9-41　添加一些必需的附件

在本次测试过程中，系统并没有报错。不过，在其他项目的测试过程中执行 automake 时，系统提示文件（如 NEWS、README、AUTHORS、ChangeLog）缺失。此时，可以使用 touch 直接创建该文件，然后重新执行前述 automake 命令。执行效果如图 9-42 所示。

```
zp@lab:~/ch09/mk$ automake --add-missing
makefile.am: error: required file './NEWS' not found
makefile.am: error: required file './README' not found
makefile.am: error: required file './AUTHORS' not found
makefile.am: error: required file './ChangeLog' not found
zp@lab:~/ch09/mk$ touch NEWS README AUTHORS ChangeLog
zp@lab:~/ch09/mk$ automake --add-missing
```

图 9-42　手动添加一些必需的附件

2．编译、安装和卸载项目

（1）在项目目录下执行./configure 命令，基于 Makefile.in 生成最终的 Makefile。该命令将一些配置参数添加到 Makefile 中。

```
[zp@localhost autotools]$ ./configure
```

执行效果如图 9-43 所示。

```
[zp@localhost autotools]$ ./configure
checking for a BSD-compatible install... /usr/bin/install -c
checking whether build environment is sane... yes
checking for a thread-safe mkdir -p... /usr/bin/mkdir -p
checking for gawk... gawk
checking whether make sets $(MAKE)... yes
checking whether make supports nested variables... yes
checking for gcc... gcc
checking whether the C compiler works... yes
checking for C compiler default output file name... a.out
checking for suffix of executables...
```

图 9-43　生成最终的 Makefile

（2）在项目目录下执行 make 命令，基于 Makefile 文件编译源文件并生成可执行文件。执行效果如图 9-44 所示。

```
[zp@localhost autotools]$ make
make  all-am
make[1]: 进入目录"/home/zp/c/autotools"
gcc -DHAVE_CONFIG_H -I.     -g -O2 -MT testMain.o -MD -MP -MF .de
ps/testMain.Tpo -c -o testMain.o testMain.c
mv -f .deps/testMain.Tpo .deps/testMain.Po
gcc -DHAVE_CONFIG_H -I.     -g -O2 -MT print.o -MD -MP -MF .deps/
print.Tpo -c -o print.o print.c
mv -f .deps/print.Tpo .deps/print.Po
gcc  -g -O2   -o hello testMain.o print.o
make[1]: 离开目录"/home/zp/c/autotools"
```

图 9-44　生成可执行文件

（3）在项目目录下执行 make install 命令将编译后的软件包安装到系统中。执行效果如图 9-45 所示。

```
[zp@localhost autotools]$ sudo make install
[sudo] zp 的密码：
make[1]: 进入目录"/home/zp/c/autotools"
 /usr/bin/mkdir -p '/usr/local/bin'
  /usr/bin/install -c hello '/usr/local/bin'
make[1]: 对"install-data-am"无须做任何事。
make[1]: 离开目录"/home/zp/c/autotools"
[zp@localhost autotools]$ hello
As the saying goes, An idle youth, a needy age.
As the saying goes, Yesterday will not be called again.
```

图 9-45　软件包安装

（4）使用 make uninstall 卸载软件包。执行效果如图 9-46 所示。

```
[zp@localhost autotools]$ sudo make uninstall
 ( cd '/usr/local/bin' && rm -f hello )
[zp@localhost autotools]$ hello
-bash: /usr/local/bin/hello: 没有那个文件或目录
[zp@localhost autotools]$ ./hello
As the saying goes, An idle youth, a needy age.
As the saying goes, Yesterday will not be called again.
```

图 9-46　软件包卸载

3．对外发布项目

开发人员可能需要对外发布开发的项目。此时，可以在项目目录下执行 make dist 命令，make 工具会自动将程序和相关文档打包成一个压缩文档 zp-hello-1.0.tar.gz。

```
[zp@localhost autotools]$ make dist
```

执行效果如图 9-47 所示。

```
[zp@localhost autotools]$ make dist
make  dist-gzip am__post_remove_distdir='@:'
make[1]: 进入目录"/home/zp/c/autotools"
make  distdir-am
make[2]: 进入目录"/home/zp/c/autotools"
if test -d "zp-hello-1.0"; then find "zp-hello-1.0" -type d ! -pe
rm -200 -exec chmod u+w {} ';' && rm -rf "zp-hello-1.0" || { slee
p 5 && rm -rf "zp-hello-1.0"; }; else :; fi
test -d "zp-hello-1.0" || mkdir "zp-hello-1.0"
test -n "" \
|| find "zp-hello-1.0" -type d ! -perm -755 \
```

图 9-47　项目打包

执行完后将在当前目录下生成一个 zp-hello-1.0.tar.gz 文件。

```
[zp@localhost autotools]$ ls
```

执行效果如图 9-48 所示。开发人员可以基于某个开源协议，以开源的形式对外公布 zp-hello-1.0.tar.gz，供其他人员下载、编译、安装。

```
[zp@localhost autotools]$ ls
aclocal.m4       config.log      install-sh    print.h
autom4te.cache   config.status   Makefile      print.o
autoscan.log     configure       Makefile.am   stamp-h1
compile          configure.ac    Makefile.in   testMain.c
config.h         depcomp         missing       testMain.o
config.h.in      hello           print.c       zp-hello-1.0.tar.gz
[zp@localhost autotools]$
```

图 9-48　执行效果

其他人员获取该压缩包后，可以解压该文件，然后使用前面“编译、安装和卸载项目”中介绍的方法，编译和安装该项目程序。根据压缩文件的格式，在下面两条命令中做出选择。

```
tar -xzvf zp-hello-1.0.tar.gz     //解压 tar.gz
tar -xjvf zp-hello-1.0.tar.bz2    //解压 tar.bz2
```

习题 9

1. GCC 编译过程可以进一步分为哪 4 个阶段？
2. 从文本源码到可执行文件，GCC 可以对哪些阶段进行控制？
3. 假设现有 C 语言源文件 my.c，则生成目标文件 my.o 的命令是（　　），生成汇编文件 my.s 的命令是（　　），生成可执行文件 my.p 的命令是（　　）。
4. 简述 Makefile 的作用。
5. 以下关于 GCC 选项的说法中，错误的是（　　）。

   A. -c 只编译并生成目标文件　　B. -w 生成警告信息

   C. -g 生成调试信息　　D. -o FILE 生成指定的输出文件
6. 对源文件 code.c 进行编译并生成可调试代码的命令是什么？

实训 9

编写包含多个程序文件的 C 语言项目，分别使用如下方式对该项目进行管理和编译以得到可执行文件：（1）GCC；（2）Makefile；（3）Autotools。

知识概览

内容导读

信息技术发展迅猛，新技术层出不穷。作为业界极为重要的操作系统之一，Linux 操作系统在许多前沿应用场景中都扮演了重要角色。

本篇将以人工智能、大数据、Docker 容器这 3 个前沿应用场景为基础，介绍 Linux 操作系统在这些场景中的应用实例。通过学习本部分的内容，读者可以了解前沿应用场景相关的基础知识，掌握 Linux 操作系统在人工智能、大数据、Docker 容器这些前沿应用场景中的具体应用技巧，以及环境配置、基础应用实例等。

第10章 人工智能

人工智能（Artificial Intelligence，AI）的概念最早于 1956 年正式提出。它是研究、开发用于模拟、延伸和扩展人的智能的理论、方法、技术及应用系统的一门新的技术科学。机器学习和深度学习是人工智能领域极为成功的技术。本章将介绍如何在 Linux 开发环境中配置典型的机器学习和深度学习开发环境，并通过简单的实例介绍开发环境的使用。

科技自立自强

人工智能

人工智能行业已成为我国国家战略性行业。截至 2022 年 8 月，我国人工智能相关企业超过 70 万家，既有以百度、阿里巴巴、腾讯等为代表的互联网“巨头”，也有商汤科技、科大讯飞等特定领域的“头部”企业。埃里克·施密特（Eric Schmidt）在接受 CNN 采访时表示，美国可能在未来 10 年失去在人工智能领域的领先地位。

10.1 机器学习开发环境配置

机器学习
开发环境配置

10.1.1 机器学习概述

机器学习是人工智能的一个分支。机器学习主要是设计和分析一些让计算机可以自动“学习”的算法。机器学习的基础理论涉及概率论、统计学、逼近论、凸分析、计算复杂性等多门学科的知识。机器学习中涉及大量的统计学理论，与推断统计学联系尤为密切，因此也被称为统计学习理论。根据有无监督，机器学习主要可以划分为监督学习（Supervised Learning）和无监督学习（Unsupervised Learning）。在监督学习中，训练数据中包含目标结果。监督学习的目的是根据反馈信息，学习到能够将输入映射到输出的规则。在无监督学习中，训练数据中没有人为标注的结果，计算机需要自己发现输入数据中的结构规律。

目前，不论是产业界还是学术界，Python 都是机器学习和深度学习开发过程中最常用的程序设计语言。大多数主流的 Linux 发行版都自带基本的 Python 开发环境。然而仅仅依靠这些自带的开发环境并不能满足人工智能开发的需要。在基于 Python 进行机器学习或者深度学习的开发过程中，会使用大量的包。scikit-learn（也称为 sklearn）是针对 Python 的免费机器学习库。scikit-learn 中包含大量常见的机器学习算法。具有代表性的算法包括支持向量机、随机森林、梯度提升、k 均值和 DBSCAN 等。scikit-learn 提供了多种安装方式，例如，读者可以使用 pip 或者 conda 进行 scikit-learn 安装。读者输入如下命令即可开始安装 scikit-learn。

```
$ conda install scikit-learn
```

不过，本章并不打算采用上述安装方法。这是因为不同的 Python 包之间存在复杂的版本依赖关系，处理不当容易导致各种错误。安装 scikit-learn 的过程中会涉及大量依赖包的安装。任何一个环节失败，都可能导致安装过程失败。其中，最常见的失败原因是网络连接中断，如图 10-1 所示。

```
mkl_fft-1.0.15       | 154 KB    | ######################################## | 100%

CondaHTTPError: HTTP 000 CONNECTION FAILED for url <https://mirrors.tuna.tsinghu
a.edu.cn/anaconda/pkgs/main/linux-64/mkl-2020.0-166.conda>
Elapsed: -

An HTTP error occurred when trying to retrieve this URL.
HTTP errors are often intermittent, and a simple retry will get you on your way.
```

图 10-1　安装过程典型错误示例

上述网络连接中断问题并不一定是本地网络引起的。读者需要重新执行安装命令，直到安装成功。后续章节中安装用于深度学习开发的 TensorFlow 包的过程中，也存在类似的问题，我们也可以采用类似的处理方式。

本章将采用业内通用的做法，即基于 Anaconda 搭建开发环境。Anaconda 是一个开源的 Python 发行版本。Anaconda 中包含诸如 conda、Python、NumPy、pandas 等上百个包及其依赖项。本章直接安装 Anaconda，而 Anaconda 中已经包括 scikit-learn。

10.1.2 安装 Anaconda

1．下载 Anaconda 安装包

Anaconda 提供了 Linux、Windows、macOS 等不同版本。对于 Linux，Anaconda 也提供了面向不同平台的多个不同的子版本。对于本书，读者一般应当选择包含“Linux-x86_64”字样的版本。最新版本的 Anaconda 并不一定是最合适的，因为 TensorFlow 等深度学习框架的版本更新可能存在滞后，从而存在与最新的 Anaconda 版本不相适应的可能。本书选择 2022 年 5 月 11 日发布的 Anaconda3-2022.05-Linux-x86_64.sh。读者可以访问 Anaconda 官网，或者访问人邮教育社区本书所在页面，或者直接搜索该文件名，以获取该文件的下载地址。该文件大小约 658.8 MB，下载耗时较长，建议读者提前将其下载到本地。

2．安装 Anaconda

执行如下命令。

```
[zp@localhost ~]$ bash Anaconda3-2022.05-Linux-x86_64.sh
```

执行效果如图 10-2 所示。第 1 条命令用于确认当前目录下是否存在所需要的安装文件，第 2 条命令开始 Anaconda 的安装过程。

```
[zp@localhost ~]$ bash Anaconda3-2022.05-Linux-x86_64.sh

Welcome to Anaconda3 2022.05

In order to continue the installation process, please review the
license
agreement.
Please, press ENTER to continue
>>>
```

图 10-2　开始 Anaconda 安装

安装过程会暂停，提示读者按“Enter”键。读者按“Enter”键后，将开始阅读 license。此时，读者既可以持续按“Enter”键，阅读详细的 license 内容，也可以输入 q，直接跳到 license 末尾。阅读完毕，会提示是否接受 license 条款。执行效果如图 10-3 所示。注意，此时默认选项为“no”。读者需要手动输入“yes”，表示接受 license，否则将退出安装过程 。

```
onda as source) and binary forms, with or without modification su
bject to the requirements set forth below, and;

Do you accept the license terms? [yes|no]
[no] >>> yes
```

图 10-3　手动输入“yes”

接下来，读者需要设置安装路径。安装程序会提供一个默认的安装路径，读者可以直接按“Enter”键，选择使用默认安装路径，并开始具体的安装过程。执行效果如图 10-4 所示。

```
Anaconda3 will now be installed into this location:
/home/zp/anaconda3

  - Press ENTER to confirm the location
  - Press CTRL-C to abort the installation
  - Or specify a different location below

[/home/zp/anaconda3] >>>
PREFIX=/home/zp/anaconda3
Unpacking payload ...
```

图 10-4　使用默认安装路径

安装最后一步，系统将提示“Do you wish the installer to initialize Anaconda3 by running conda init?”，询问用户是否激活 conda 环境。编者选择输入“yes”，建议读者与本书的设置保持一致。执行效果如图 10-5 所示。

```
installation finished.
Do you wish the installer to initialize Anaconda3
by running conda init? [yes|no]
[no] >>> yes
```

图 10-5　激活 conda 环境

读者在安装过程中可能由于各种原因，导致安装过程非正常退出，或者安装过程中，由于选项设置错误而导致与本书的设置不一致。一种比较直接的纠正方法是直接在安装命令后添加“-u”选项，重新开始安装过程，即执行如下命令。

```
[zp@localhost ~]$ bash Anaconda3-2022.05-Linux-x86_64.sh -u
```

安装完成后，界面效果如图 10-6 所示。

```
Thank you for installing Anaconda3!

===========================================================================

Working with Python and Jupyter is a breeze in DataSpell. It is a
n IDE
designed for exploratory data analysis and ML. Get better data in
sights
with DataSpell.

DataSpell for Anaconda is available at: https://www.anaconda.com/
dataspell

[zp@localhost ~]$
```

图 10-6　Anaconda3 安装完成

此时，读者应当关闭当前终端窗口，并重新登录，以使更改生效。执行效果如图 10-7 所示。

```
zp@192.168.184.129's password:
Activate the web console with: systemctl enable --now cockpit.socket

Last login: Wed Jun  1 21:42:56 2022 from 192.168.184.1
(base) [zp@localhost ~]$
```

图 10-7 重新打开窗口以使设置生效

10.1.3 conda 基本用法

conda 是一个开源的包和环境管理器，它可以用于在同一个机器上安装不同版本的软件包及其依赖项，并能够在不同的环境之间切换。本小节将简要介绍 conda 用法。关于 conda 环境的更多信息，读者可以通过百度搜索引擎搜索了解。

【实例 10-1】自动激活或关闭默认 conda 环境。

对比图 10-7 和图 10-6 的最后一行，读者可以发现提示符前面增加了"(base)"字样。这是因为我们在图 10-5 所示的安装步骤中，选择了 yes 选项。该字样代表默认的 conda 环境被激活。编者选择保持自动激活默认 base 环境这一模式，因此可以跳过本实例剩下的内容。

如果读者不喜欢自动激活默认 base 环境，则可以执行如下命令关闭它。

```
(base) [zp@localhost ~]$ conda config --set auto_activate_base false
```

如果已经关闭该模式，则可以执行下面这条命令重新开启。

```
[zp@localhost ~]$ conda config --set auto_activate_base true
```

注意，上述两条命令执行后，都需要关闭终端窗口，并重新登录方可生效。

【实例 10-2】测试 Anaconda 安装是否成功。

读者可以通过查看 conda 的版本信息，间接地验证 Anaconda 是否安装成功。执行如下命令。如果能够正确返回版本信息，则通常表示 Anaconda 安装成功。

```
(base) [zp@localhost ~]$ conda --version
```

执行效果如图 10-8 所示。

```
(base) [zp@localhost ~]$ conda --version
conda 4.12.0
```

图 10-8 测试 Anaconda 安装是否成功

【实例 10-3】激活或者退出 conda 环境。

执行如下命令，激活 conda 环境。

```
[zp@localhost ~]$ conda activate
```

执行如下命令，可以退出当前的 conda 环境。

```
(base) [zp@localhost ~]$ conda deactivate
```

执行效果如图 10-9 所示。

```
[zp@localhost ~]$ conda activate
(base) [zp@localhost ~]$ conda deactivate
[zp@localhost ~]$
```

图 10-9 激活或者退出 conda 环境

【实例 10-4】查看 conda 环境列表。

执行如下命令。

```
[zp@localhost ~]$ conda env list
```

执行效果如图 10-10 所示。执行 conda env list 命令后，可以看到默认的 base 环境。大家刚才应该已经接触过 base 环境了。

```
[zp@localhost ~]$ conda env list
# conda environments:
#
base                  *  /home/zp/anaconda3
```

图 10-10 查看 conda 环境列表

【实例 10-5】安装、更新或者卸载指定软件包。

读者可以分别使用 conda install、conda update、conda remove 来安装、更新或者卸载指定软件包。关于 conda install，我们会在后面的深度学习环境配置时演示。接下来，我们以 scikit-learn 为例演示更新和卸载软件包的方法。

由于读者刚刚完成 scikit-learn 安装，而 10.2 节还要使用 scikit-learn，因此读者阅读一下本实例的内容即可，不需要具体执行本实例的命令。

读者可以通过如下命令对 scikit-learn 进行更新。

```
conda update scikit-learn
```

读者也可以通过如下命令从系统中卸载已经安装的 scikit-learn。

```
conda remove scikit-learn
```

10.1.4 Python 开发基础

Python 是一门解释型语言，这一点与我们之前接触的 Shell 编程是一样的。由于大多数 Linux 发行版都自带基本的 Python 开发环境，而我们需要使用的 scikit-learn 等开发包是通过 Anaconda 安装的，因此在使用之前，我们需要通过 conda 工具激活默认的虚拟环境 base。接下来通过两个实例，对比是否执行这一操作所产生的影响。

【实例 10-6】使用系统自带的 Python。

如果读者计算机的起始状态是已经激活了默认的虚拟环境 base，此时可以使用 conda deactivate 退出，以保持与编者的计算机的初始状态一致。读者执行如下命令可以进入 Python 交互模式。

```
[zp@localhost ~]$ python
```

执行效果如图 10-11 所示。图 10-11 中第 2 行表示系统自带的 Python 的版本为 3.9.10。

```
[zp@localhost ~]$ python
Python 3.9.10 (main, Feb  9 2022, 00:00:00)
[GCC 11.2.1 20220127 (Red Hat 11.2.1-9)] on linux
Type "help", "copyright", "credits" or "license" for more informa
tion.
>>> import sklearn
Traceback (most recent call last):
  File "<stdin>", line 1, in <module>
ModuleNotFoundError: No module named 'sklearn'
>>>
>>> exit()
```

图 10-11 使用系统自带的 Python

此时未激活 base 虚拟环境，使用的将是系统自带的 Python。为了跟【实例 10-7】进行对比，体现实质性的差异，请读者在“>>>”提示符后，输入如下命令。

```
>>> import sklearn
```

执行效果如图 10-11 所示。该命令用于导入 scikit-learn，但执行该命令后，图 10-11 中显示如下错误。

```
ModuleNotFoundError: No module named 'sklearn'
```

该错误表明，系统默认的 Python 中并没有安装 scikit-learn。如果未提示错误，则通常代表 scikit-learn 安装成功。

读者在“>>>”提示符之后输入“exit()”，或者直接使用“Ctrl+D”组合键，可以退出 Python 交互界面。

【实例 10-7】使用 Anaconda 中的 Python。

为了使用 Anaconda 中的 Python，读者首先要确保已经激活默认的 base 虚拟环境。也就是说，如果读者的命令提示符前面没有出现“(base)”字样，读者应当先执行如下命令。

```
[zp@localhost ~]$ conda activate
```

然后，执行如下命令，以启动 Python。

```
(base) [zp@localhost ~]$ python
```

执行效果如图 10-12 所示。图 10-12 中显示该 Python 的版本为 3.9.12。由于 base 虚拟环境已经被激活，此时使用的是 Anaconda 中的 Python。

作为与【实例 10-6】的对比，请读者在“>>>”提示符后，执行如下命令以导入 scikit-learn。

```
>>> import sklearn
```

此时并未提示【实例 10-6】中类似的错误，这表明 scikit-learn 已经在 Anaconda 安装时自动安装成功。此时读者还可以继续在“>>>”提示符后，执行如下命令查看 scikit-learn 版本信息。

```
>>> sklearn.show_versions()
```

读者在“>>>”提示符之后输入“exit()”，或者直接使用“Ctrl+D”组合键，可以退出 Python 交互界面。

```
(base) [zp@localhost ~]$ python
Python 3.9.12 (main, Apr  5 2022, 06:56:58)
[GCC 7.5.0] :: Anaconda, Inc. on linux
Type "help", "copyright", "credits" or "license" for more informa
tion.
>>> import sklearn
>>> sklearn.show_versions()
```

图 10-12 使用 Anaconda 中的 Python

根据上述两个实例可知，当前计算机上的 scikit-learn 是通过 Anaconda 安装的，我们要使用 scikit-learn 进行机器学习开发，应当先激活 base 环境。

Python 是一门解释型语言。我们既可以使用交互式方式运行 Python 程序，也可以使用脚本方式运行 Python 程序。

【实例 10-8】Python 交互式开发。

进入 Python 环境后，将出现“>>>”提示符，此时进入 Python 交互模式。读者可以在该提示符后逐行输入 Python 命令，并观察输出结果。该交互模式非常适合 Python 初学者。

初学者通过采用图 10-13 所示的交互模式进行操作，可以降低学习难度。读者每执行一行命令，系统根据执行结果将及时反馈相关信息。因此，初学者可以直观地理解每一行代码的具体含义。

读者继续在 Python 命令提示符“>>>”之后，输入如下代码。

```
>>> a=1
>>> b=2.2
>>> print(a+b)
>>> c="The learned can see twice."
>>> print(c)
```

执行效果如图 10-13 所示。我们为 a、b、c 3 个变量分别赋予整数类型、浮点数类型和字符串类型的数据，然后通过 print()函数予以输出。Python 的语法规则较为简单，有其他编程语言基础的读者很容易看懂后面各个实例的代码，因此本书不打算对语法细节予以展开。

```
>>> a=1
>>> b=2.2
>>> print(a+b)
3.2
>>> c="The learned can see twice."
>>> print(c)
The learned can see twice.
```

图 10-13 Python 交互式开发

【实例 10-9】Python 脚本式开发。

脚本式开发模式适用于代码量较多的场景。读者可以使用任何文本编辑器，甚至集成开发环境编辑源码。例如，GUI 可以使用 gedit 代替 Vi。如前所述，为了使用 Anaconda 中自带的 Python 及 scikit-learn 等开发包，读者应当确保激活相应的虚拟环境。执行如下命令，可以激活默认的 conda 环境。

```
[zp@localhost ~]$ conda activate
```

读者可以使用脚本方式运行 Python 程序。读者将【实例 10-8】中的 Python 代码保存到一个以“.py”作为扩展名的文本文件中（例如 zp.py），就得到了一个简单的 ython 源文件。然后读者可以在“python”命令后面接源文件名作为参数，解释执行该源文件。执行如下命令。

```
(base) [zp@localhost ~]$ vi zp.py
(base) [zp@localhost ~]$ cat zp.py
(base) [zp@localhost ~]$ python zp.py
```

执行效果如图 10-14 所示。第 1 条命令创建一个 zp.py 文件，其中的 Python 代码与【实例 10-8】相同。第 2 条命令查看所创建的 Python 文件内容。第 3 条命令执行该脚本。

```
(base) [zp@localhost ~]$ vi zp.py
(base) [zp@localhost ~]$ cat zp.py
a=1
b=2.2
print(a+b)
c="The learned can see twice."
print(c)
(base) [zp@localhost ~]$ python zp.py
3.2
The learned can see twice.
```

图 10-14 Python 脚本式开发

10.2 综合案例：基于 scikit-learn 的聚类分析实践

综合案例：基于 scikit-learn 的聚类分析实践

10.2.1 案例概述

本小节将通过一个简单的案例，介绍如何使用 scikit-learn 进行机器学习应用设计。

通过本案例，读者将了解如何使用 scikit-learn 中提供的算法进行聚类（Clustering）分析。聚类是一类典型的机器学习方法。通过该类方法，可以将输入数据分成不同的组别或者子集。本案例中，我们将采用人工生成的随机数据作为输入数据，然后采用 MeanShift 算法进行聚类分析，最后采用图形化的形式输出聚类分析结果。

10.2.2 案例详解

本案例代码包括以下 4 个部分。

第 1 部分由 5 条语句组成，用来导入相关包。Matplotlib 是 Python 环境中非常著名的绘图库，它提供了一整套与 MATLAB 相似的 API。代码内容如下所示。

```
import numpy as np
from sklearn.cluster import MeanShift, estimate_bandwidth
from sklearn.datasets import make_blobs
import matplotlib.pyplot as plt
from itertools import cycle
```

第 2 部分由两条语句组成，用于样本数据生成。make_blobs()函数将根据用户指定的待生成样本的总数和样本中心坐标等信息，随机生成 4 类数据。这些数据将用于测试聚类算法的效果。代码内容如下所示。

```
centers = [[-1, 1], [1, 1], [0, -1], [2, -1]]
X, _ = make_blobs(n_samples=1000, centers=centers, cluster_std=0.4)
```

第 3 部分用于进行聚类分析。本案例中采用的聚类算法是 MeanShift。代码内容如下所示。

```
bandwidth = estimate_bandwidth(X, quantile=0.2, n_samples=500)
ms = MeanShift(bandwidth=bandwidth, bin_seeding=True)
ms.fit(X)
labels = ms.labels_
cluster_centers = ms.cluster_centers_
labels_unique = np.unique(labels)
n_clusters_ = len(labels_unique)
```

第 4 部分用于输出聚类分析结果。其中第 1 行语句是以文本形式输出类别数量。其他各行语句用于以图形化形式输出结果。注意，Python 语言中的语句块层次是通过缩进进行区分的，不正确的行首对齐方式将导致执行错误。代码内容如下所示。

```
print("估算出的类别数量 : %d" % n_clusters_)
plt.figure(1)
plt.clf()
colors = cycle('grcmykbgrcmykbgrcmykbgrcmykb')
for k, col in zip(range(n_clusters_), colors):
    my_members = labels == k
    cluster_center = cluster_centers[k]
    plt.plot(X[my_members, 0], X[my_members, 1], col + '.')
    plt.plot(cluster_center[0], cluster_center[1], 'o', markerfacecolor=col,
             markeredgecolor='k', markersize=14)
plt.show()
```

本案例代码执行过程中，将会弹出 GUI，建议读者在 GUI 环境中执行本案例代码。如果读者在 SSH 客户端执行本程序代码，程序可以正常执行，并且可以得到命令行输出信息，但是读者将无法查看到 GUI。

读者既可以使用交互式开发方式，也可以使用脚本式开发方式完成上述案例的代码执行。

如果采用交互式开发方式，读者应该首先执行下述两条命令，以激活 base 环境，并进入 Python 交互模式。

```
[zp@localhost ~]$ conda activate
(base) [zp@localhost ~]$ python
```

然后，在交互模式的命令提示符“>>>”后依次输入上面各行代码，以观察执行结果。

如果采用脚本式开发方式，读者需要首先将上述代码保存到一个以“.py”作为扩展名的源文件中（例如 zp_ml.py），然后激活 base 环境，并使用 Python 命令解释执行前述源文件。执行如下命令。

```
[zp@localhost ~]$ conda activate
(base) [zp@localhost ~]$ python zp_ml.py
```

执行效果如图 10-15 所示。

```
[zp@localhost ~]$ conda activate
(base) [zp@localhost ~]$ python zp_ml.py
估算出的类别数量 : 4
```

图 10-15　聚类分析命令行结果

执行成功后，系统将弹出新的窗口，以显示聚类分析结果。执行效果如图 10-16 所示。

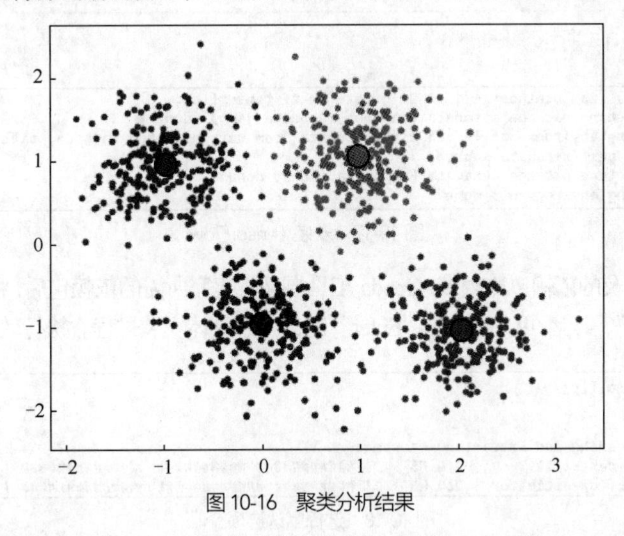

图 10-16　聚类分析结果

10.3 深度学习开发环境配置

深度学习
开发环境配置

10.3.1 深度学习概述

深度学习（Deep Learning）是机器学习（Machine Learning）领域中的一个子类。深度学习的概念源于人工神经网络的研究，含多个隐藏层的多层感知机就是一种深度学习结构。深度学习通过组合低层特征形成更加抽象的高层特征，以实现数据的分布式特征表示。

10.3.2 TensorFlow 简介

TensorFlow 是最具代表性的深度学习框架之一。它是一个基于数据流编程的符号数学系统，被广泛应用于各类机器学习算法的编程实现，其前身是神经网络算法库 DistBelief。TensorFlow 拥有多层级结构，可部署于各类服务器、终端和网页，并支持 GPU（Graphics Processing Unit，图形处理单元）和 TPU（Tensor Processing Unit，张量处理单元）高性能数值计算，被广泛应用于各领域的科学研究。

TensorFlow 同时又是一个强大的库，用于执行大规模的数值计算，如矩阵乘法或自动微分。这两种计算是实现和训练 DNN（Deep Neural Network，深度神经网络）所必需的。TensorFlow 在后端使用 C/C++，这样使得计算速度更快。TensorFlow 提供了高级机器学习 API（Application Program Interface，应用程序接口），可以更容易地配置、训练和评估大量的机器学习模型。读者还可以在 TensorFlow 上使用高级深度学习库 Keras。借助 Keras，用户可以轻松、快速地进行原型设计。Keras 支持各种 DNN，如 RNN（Recurrent Neural Network，循环神经网络）、CNN（Convolutional Neural Network，卷积神经网络），甚至是两者的组合。

10.3.3 安装 TensorFlow

为了更方便地管理 TensorFlow，我们使用 Conda 安装 TensorFlow，并为之创建一个新的虚拟环境 tf。执行如下命令。

```
(base) [zp@localhost ~]$ conda create -n tf tensorflow
conda activate tf
```

执行效果如图 10-17 所示。

```
(base) [zp@localhost ~]$ conda create -n tf tensorflow
Collecting package metadata (current_repodata.json): done
Solving environment: failed with repodata from current_repodata.json, will retry
 with next repodata source.
Collecting package metadata (repodata.json): done
Solving environment: done
```

图 10-17　安装 TensorFlow

TensorFlow 所涉及的依赖包比较多，Conda 工具自动收集完所需的依赖包后，将提示用户下一步操作。由于默认的选项为“y”，读者可以直接按“Enter”键，开始具体安装过程。执行效果如图 10-18 所示。

```
Proceed ([y]/n)?


Downloading and Extracting Packages
numpy-base-1.22.3    | 5.4 MB    | ####################################### | 100%
tensorflow-estimator | 267 KB    | ####################################### | 100%
```

图 10-18　选择默认选项“y”

需要注意的是，TensorFlow 安装过程中，可能会遇到各种各样的错误。有些错误系统会自行重试修正，也有很多错误会导致安装过程异常结束。图 10-19 所示的错误较为常见，这是与网络连接相关的错误。此时，读者可能需要多次重新执行 TensorFlow 安装命令，直到安装成功。执行效果如图 10-20 所示。

```
click-7.1.1          | 71 KB     | ####################################### | 100%

CondaHTTPError: HTTP 000 CONNECTION FAILED for url <https://mirrors.tuna.tsinghu
a.edu.cn/anaconda/pkgs/main/noarch/tensorboard-2.1.0-py3_0.conda>
Elapsed: -
```

图 10-19　TensorFlow 安装过程中常见错误举例

```
Preparing transaction: done
Verifying transaction: done
Executing transaction: done
#
# To activate this environment, use
#
#     $ conda activate tf
#
# To deactivate an active environment, use
#
#     $ conda deactivate
(base) [zp@localhost ~]$
```

图 10-20　TensorFlow 安装成功

10.3.4 测试是否安装成功

首先激活虚拟环境 tf，然后进入 Python 交互模式。执行如下命令。

```
(base) [zp@localhost ~]$ conda activate tf
(tf) [zp@localhost ~]$ python
```

注意，上述第 1 行命令执行完后，命令提示符显示表明，虚拟环境已经从默认的 base 切换成 tf。读者继续在 “>>>” 提示符后，输入如下代码，以导入 TensorFlow。

```
import tensorflow as tf
```

执行上述代码，耗时较长。如果没有报错，则代表 TensorFlow 已经安装成功。读者可以进一步输入代码，查看 TensorFlow 版本号。注意 version 两侧分别是两个下画线。

```
tf.__version__
```

此时将显示 TensorFlow 版本号。执行效果如图 10-21 所示。

```
(base) [zp@localhost ~]$ conda activate tf
(tf) [zp@localhost ~]$ python
Python 3.9.12 (main, Jun  1 2022, 11:38:51)
[GCC 7.5.0] :: Anaconda, Inc. on linux
Type "help", "copyright", "credits" or "license" for more information.
>>> import tensorflow as tf
>>> tf.__version__
'2.6.0'
>>>
```

图 10-21 查看 TensorFlow 版本号

10.4 综合案例：基于 TensorFlow 的服饰图像分类实践

10.4.1 案例概述

综合案例：基于 TensorFlow 的服饰图像分类实践

只有把理论知识同具体实际相结合，才能正确回答实践提出的问题，扎实提升读者的理论水平与实战能力。

本小节将通过一个简单的案例，介绍 TensorFlow 的使用方法。通过本案例，读者将了解如何使用 TensorFlow 编写代码进行类别预测。

本案例中，我们将使用 TensorFlow 训练一个神经网络模型，对衣服、鞋、包等服饰图像进行分类。本案例所使用的数据集由 TensorFlow 官方提供，包含 10 个类别服饰图像，共计 70 000 幅图像。图像的类别标签分别用 0～9 的数字表示，各个类别标签及其含义如表 10-1 所示。

表 10-1 类别标签及其含义

标签	类别	含义	标签	类别	含义
0	T-shirt/top	T 恤/上衣	5	Sandal	凉鞋
1	Trouser	裤子	6	Shirt	衬衫
2	Pullover	套头衫	7	Sneaker	运动鞋
3	Dress	连衣裙	8	Bag	包
4	Coat	外套	9	Ankle boot	短靴

我们将使用该数据集中的 60 000 幅图像来训练出一个神经网络模型，然后使用剩余的 10 000 幅图像来评估神经网络模型分类的准确率。考虑到读者可能是深度学习的初学者，本案例中，我们将采用 Python 交互模式运行案例代码。

10.4.2 环境准备

编者将 TensorFlow 安装在新创建的 tf 环境中。编者执行后续案例代码的过程中，系统提示如下错误。

```
ModuleNotFoundError: No module named 'matplotlib'
```

如果读者没有遇到该类提示，也可以跳过接下来的 Matplotlib 安装过程。该错误提示表明当前环境中并没有安装 Matplotlib，或者安装不正确。因此，编者需要激活 tf 环境，并在 tf 环境中安装 Matplotlib。执行如下命令。

```
(base)[zp@localhost ~]$ conda activate tf
(tf)[zp@localhost ~]$ conda install matplotlib
```

执行效果如图 10-22 所示。安装过程中，同样可能存在前述的下载失败等的问题，需要重新执行安装命令，直到成功。

```
(base) [zp@localhost ~]$ conda activate tf
(tf) [zp@localhost ~]$ conda install matplotlib
Collecting package metadata (current_repodata.json): done
Solving environment: failed with initial frozen solve. Retrying with flexible so
lve.
Solving environment: failed with repodata from current_repodata.json, will retry
 with next repodata source.
```

图 10-22 安装 Matplotlib

10.4.3 案例详解

本案例包括以下 4 步。

第 1 步，导入相关 Python 包。本步骤由 4 条语句组成，主要导入 4 个包，代码如下。

```
import tensorflow as tf
from tensorflow import keras
import numpy as np
import matplotlib.pyplot as plt
```

其中导入 TensorFlow 的时间较长，请耐心等待。部分版本的 TensorFlow 导入过程中可能会出现大量如图 10-23 所示的 FutureWarning 信息，读者可以忽略。

```
>>> import tensorflow as tf
/mnt/d/Ubuntu/anaconda3/lib/python3.6/site-packages/tensorflow/python/framework/dtypes.py:516: FutureWarning
: Passing (type, 1) or '1type' as a synonym of type is deprecated; in a future version of numpy, it will be
understood as (type, (1,)) / '(1,)type'.
  _np_qint8 = np.dtype([("qint8", np.int8, 1)])
/mnt/d/Ubuntu/anaconda3/lib/python3.6/site-packages/tensorflow/python/framework/dtypes.py:517: FutureWarning
: Passing (type, 1) or '1type' as a synonym of type is deprecated; in a future version of numpy, it will be
understood as (type, (1,)) / '(1,)type'.
  _np_quint8 = np.dtype([("quint8", np.uint8, 1)])
/mnt/d/Ubuntu/anaconda3/lib/python3.6/site-packages/tensorflow/python/framework/dtypes.py:518: FutureWarning
```

图 10-23 FutureWarning 信息

第 2 步，准备数据集。准备数据集代码如下。

```
fashion_mnist=keras.datasets.fashion_mnist
(train_images, train_labels), (test_images, test_labels)=fashion_mnist.
load_data()
train_images=train_images / 255.0
test_images=test_images / 255.0
class_names=['T-shirt/top', 'Trouser', 'Pullover', 'Dress', 'Coat',
        'Sandal', 'Shirt', 'Sneaker', 'Bag', 'Ankle boot']
plt.figure(figsize=(10,10))
```

```
for i in range(15):
        plt.subplot(3,5,i+1)
        plt.xticks([])
        plt.yticks([])
        plt.grid(False)
        plt.imshow(train_images[i+100], cmap=plt.cm.binary)
        plt.xlabel(class_names[train_labels[i+100]])
plt.show()
```

为了给读者一个直观的印象，我们对其中的部分图像及其类别标签进行了可视化，效果如图 10-24 所示。

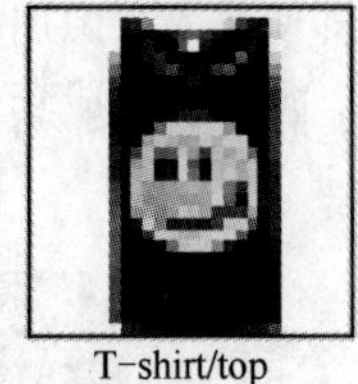

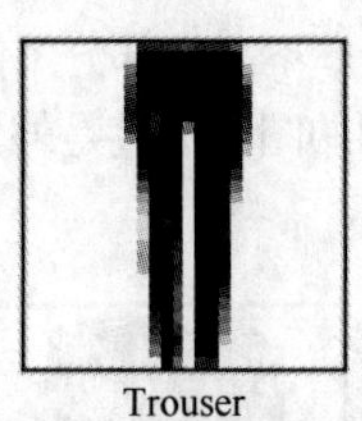

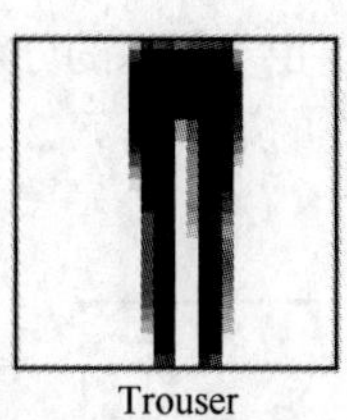

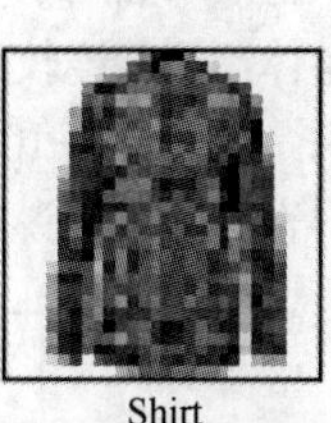

图 10-24　查看样本数据

第 3 步，构建并训练深度学习模型。由于本案例采用的数据集规模较小，因此所构建的模型结构也较为简单。代码如下所示。

```
model=keras.Sequential([
    keras.layers.Flatten(input_shape=(28, 28)),
    keras.layers.Dense(128, activation='relu'),
    keras.layers.Dense(10)
])
model.compile(optimizer='adam',
    loss=tf.keras.losses.SparseCategoricalCrossentropy(from_logits=True),
    metrics=['accuracy'])
model.fit(train_images, train_labels, epochs=10)
model = tf.keras.Sequential([model, tf.keras.layers.Softmax()])
```

该模型的隐藏层包含 128 个节点，并使用“relu”函数作为激活函数。模型的训练过程总共包括 10 轮。代码执行时将输出图 10-25 所示的提示信息。

```
Epoch 7/10
1875/1875 [==============================] - 4s 2ms/step - loss: 0.2679 - accuracy: 0.9010
Epoch 8/10
1875/1875 [==============================] - 5s 3ms/step - loss: 0.2569 - accuracy: 0.9043
Epoch 9/10
1875/1875 [==============================] - 6s 3ms/step - loss: 0.2459 - accuracy: 0.9084
Epoch 10/10
1875/1875 [==============================] - 5s 3ms/step - loss: 0.2395 - accuracy: 0.9100
```

图 10-25　训练过程中输出的提示信息

第 4 步，模型预测结果可视化。我们对测试集中的 6 幅图像的预测结果进行了可视化呈现。每幅图像的下方都分别显示了其预测标签和真实标签。代码如下所示。

```
def plot_image(i, predictions_array, true_label, img):
    predictions_array, true_label, img=predictions_array, true_label[i], img[i]
    plt.xticks([])
    plt.yticks([])
    plt.grid(False)
    plt.imshow(img, cmap=plt.cm.binary)
    predicted_label=np.argmax(predictions_array)
    plt.xlabel("predicted:{}\ntrue label:{}".format(class_names[predicted_label],
                                  class_names[true_label]))
```

```
predictions=model.predict(test_images)
num_rows=2
num_cols=3
num_images = num_rows*num_cols
plt.figure(figsize=(2*num_cols, 2*num_rows))
for i in range(num_images):
      plt.subplot(num_rows, 2*num_cols, 2*i+1)
      plot_image(i, predictions[i], test_labels, test_images)
plt.tight_layout()
plt.showa()
```

执行效果如图 10-26 所示。图 10-26 所给出的 6 幅图像恰好有 5 幅被全部预测正确，可见本案例实现的整体预测精度较高。由于图像的分辨率不高，部分图像即使是人工识别，也未必能得出绝对正确的结果。例如，图 10-26 的第 2 行第 2 列的图像标签是外套，但被识别成套头衫。不过说实话，编者也觉得它更像是套头衫。

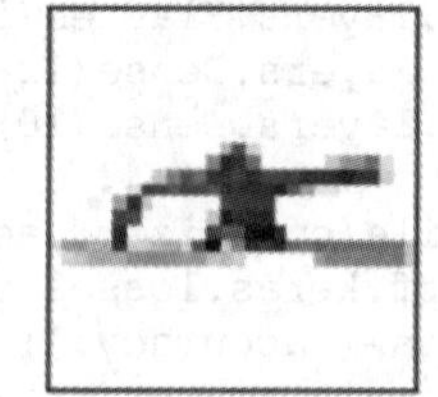

图 10-26　查看最终预测结果

习题 10

1. 借助网络搜索工具，了解 10.2 节中的典型函数及其参数的含义。
2. 借助网络搜索工具，了解 10.4 节中的典型函数及其参数的含义。

实训 10

1. 安装和配置基于 scikit-learn 的机器学习开发环境。
2. 安装和配置基于 TensorFlow 的机器学习开发环境。
3. 修改 10.2 节中的典型函数参数，观察输出结果变化。
4. 修改 10.4 节中的典型函数参数，观察输出结果变化。

第11章 大数据

大数据是 Linux 典型的应用场景之一。大数据平台的核心部分通常部署在服务器端，而 Linux 是服务器端极为重要的操作系统之一。本章将对 Linux 操作系统中大数据平台的部署和使用方法进行介绍。考虑到大多数读者只有一台计算机，并且计算机的性能可能比较一般，因此本章将所有案例都设计成可以在一台配置有 Linux 操作系统的个人计算机中完成。

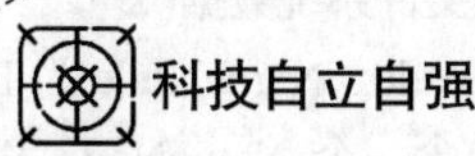

科技自立自强

数据要素市场

2022 年，《中共中央 国务院关于加快建设全国统一大市场的意见》提出，要加快培育数据要素市场。培育数据要素市场具有极其重要的战略意义。数据作为生产要素，已成为继土地、劳动力、资本、技术之后全球竞争的“新赛道”。

11.1 大数据概述

大数据概述

大数据已经成为信息技术行业极为流行的词语之一。大数据技术的出现是多重因素相互作用的结果。网络技术的飞速发展与智能设备的持续普及是大数据快速增长的重要因素。智能设备的普及、存储设备性能的提高和网络带宽的增加为大数据的存储和流通提供了物质基础。云计算技术将分散的数据集中在数据中心，使处理和分析海量数据成为可能。各行业都开始重视数据的价值，数据逐渐成为现代社会发展的资源。数据资源化是大数据诞生的直接驱动力。我们即将从“科技是生产力”的时代迈向“数据是生产力”的时代。

大数据具有 4 个特点，即数据量大（Volume）、数据类型多（Variety）、处理速度快（Velocity）和价值密度低（Value），简称“4V”。随着信息技术的高速发展，数据开始爆发式地增长。当今社会，数据量急剧增加，PB、EB 级别的数据量早已屡见不鲜。数据来源的广泛性决定了大数据类型的多样性。大数据的产生非常迅速，网络上的海量用户每天都在向网络提供海量数据。商业社会瞬息万变，数据的价值也会随着时间的推移而消减，因此，人们有必要对数据进行及时处理。价值密度低是大数据的核心特征。现实世界所产生的数据中，有价值的数据所占比例很小。相比于传统数据，大数据最大的价值在于从大量不相关的各种类型的数据中，挖掘出对未来趋势预测与模式分析有价值的数据。

下面对大数据相关的核心技术进行简单介绍。

11.1.1 Hadoop

Hadoop 是一个由 Apache 基金会所开发的分布式系统基础架构。通过 Hadoop，用户可以在不了解分布式系统底层细节的情况下，开发分布式程序，并充分利用集群的威力进行高速运算和存储。Hadoop 架构核心元素包括 HDFS（Hadoop Distributed File System，Hadoop 分布式文件系统）和 MapReduce。HDFS 为海量数据提供了存储技术，而 MapReduce 则提供了计算模型。

11.1.2 HDFS

HDFS 位于 Hadoop 的底层，它用于存储 Hadoop 集群中所有存储节点上的文件。对外部客户机而言，HDFS 就像一个传统的分级文件系统，可以执行创建、删除、移动或重命名文件等操作。HDFS 是一个具有高度容错性的系统，适合部署在廉价的机器上。HDFS 能提供高吞吐量的数据访问，非常适合大规模数据集上的应用。HDFS 放宽了 POSIX 约束，以实现流式读取文件系统数据。

HDFS 基于一组特定的节点构建，这些节点包括 NameNode 和 DataNode。NameNode 为 HDFS 提供元数据服务，DataNode 为 HDFS 提供存储块。Hadoop 集群通常包含一个 NameNode 和大量 DataNode。

11.1.3 MapReduce

MapReduce 是一种编程模型，常用于大规模数据集（大于 1TB）的并行运算。MapReduce 是进行离线大数据处理的时候最常用的计算模型。MapReduce 引擎位于 HDFS 的上一层，由 JobTracker 和 TaskTracker 组成。MapReduce 对计算过程进行了很好的封装，通常仅须使用 Map 和 Reduce 函数，这样极大地方便了编程人员。

11.2 大数据基础环境准备

大数据基础环境准备

大数据平台配置过程中需要一些基础环境模块支持，其中必不可少的是 Java 语言开发环境。如果要远程启动或停止脚本，则必须安装 SSH 服务器并运行 sshd，这样才能使用管理远程 Hadoop 守护进程的脚本。

11.2.1 安装、配置 Java 环境

1．Java 版本要求

截至 2022 年 6 月 29 日，Apache Hadoop 的最新版本是 3.3.3 版本。Apache Hadoop 3.3 以上版本支持 Java 8 和 Java 11，目前对后者仍存在一定的限制条件，但该限制条件对本章案例没有影响，并且未来官方也会取消该限制。为了最大限度地保持后向兼容性，我们使用 Java 11。读者既可以选择安装 OpenJDK，也可以选择安装 Oracle 的 JDK/JRE。本书中，我们选择安装 OpenJDK。

2．安装 OpenJDK

执行如下命令。

```
[zp@localhost ~]$ sudo yum install -y java-11-openjdk java-11-openjdk-devel
```

执行效果如图 11-1 所示。

```
[zp@localhost ~]$ sudo yum install -y java-11-openjdk java-11-openjdk-devel
[sudo] zp 的密码：
上次元数据过期检查：0:26:23 前，执行于 2022年06月29日 星期三 08时57分31秒。
依赖关系解决。
================================================================================
 软件包                     架构     版本                   仓库          大小
================================================================================
安装：
 java-11-openjdk            x86_64   1:11.0.15.0.10-1.el9   appstream    249 k
 java-11-openjdk-devel      x86_64   1:11.0.15.0.10-1.el9   appstream    3.3 M
```

图 11-1 安装 OpenJDK

安装完成后，执行如下命令，验证 Java 是否安装成功。

```
[zp@localhost ~]$ java -version
```

执行效果如图 11-2 所示。

```
[zp@localhost ~]$ java -version
openjdk version "11.0.15" 2022-04-19 LTS
OpenJDK Runtime Environment 18.9 (build 11.0.15+10-LTS)
OpenJDK 64-Bit Server VM 18.9 (build 11.0.15+10-LTS, mixed mode, sharing)
```

图 11-2 验证 Java 是否安装成功

如果出现类似于图 11-2 所示的提示信息，则通常表明安装已经成功。后续步骤中，我们还会继续配置 Java 相关环境变量，请注意观察。

11.2.2 安装、配置 SSH

由于集群、单节点模式都需要用到 SSH 登录方式，因此我们需要安装和配置 SSH。

1．验证 SSH 是否安装

CentOS Stream 9 中既安装了 SSH 客户端，也安装了 SSH 服务器端。因此，可以使用如下命令登录本地计算机。

```
[zp@localhost ~]$ ssh localhost
```

执行效果如图 11-3 所示。如果是首次使用 SSH 登录，通常还会出现图 11-3 所示的相关提示，并且命令暂停执行。此时读者需要输入“yes”，并按“Enter”键确认。然后，按提示输入密码，即可远程登录到本地计算机。

```
[zp@localhost ~]$ ssh localhost
The authenticity of host 'localhost (::1)' can't be established.
ED25519 key fingerprint is SHA256:vjh/RR2MVzrLVT2GUgsHpoPOSlKzChv
WzDt3pNJaI3w.
This key is not known by any other names
Are you sure you want to continue connecting (yes/no/[fingerprint
])? yes
```

图 11-3 登录本地计算机

部分 Linux 操作系统没有安装 SSH 客户端或者 SSH 服务器端，可以分别用如下命令进行安装。

```
#yum install -y openssh-server
#yum install -y openssh-clients
```

2．配置无密码登录模式

默认情况下，读者每次使用 SSH 登录系统都需要输入密码，这样就给后续 Hadoop 相关操作带来了不便。我们可以将 SSH 配置成无密码登录模式。

首先，确保当前已经使用 SSH 登录过系统，否则请执行如下命令。

```
[zp@localhost ~]$ ssh localhost
```

然后，退出刚才的 SSH 本地连接。执行如下命令。

```
[zp@localhost ~]$ exit
```

此时，可以查看“~/.ssh/”目录内容。执行如下命令。

```
[zp@localhost ~]$ ls ~/.ssh/
```

执行效果如图 11-4 所示。此时若提示没有该目录，请重新执行一次 ssh localhost 命令。

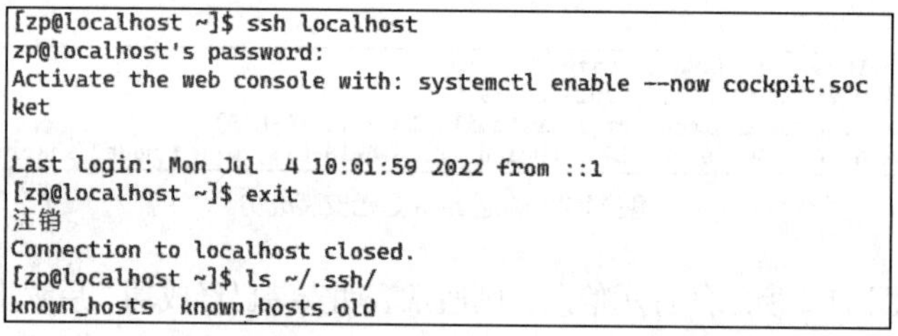

```
[zp@localhost ~]$ ssh localhost
zp@localhost's password:
Activate the web console with: systemctl enable --now cockpit.soc
ket

Last login: Mon Jul  4 10:01:59 2022 from ::1
[zp@localhost ~]$ exit
注销
Connection to localhost closed.
[zp@localhost ~]$ ls ~/.ssh/
known_hosts  known_hosts.old
```

图 11-4　查看~/.ssh/目录内容

接下来，利用 ssh-keygen 生成密钥。执行如下命令。

```
[zp@localhost ~]$ ssh-keygen -t rsa -P '' -f ~/.ssh/id_rsa
```

执行效果如图 11-5 所示。注意，“-P”选项后面是一个单引号，而不是一个双引号。作为替代，读者也可以直接输入“ssh-keygen -t rsa”，然后根据提示，直接按“Enter”键，以完成上述密钥生成过程。

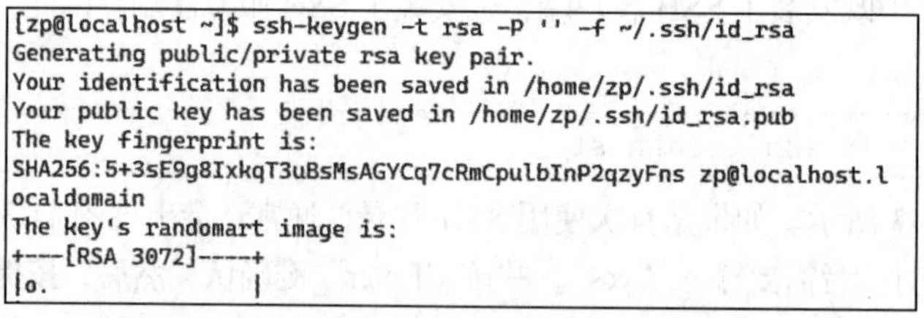

```
[zp@localhost ~]$ ssh-keygen -t rsa -P '' -f ~/.ssh/id_rsa
Generating public/private rsa key pair.
Your identification has been saved in /home/zp/.ssh/id_rsa
Your public key has been saved in /home/zp/.ssh/id_rsa.pub
The key fingerprint is:
SHA256:5+3sE9g8IxkqT3uBsMsAGYCq7cRmCpulbInP2qzyFns zp@localhost.l
ocaldomain
The key's randomart image is:
+---[RSA 3072]----+
|o.               |
```

图 11-5　生成密钥

读者可以通过 ls 命令查看密钥生成结果。ssh-keygen 工具会在“~/.ssh/”目录（编者此处为/home/zp/.ssh/）下生成一对 RSA 密钥文件，其中公钥是 id_rsa.pub 文件，私钥是 id_rsa 文件。

接下来，读者需要将新创建的公钥 id_rsa.pub 文件内容加入授权文件。执行如下命令。

```
[zp@localhost ~]$ cat ~/.ssh/id_rsa.pub >> ~/.ssh/authorized_keys
[zp@localhost ~]$ ls ~/.ssh/
```

执行效果如图 11-6 所示。该命令将在当前目录下生成 authorized_keys 文件。

```
[zp@localhost ~]$ cat ~/.ssh/id_rsa.pub >> ~/.ssh/authorized_keys
[zp@localhost ~]$ ls ~/.ssh/
authorized_keys  id_rsa.pub   known_hosts.old
id_rsa           known_hosts
```

图 11-6　加入授权文件

重新使用 ssh 命令连接本地计算机，此时无须输入密码就可直接登录。执行如下命令。

```
[zp@localhost ~]$ ssh localhost
[zp@localhost ~]$ exit
```

执行效果如图 11-7 所示。

```
[zp@localhost ~]$ ssh localhost
Activate the web console with: systemctl enable --now cockpit.soc
ket

Last login: Mon Jul  4 10:57:55 2022 from ::1
[zp@localhost ~]$ exit
注销
```

图 11-7 连接本地计算机

部分读者由于系统配置差异，可能仍然登录不成功。此时读者可以尝试修改 authorized_keys 的文件权限。执行如下命令，然后重新进行连接。

```
[zp@localhost ~]$ chmod 0600 ~/.ssh/authorized_keys
```

3．取消无密码登录

注意，目前不需要取消无密码登录。基于安全考虑，读者可以在完成本章实验后，取消无密码登录设置。届时，读者只需要删除 authorized_keys 文件便可以取消无密码登录设置。

11.3 安装大数据开发平台

安装大数据开发平台

11.3.1 下载 Hadoop 安装包

Hadoop 官网上提供了源码包版本和编译版本两种形式的压缩包。本书读者请选择编译版本。对于源码包版本，网页介绍中通常包括“Source”字样；对于编译版本，网页介绍中通常包括“binary”字样。读者也可以通过文件名，粗略判断所下载的压缩包是源码包版本，还是编译版本。源码包版本压缩包的命名中通常包括“src”字样，例如 hadoop-3.3.3-src.tar.gz。而编译版本压缩包的命名中通常不包括“src”字样，例如 hadoop-3.3.3.tar.gz。

本书选择 Hadoop 编译版本中的 3.3.3 版本，建议初学者与编者的设置保持一致。后续案例中许多变量或者路径中包含版本编号，初学者若采用其他版本，很可能因为没有对相应的变量或路径进行正确修改而导致错误。

首先，下载 Hadoop 安装包，可以执行如下命令。

```
[zp@localhost ~]$ wget
https://archive.apache.org/dist/hadoop/common/hadoop-3.3.3/hadoop-3.3.3.tar.gz
```

执行效果如图 11-8 所示。这里需要下载的文件容量为 615MB，文件下载耗时与网速有关，建议提前在网络状况较好的环境中下载该文件。网络状况不好等因素可能会导致下载的文件缺失，此时可以使用 MD5 等检测工具校验文件是否完整。但这不是必需步骤，因此编者直接跳过。

如果上述地址失效，读者可以自行搜索查找新地址。本书所使用的版本默认的文件名为 hadoop-3.3.3.tar.gz，读者可以通过该文件名判断查找到的文件是否正确。读者也可以前往人邮教育社区本书所在页面获取最新地址。Hadoop 版本更新速度较快，对于初学者，建议采用与本书相同版本的 Hadoop。

如果遇到不能解决的问题，读者可以通过出版社的编辑们跟编者取得联系。编者通常也会在本书官网上更新相关下载链接信息。

```
[zp@localhost ~]$ wget https://archive.apache.org/dist/hadoop/com
mon/hadoop-3.3.3/hadoop-3.3.3.tar.gz
--2022-07-05 04:14:02--  https://archive.apache.org/dist/hadoop/c
ommon/hadoop-3.3.3/hadoop-3.3.3.tar.gz
正在解析主机 archive.apache.org (archive.apache.org)... 138.201.1
31.134, 2a01:4f8:172:2ec5::2
正在连接 archive.apache.org (archive.apache.org)|138.201.131.134|
:443... 已连接。
已发出 HTTP 请求，正在等待回应... 200 OK
```

图 11-8　下载 Hadoop 安装包

11.3.2 安装、配置 Hadoop 环境

下载的 Hadoop 安装包，经配置后就可以直接使用，不需要安装。编者拟将 Hadoop 安装至/usr/local/目录中，具体操作过程如下。

首先，将 Hadoop 安装包解压到/usr/local 中。执行如下命令。

```
[zp@localhost ~]$ ls hadoop-3.3.3.tar.gz -l
[zp@localhost ~]$ sudo tar -C /usr/local -xzf hadoop-3.3.3.tar.gz
```

执行效果如图 11-9 所示。由于文件较大，解压时间较长，系统会有“假死”的错觉，请勿中途关闭窗口。读者也可以在命令中添加选项，以查看解压过程，但这样会降低执行速度。解压完成后，可以在“/usr/local/hadoop-3.3.3/”目录中查看解压结果（见图 11-9）。

```
[zp@localhost ~]$ ls hadoop-3.3.3.tar.gz -l
-rw-r--r--. 1 zp zp 645040598  7月  4 09:51 hadoop-3.3.3.tar.gz
[zp@localhost ~]$ sudo tar -C /usr/local -xzf hadoop-3.3.3.tar.gz
[zp@localhost ~]$ ls /usr/local/hadoop-3.3.3/
bin      lib             licenses-binary  NOTICE.txt  share
```

图 11-9　解压 Hadoop 包

接下来，修改目录权限。执行如下命令。

```
[zp@localhost ~]$ sudo chown -R zp:zp /usr/local/hadoop-3.3.3
[zp@localhost ~]$ ls /usr/local/ -l |grep hadoop-3.3.3
```

执行效果如图 11-10 所示。注意，编者的系统采用的用户名是 zp，读者如果使用了其他用户名，请做相应修改。

```
[zp@localhost ~]$ sudo chown -R zp:zp /usr/local/hadoop-3.3.3
[sudo] zp 的密码：
[zp@localhost ~]$ ls /usr/local/ -l |grep hadoop-3.3.3
drwxr-xr-x. 10 zp   zp   4096  5月  9 13:44 hadoop-3.3.3
```

图 11-10　修改目录权限

最后，修改环境变量。修改.bashrc 配置文件。执行如下命令。

```
[zp@localhost ~]$ vi ~/.bashrc
```

读者如果不习惯使用 Vi、Vim，可以用 gedit 替换。

在打开的.bashrc 文件的合适位置，添加如下两条 Hadoop 环境变量配置命令。

```
export HADOOPPATH=/usr/local/hadoop-3.3.3
export PATH=$HADOOPPATH/bin:$PATH
```

然后保存并退出。执行效果如图 11-11 所示。注意上述变量值包含 Hadoop 版本信息，采用其他版本的读者需要进行相应修改。限于篇幅，后续假定读者采用的 Hadoop 版本与本书相同，不再做此类提示。

```
    PATH="$HOME/.local/bin:$HOME/bin:$PATH"
fi
export PATH

#added by zp
export HADOOPPATH=/usr/local/hadoop-3.3.3
export PATH=$HADOOPPATH/bin:$PATH
```

图 11-11 修改.bashrc 配置文件

为使环境变量修改生效，执行如下命令。

```
[zp@localhost ~]$ source ~/.bashrc
```

最近执行的两条命令的执行效果如图 11-12 所示。

```
[zp@localhost ~]$ vi ~/.bashrc
[zp@localhost ~]$ source ~/.bashrc
```

图 11-12 使环境变量修改生效

测试安装效果。一般 Hadoop 解压后即可使用，接下来执行如下命令来检查 Hadoop 是否可用。

```
[zp@localhost ~]$ hadoop version
```

如果 JAVA_HOME 没有正确设置，则执行不成功，并会出现图 11-13 所示的错误。

```
[zp@localhost ~]$ hadoop version
ERROR: JAVA_HOME is not set and could not be found.
```

图 11-13 JAVA_HOME 没有正确设置

为此，我们需要配置 JAVA_HOME。首先我们应当确定 OpenJDK 的安装位置。

```
[zp@localhost ~]$ which java
[zp@localhost ~]$ ls -lrt /usr/bin/java
[zp@localhost ~]$ ls -lrt /etc/alternatives/java
```

执行效果如图 11-14 所示。

```
[zp@localhost ~]$ which java
/usr/bin/java
[zp@localhost ~]$ ls -lrt /usr/bin/java
lrwxrwxrwx. 1 root root 22  6月 29 09:30 /usr/bin/java -> /etc/alt
ernatives/java
[zp@localhost ~]$ ls -lrt /etc/alternatives/java
lrwxrwxrwx. 1 root root 63  6月 29 09:30 /etc/alternatives/java ->
 /usr/lib/jvm/java-11-openjdk-11.0.15.0.10-1.el9.x86_64/bin/java
```

图 11-14 查找 OpenJDK 的安装位置

由最后一行输出结果可知 Java 程序的具体路径。根据该路径，我们可以推断出 OpenJDK 的安装位置为"/usr/lib/jvm/java-11-openjdk-11.0.15.0.10-1.el9.x86_64/"。

此时需要重新使用 Vi 等工具修改配置文件.bashrc。在文件中增加如下一行代码。

```
export JAVA_HOME=/usr/lib/jvm/java-11-openjdk-11.0.15.0.10-1.el9.x86_64/
```

执行效果如图 11-15 所示。读者应当根据自己系统中查询出的实际安装地址修改 JAVA_HOME 的值，否则后续将会报错。

重新执行让配置文件修改生效的命令，然后继续查看 Hadoop 版本号。执行如下命令。

```
[zp@localhost ~]$ vi ~/.bashrc
[zp@localhost ~]$ source ~/.bashrc
[zp@localhost ~]$ hadoop version
```

如果配置成功，则会显示 Hadoop 版本信息。执行效果如图 11-16 所示。

```
#added by zp
export HADOOPPATH=/usr/local/hadoop-3.3.3
export PATH=$HADOOPPATH/bin:$PATH

export JAVA_HOME=/usr/lib/jvm/java-11-openjdk-11.0.15.0.10-1.el9.x86_64/
```

图 11-15　重新修改配置文件

```
[zp@localhost ~]$ vi ~/.bashrc
[zp@localhost ~]$ source ~/.bashrc
[zp@localhost ~]$ hadoop version
Hadoop 3.3.3
```

图 11-16　显示 Hadoop 版本信息

11.3.3 Hadoop 的运行模式

Hadoop 存在 3 种常见的运行模式：单机模式、伪分布模式和全分布模式。

（1）单机模式（Standalone Mode）。单机模式是 Hadoop 的默认模式，不需要额外配置。该模式主要用于开发调试 MapReduce 程序的应用逻辑。当首次解压并使用 Hadoop 的源码包时，Hadoop 无法了解硬件安装环境，便保守地选择了最小配置。单机模式不需要与其他节点交互。在这种默认模式下，配置文件为空，Hadoop 会完全运行在本地。单机模式不使用 HDFS，直接读写本地操作系统的文件系统。单机模式也不加载任何 Hadoop 的守护进程。

（2）伪分布模式（Pseudo-Distributed Mode）。伪分布模式在“单节点集群”上运行 Hadoop，所有的守护进程都运行在同一台机器上。系统使用不同的 Java 进程来模拟分布式运行中的各类节点，如 NameNode、DataNode、JobTracker、TaskTracker、SecondaryNameNode。伪分布模式能够访问本地操作系统文件和 HDFS。该模式在单机模式基础上增加了代码调试功能，允许用户检查内存使用情况、HDFS 输入/输出，以及与其他守护进程交互。

（3）全分布模式（Fully Distributed Mode）。这是一种真正的分布式模式，需要由 3 台及 3 台以上机器组建的集群来构建。Hadoop 守护进程运行在集群上。

编者将在接下来的 11.4 节和 11.5 节中，通过两个完整的案例，介绍单机模式和伪分布模式大数据项目的部署、运行等基本过程。大多数读者不具备真正的分布式集群开发环境，而在单机上模拟全分布模式对硬件性能要求高。因此，本书将不提供全分布模式案例，有兴趣的读者可以自行尝试。

11.4 综合案例：单机模式的大数据项目实践

综合案例：单机模式的大数据项目实践

11.4.1 案例概述

本案例进行单机模式的大数据项目实践。单机模式是 Hadoop 的默认模式，读者不需要进行过多的其他配置。根据本书的定位，本章我们重点讲解如何在 Linux 环境中部署和使用大数据平台。因此，本案例并不会涉及如何编写 MapReduce 程序，而是直接使用 Hadoop 官方提供的 wordcount 程序。

11.4.2 案例详解

1. 新建工程目录

执行如下命令，以新建工程目录。

```
[zp@localhost ~]$ mkdir hadoop
[zp@localhost ~]$ cd hadoop
[zp@localhost hadoop]$ ls
```

执行效果如图 11-17 所示。

```
[zp@localhost ~]$ mkdir hadoop
[zp@localhost ~]$ cd hadoop
[zp@localhost hadoop]$ ls
```

图 11-17 新建工程目录

2．准备数据文件

执行如下命令，以准备数据文件。

```
[zp@localhost hadoop]$ man touch cd dir rm mkdir vi grep du >in
[zp@localhost hadoop]$ ll
[zp@localhost hadoop]$ wc -w in
[zp@localhost hadoop]$ tail in
```

执行效果如图 11-18 所示。这里我们通过重定向创建了一个数据文件 in，后续将对该文件进行处理。编者目前创建的 in 文件并不是特别大，现实中的大数据项目处理的数据文件要远远大于该文件，但它们的处理流程是类似的。

```
[zp@localhost hadoop]$ man touch cd dir rm mkdir vi grep du >in
[zp@localhost hadoop]$ ll
总用量 216
-rw-r--r--. 1 zp zp 218655  7月   4 21:42 in
[zp@localhost hadoop]$ wc -w in
25362 in
[zp@localhost hadoop]$ tail in
       tribute it.  There is NO WARRANTY, to the extent permit-
       ted by law.
```

图 11-18 准备数据文件

3．准备环境变量

执行如下命令，以准备环境变量。

```
[zp@localhost hadoop]$ export mppath=/usr/local/hadoop-3.3.3/share/hadoop/
mapreduce/
[zp@localhost hadoop]$ export example=$mppath/hadoop-mapreduce-examples-3.3.3.jar
[zp@localhost hadoop]$ echo $mppath
[zp@localhost hadoop]$ echo $example
```

执行效果如图 11-19 所示。

```
[zp@localhost hadoop]$ export mppath=/usr/local/hadoop-3.3.3/shar
e/hadoop/mapreduce/
[zp@localhost hadoop]$ export example=$mppath/hadoop-mapreduce-ex
amples-3.3.3.jar
[zp@localhost hadoop]$ echo $mppath
/usr/local/hadoop-3.3.3/share/hadoop/mapreduce/
[zp@localhost hadoop]$ echo $example
/usr/local/hadoop-3.3.3/share/hadoop/mapreduce//hadoop-mapreduce-
examples-3.3.3.jar
```

图 11-19 准备环境变量

4．查看 Hadoop 案例列表

Hadoop 附带了大量的案例，包括 randomwriter、distbbp、wordcount、grep、join 等。执行如下命令，可以查看案例列表。

```
[zp@localhost hadoop]$ hadoop jar $example
```

执行效果如图 11-20 所示。

```
[zp@localhost hadoop]$ hadoop jar $example
An example program must be given as the first argument.
Valid program names are:
  aggregatewordcount: An Aggregate based map/reduce program that
counts the words in the input files.
  aggregatewordhist: An Aggregate based map/reduce program that c
```

图 11-20　查看 Hadoop 案例列表

5．Hadoop 案例测试

在本小节，我们将通过执行具体的案例来体验 Hadoop 的执行效果。我们选择 wordcount 作为测试案例。wordcount 是一个典型的 MapReduce 程序，它可以用来统计输入文件中不同单词出现的次数。我们将之前创建的 in 文件作为输入，处理结果将输出到 out 目录中。执行如下命令。

```
[zp@localhost hadoop]$ hadoop jar $example wordcount in out
```

执行效果如图 11-21 所示。

执行过程中，屏幕上输出的信息非常多，执行成功后，效果如图 11-22 所示。

```
[zp@localhost hadoop]$ hadoop jar $example wordcount in out
2022-07-04 21:53:35,665 INFO impl.MetricsConfig: Loaded propertie
s from hadoop-metrics2.properties
```

图 11-21　执行 Hadoop 案例

```
        File Input Format Counters
                Bytes Read=218655
        File Output Format Counters
                Bytes Written=50344
[zp@localhost hadoop]$
```

图 11-22　执行 wordcount 案例成功

6．查看测试效果

案例执行成功后，将在当前位置生成 out 目录。该目录中包括输出结果。执行如下命令。

```
[zp@localhost hadoop]$ ls
[zp@localhost hadoop]$ ls out/
```

执行效果如图 11-23 所示。

输出目录 out 下存在 part-r-00000 和_SUCCESS 两个输出文件，_SUCCESS 的内容通常为空，part-r-00000 的内容非常多。part-r-00000 中的每一条记录占用一行。每一条记录的前半部分为单词，后半部分是该单词的计数值。为查看输出文件其他内容，执行如下命令。

```
[zp@localhost hadoop]$ cat out/_SUCCESS
[zp@localhost hadoop]$ head out/part-r-00000
```

执行效果如图 11-24 所示。由图 11-24 可知，Hadoop 自带的 wordcount 程序实现得较为粗糙，part-r-00000 文件的前 10 条记录中的单词并不是传统意义上的单词。

```
[zp@localhost hadoop]$ ls
in  out
[zp@localhost hadoop]$ ls out/
part-r-00000  _SUCCESS
```

图 11-23　查看输出文件列表

```
[zp@localhost hadoop]$ cat out/_SUCCESS
[zp@localhost hadoop]$ head out/part-r-00000
!       3
!,      3
!.      2
"*"     1
```

图 11-24　查看输出文件内容

为了进一步查看输出文件中的其他内容，执行如下命令。

```
[zp@localhost hadoop]$ more out/part-r-00000
```

经过多次翻页，跳过文件的前面部分后，可以查看到类似于英语词典的单词的内容。执行效果如图 11-25 所示。图 11-25 中的单词与英语词典中的单词基本一致了。例如，图 11-25 中显示单词 Start 在输入文件中出现了 8 次。

```
Start   8
Starting        1
Starts  4
```

图 11-25　翻页查看输出文件内容

需要注意的是，Hadoop 默认不会覆盖结果文件，因此再次运行上面的案例之前，需要先将 out 目录删除，否则会提示出错。执行效果如图 11-26 所示。

```
[zp@localhost hadoop]$ hadoop jar $example wordcount in out
2022-07-05 05:25:29,822 INFO impl.MetricsConfig: Loaded propertie
s from hadoop-metrics2.properties
2022-07-05 05:25:30,124 INFO impl.MetricsSystemImpl: Scheduled Me
tric snapshot period at 10 second(s).
2022-07-05 05:25:30,124 INFO impl.MetricsSystemImpl: JobTracker m
etrics system started
org.apache.hadoop.mapred.FileAlreadyExistsException: Output direc
tory file:/home/zp/hadoop/out already exists
```

图 11-26　out 目录已经存在

此时，读者可以通过如下命令删除 out 目录。

```
[zp@localhost hadoop]$ rm out -rf
```

然后再次运行案例，通常可以成功。

11.5 综合案例：伪分布模式的大数据项目实践

综合案例：伪分布式模式的大数据项目实践

11.5.1 案例概述

Hadoop 可以在单机上以伪分布模式运行。此时，Hadoop 以分离的 Java 进程来模拟运行各类节点，节点既作为 NameNode，也作为 DataNode，读取的是 HDFS 中的文件。

本案例将对伪分布模式的大数据项目实践过程进行演示。本案例的复杂程度远远大于 11.4 节的案例，本案例同样不会涉及如何编写 MapReduce 程序。为了方便读者对比学习，进一步降低初学者的理解难度，本案例将直接使用与 11.4 节的案例相同的 wordcount 程序。

11.5.2 案例详解

1. 修改配置文件

配置 Hadoop 伪分布模式项目需要修改 core-site.xml 和 hdfs-site.xml 这两个 XML 格式的配置文件。Hadoop 的配置文件位于/usr/local/hadoop-3.3.3/etc/hadoop 中。为方便操作，先进入该目录。执行如下命令。

```
[zp@localhost ~]$ cd /usr/local/hadoop-3.3.3/etc/hadoop
[zp@localhost hadoop]$ ls core-site.xml hdfs-site.xml
```

执行效果如图 11-27 所示。

```
[zp@localhost ~]$ cd /usr/local/hadoop-3.3.3/etc/hadoop
[zp@localhost hadoop]$ ls core-site.xml hdfs-site.xml
core-site.xml  hdfs-site.xml
```

图 11-27　查看配置文件列表

（1）修改 core-site.xml。

现在修改配置文件 core-site.xml。core-site.xml 包括集群的全局性参数，主要用于定义系统级别的参数，如 HDFS URL、Hadoop 的临时目录等。

修改配置文件 core-site.xml 之前，先进行备份操作。为方便读者对比修改前后内容的变化，我们查看了修改前 core-site.xml 的内容。执行如下命令。

```
[zp@localhost hadoop]$ cp core-site.xml core-site.xml.bak
[zp@localhost hadoop]$ tail -4 core-site.xml
```

执行效果如图 11-28 所示。目前该文件中除了一些注释信息外，并没有包含实质性的内容。

```
[zp@localhost hadoop]$ cp core-site.xml core-site.xml.bak
[zp@localhost hadoop]$ tail -4 core-site.xml
<!-- Put site-specific property overrides in this file. -->

<configuration>
</configuration>
```

图 11-28　core-site.xml 备份与修改前的内容查看

接下来修改 core-site.xml 文件的内容，主要修改配置文件 property 项的 name 和 value 值。执行如下命令打开文件。

```
[zp@localhost hadoop]$ vi core-site.xml
```

将 core-site.xml 中下面这段代码：

```
<configuration>
</configuration>
```

修改为下面的配置代码段：

```
<configuration>
    <property>
        <name>fs.defaultFS</name>
        <value>hdfs://localhost:9000</value>
    </property>
</configuration>
```

修改后的 core-site.xml 文件如图 11-29 所示。

（2）修改 hdfs-site.xml。

接下来，我们修改配置文件 hdfs-site.xml。hdfs-site.xml 主要用于 HDFS 的配置，如 NameNode 和 DataNode 的存放位置、文件副本的个数、文件的读取权限等。该文件修改之前的内容如图 11-30 所示。该文件中除了一些注释信息外，同样并没有包含实质性的内容。

```
<!-- Put site-specific property overrides in this file. -->
<configuration>
    <property>
        <name>fs.defaultFS</name>
        <value>hdfs://localhost:9000</value>
    </property>
</configuration>
```

图 11-29　修改后的 core-site.xml 文件

```
[zp@localhost hadoop]$ tail -3 hdfs-site.xml
<configuration>

</configuration>
```

图 11-30　修改之前的 hdfs-site.xml

修改之前同样需要进行备份。执行如下命令。

```
[zp@localhost hadoop]$ pwd
[zp@localhost hadoop]$ cp hdfs-site.xml hdfs-site.xml.bak
[zp@localhost hadoop]$ vi hdfs-site.xml
```

执行效果如图 11-31 所示。

```
[zp@localhost hadoop]$ pwd
/usr/local/hadoop-3.3.3/etc/hadoop
[zp@localhost hadoop]$ cp hdfs-site.xml hdfs-site.xml.bak
[zp@localhost hadoop]$ vi hdfs-site.xml
```

图 11-31　备份配置文件 hdfs-site.xml

按照如下内容，修改 hdfs-site.xml。

```
<configuration>
     <property>
          <name>dfs.replication</name>
          <value>1</value>
     </property>
</configuration>
```

修改完成的效果如图 11-32 所示。

```
<!-- Put site-specific property overrides in this file. -->

<configuration>
    <property>
        <name>dfs.replication</name>
        <value>1</value>
    </property>
</configuration>
```

图 11-32　修改后的 hdfs-site.xml

2．NameNode 初始化

配置完成后，需要执行 NameNode 的初始化操作。执行如下命令。

```
[zp@localhost ~]$ hdfs namenode -format
```

执行效果如图 11-33 所示。

```
[zp@localhost ~]$ hdfs namenode -format
WARNING: /usr/local/hadoop-3.3.3/logs does not exist. Creating.
2022-07-05 06:06:44,726 INFO namenode.NameNode: STARTUP_MSG:
/************************************************************
STARTUP_MSG: Starting NameNode
STARTUP_MSG:   host = localhost.localdomain/127.0.0.1
```

图 11-33　NameNode 初始化

初始化成功后，读者会看到如图 11-34 第 2 行所示包含“successfully formatted”字样的提示信息。

```
2022-07-05 06:06:49,491 INFO common.Storage: Storage directory /tmp/hadoop
-zp/dfs/name has been successfully formatted.
2022-07-05 06:06:49,646 INFO namenode.FSImageFormatProtobuf: Saving image
file /tmp/hadoop-zp/dfs/name/current/fsimage.ckpt_0000000000000000000 usin
```

图 11-34　初始化成功

3．启动 Hadoop

接下来，开启 NameNode 和 DataNode 守护进程。执行如下命令。

```
[zp@localhost ~]$ cd /usr/local/hadoop-3.3.3/sbin
[zp@localhost sbin]$ ./start-dfs.sh
```

执行效果如图 11-35 所示。

```
[zp@localhost ~]$ cd /usr/local/hadoop-3.3.3/sbin
[zp@localhost sbin]$ ./start-dfs.sh
Starting namenodes on [localhost]
Starting datanodes
Starting secondary namenodes [localhost.localdomain]
localhost.localdomain: Warning: Permanently added 'localhost.localdomain'
(ED25519) to the list of known hosts.
```

图 11-35　成功启动 Hadoop

（1）启动 Hadoop 时常见的错误。

启动 Hadoop 时，读者可能会遇到各类错误。读者需要解决遇到的各类问题，然后重新执行./start-dfs.sh，直到启动成功。

读者如果遇到图 11-36 中提示的这种错误，则表示还没有将 SSH 配置成无密码登录。读者需要根据 11.2.2 小节的内容，将 SSH 配置成无密码登录。

```
[zp@localhost sbin]$ ./start-dfs.sh
Starting namenodes on [localhost]
localhost: zp@localhost: Permission denied (publickey,gssapi-keyex,gssapi-with-mic,password).
Starting datanodes
localhost: zp@localhost: Permission denied (publickey,gssapi-keyex,gssapi-with-mic,password).
Starting secondary namenodes [localhost.localdomain]
localhost.localdomain: zp@localhost.localdomain: Permission denied (publickey,gssapi-keyex,gssapi-with-mic,password).
```

图 11-36　启动 Hadoop 可能遇到的错误

读者如果遇到以下错误提示：

```
Error: JAVA_HOME is not set and could not be found.
```

则表示读者的 JAVA_HOME 环境变量还没有被正确设置。请按照 11.3.2 小节的内容，在.bashrc 文件中设置 JAVA_HOME 变量。

如果读者已经在.bashrc 中正确设置了 JAVA_HOME，仍然出现上面的 JAVA_HOME 这类错误，那么，通常还需要修改/usr/local/hadoop-3.3.3/etc/hadoop/hadoop-env.sh 文件的内容，在 hadoop-env.sh 文件中增加 export JAVA_HOME 相关的内容。命令所增加的 export JAVA_HOME 一行的内容与前述.bashrc 文件中 JAVA_HOME 变量定义那一行的内容完全相同。例如，编者操作系统中该变量的值如下，与读者操作系统中的值通常不会相同，请按照前文的方法进行查找和修改。

```
export JAVA_HOME=/usr/lib/jvm/java-11-openjdk-11.0.15.0.10-1.el9.x86_64/
```

Hadoop 启动过程中，可能还会遇到一些其他的问题，读者不用紧张。利用提示信息，读者经常能在网上搜索到解决方案。顺便说一句，本书“前沿应用篇”的 3 个话题都很新。因此，编者只能保证针对演示案例部署和运行过程中遇到的所有问题都在本书中给出了解决方案，但编者无法保证不会遇到新的问题。这一点也是开源软件的共同点。Linux 操作系统及相关软件处于动态更新过程中，“前沿应用篇”的 3 个话题中涉及的各种软件也都处在动态更新过程中，这种动态变化实体间的组合必然会导致许多不可预料的错误。然而，也许就是这种攻坚克难的乐趣使得开源社区极具吸引力。

（2）查看启动的 Hadoop 进程。

启动完成后，先回到用户主目录，然后可以通过命令 jps 查看启动的 Hadoop 进程来判断是否成功启动。执行如下命令。

```
[zp@localhost sbin]$ cd
[zp@localhost ~]$ jps
```

执行效果如图 11-37 所示。若启动成功，则会列出如下进程：NameNode、DataNode 和 Secondary-NameNode。如果 SecondaryNameNode 没有启动，请运行 sbin/stop-dfs.sh 关闭进程，然后再次尝试启动。如果 NameNode 或 DataNode 没有启动，就表示配置不成功，请仔细检查之前的步骤或通过查看启动日志排查原因。

```
[zp@localhost sbin]$ cd
[zp@localhost ~]$ jps
40352 SecondaryNameNode
40163 DataNode
40676 Jps
40027 NameNode
```

图 11-37　通过 jps 查看启动的 Hadoop 进程

4．运行 Hadoop 伪分布模式案例

11.4 节的单机模式案例中，案例代码读取的输入数据是本地数据。伪分布模式案例中，案例代码读取的则是 HDFS 上的数据。

（1）在 HDFS 中创建用户目录和工作目录。

要使用 HDFS，首先需要在 HDFS 中创建用户目录。具体而言，有如下 3 种实现方式。

```
hadoop fs
hadoop dfs
hdfs dfs
```

其中，hadoop fs 既适用于本地文件系统，也适用于 HDFS。hdfs dfs 和 hadoop dfs 只适用于 HDFS。读者选择执行如下 3 条命令中的一条即可（此处以执行第 1 条为例）。

```
[zp@localhost ~]$ hadoop fs -mkdir -p /user/zp
[zp@localhost ~]$ hdfs dfs -mkdir -p /user/zp
[zp@localhost ~]$ hadoop dfs -mkdir -p /user/zp
```

执行效果如图 11-38 所示。注意，由于编者使用的是 zp 用户，因此这一步创建的目录应当与之保持一致，即“/user/zp”。在分布式文件系统中，其路径为 hdfs://localhost:9000/user/zp。假定上一步中编者创建的目录是“/user/john”，而不是“/user/zp”，那么下一步创建 input 文件时，系统将报错：mkdir: 'hdfs://localhost:9000/user/zp': No such file or directory。

```
[zp@localhost ~]$ hadoop fs -mkdir -p /user/zp
```

图 11-38　hadoop fs 运行方式

接着需要将输入文件复制到分布式文件系统中，为此，首先需要在分布式文件系统中创建 input 目录。执行如下命令。

```
[zp@localhost ~]$ hadoop fs -mkdir input
[zp@localhost ~]$ hadoop fs -ls
```

执行效果如图 11-39 所示。由图 11-39 可知，input 目录已经被成功创建。该目录的具体位置为 hdfs://localhost:9000/user/zp/input。

```
[zp@localhost ~]$ hadoop fs -mkdir input
[zp@localhost ~]$ hadoop fs -ls
Found 1 items
drwxr-xr-x   - zp supergroup          0 2022-07-05 08:44 input
```

图 11-39　创建 input 目录

（2）准备数据文件。

首先，在本地生成所需要的数据文件 in。执行如下命令。

```
[zp@localhost ~]$ man touch cd dir rm mkdir vi grep du >in
[zp@localhost ~]$ ll in
[zp@localhost ~]$ wc -l in
```

执行效果如图 11-40 所示。数据文件 in 的生成方法与 11.4 节案例中的类似。

```
[zp@localhost ~]$ man touch cd dir rm mkdir vi grep du >in
[zp@localhost ~]$ ll in
-rw-r--r--. 1 zp zp 208913  7月   5 08:56 in
[zp@localhost ~]$ wc -l in
4008 in
```

图 11-40　在本地生成需要的数据文件 in

然后，将本地的数据文件 in 上传到 HDFS 中。执行如下命令。

```
[zp@localhost ~]$ hadoop fs -put in input
[zp@localhost ~]$ hadoop fs -ls input
```

执行效果如图 11-41 所示。

```
[zp@localhost ~]$ hadoop fs -put in input
[zp@localhost ~]$ hadoop fs -ls input
Found 1 items
-rw-r--r--   1 zp supergroup     208913 2022-07-05 08:58 input/in
```

图 11-41　将本地的数据文件 in 上传到 HDFS 中

最后，删除本地的数据文件 in。执行如下命令。

```
[zp@localhost ~]$ rm in
[zp@localhost ~]$ ls -l in
```

执行效果如图 11-42 所示。

```
[zp@localhost ~]$ rm in
[zp@localhost ~]$ ls -l in
ls: 无法访问 'in': 没有那个文件或目录
```

图 11-42　删除本地的数据文件 in

（3）准备环境变量。

执行如下命令，以准备环境变量。

```
[zp@localhost ~]$ export mppath=/usr/local/hadoop-3.3.3/share/hadoop/mapreduce/
[zp@localhost ~]$ export example=$mppath/hadoop-mapreduce-examples-3.3.3.jar
[zp@localhost ~]$ echo $mppath
[zp@localhost ~]$ echo $example
```

执行效果如图 11-43 所示。

```
[zp@localhost ~]$ export mppath=/usr/local/hadoop-3.3.3/share/hadoop/mapreduce/
[zp@localhost ~]$ export example=$mppath/hadoop-mapreduce-examples-3.3.3.jar
[zp@localhost ~]$ echo $mppath
/usr/local/hadoop-3.3.3/share/hadoop/mapreduce/
[zp@localhost ~]$ echo $example
/usr/local/hadoop-3.3.3/share/hadoop/mapreduce//hadoop-mapreduce-examples-3.3.3.jar
```

图 11-43　准备环境变量

（4）运行 Hadoop 伪分布模式案例。

执行如下命令，以运行 Hadoop 伪分布模式案例。

```
[zp@localhost ~]$ hadoop jar $example wordcount input/in out
```

执行效果如图 11-44 所示。

```
[zp@localhost ~]$ hadoop jar $example wordcount input/in out
2022-07-05 09:05:08,604 INFO impl.MetricsConfig: Loaded properties from hadoop-metri
cs2.properties
```

图 11-44　运行 Hadoop 伪分布模式案例

案例执行成功后，执行效果如图 11-45 所示。

```
        File Input Format Counters
                Bytes Read=208913
        File Output Format Counters
                Bytes Written=49761
```

图 11-45　Hadoop 伪分布模式案例运行成功

（5）查看 HDFS 运行结果。

执行如下命令，以查看 HDFS 运行结果。

```
[zp@localhost ~]$ hadoop fs -ls
[zp@localhost ~]$ hadoop fs -ls out
```

执行效果如图 11-46 所示。HDFS 中增加了一个 out 目录，里面的内容与 11.4 节案例的内容基本相同。不同之处在于，11.4 节案例的 out 目录位于本地。

```
[zp@localhost ~]$ hadoop fs -ls
Found 2 items
drwxr-xr-x   - zp supergroup          0 2022-07-05 08:58 input
drwxr-xr-x   - zp supergroup          0 2022-07-05 09:05 out
[zp@localhost ~]$ hadoop fs -ls out
Found 2 items
-rw-r--r--   1 zp supergroup          0 2022-07-05 09:05 out/_SUCCESS
-rw-r--r--   1 zp supergroup      49761 2022-07-05 09:05 out/part-r-00000
```

图 11-46　查看 HDFS 运行结果

执行如下命令，以查看输出文件具体内容。

```
[zp@localhost ~]$ hadoop fs -cat out/*|more
```

执行效果如图 11-47 所示。

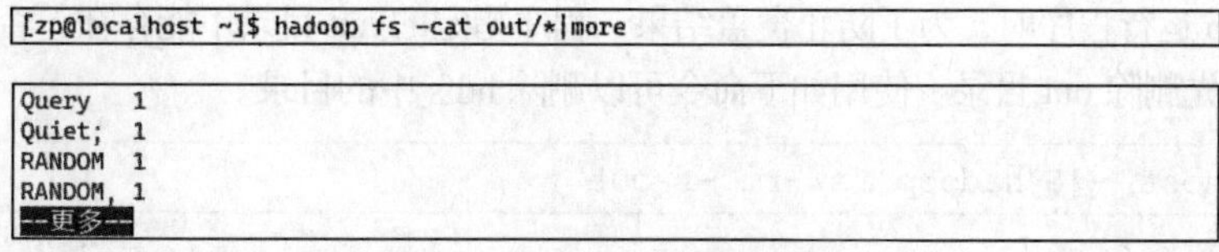

[zp@localhost ~]$ hadoop fs -cat out/*|more
Query 1
Quiet; 1
RANDOM 1
RANDOM, 1
--更多--

图 11-47　输出文件的具体内容

读者也可以查看特定文件的内容。执行如下命令。

```
[zp@localhost ~]$ hadoop fs -head out/part-r-00000
```

（6）取回输出结果数据到本地。

我们也可以将运行结果取回本地进行查看。

首先，执行如下命令确认当前本地目录下没有 localout 目录。如果有 localout 目录，可以移走或者删除，以免干扰后续操作。

```
[zp@localhost ~]$ ls localout
```

执行效果如图 11-48 所示。

```
[zp@localhost ~]$ ls localout
ls: 无法访问 'localout': 没有那个文件或目录
```

图 11-48　查看本地的 localout 目录是否存在

然后，从 HDFS 中取回 out 目录，放到本地的 localout 目录中。执行如下命令。

```
[zp@localhost ~]$ hadoop fs -get out localout
[zp@localhost ~]$ ls localout
```

执行效果如图 11-49 所示。

```
[zp@localhost ~]$ hadoop fs -get out localout
[zp@localhost ~]$ ls localout
part-r-00000  _SUCCESS
```

图 11-49　从 HDFS 中取回 out 目录

最后，执行如下命令在本地查看结果数据。

```
[zp@localhost ~]$ cat out/* | more
```

执行效果与图 11-49 所示基本相同。

（7）再次运行 Hadoop 测试。

```
[zp@localhost ~]$ hadoop jar $example wordcount input/in out
```

执行效果如图 11-50 所示。

```
[zp@localhost ~]$ hadoop jar $example wordcount input/in out
2022-07-05 09:20:28,207 INFO impl.MetricsConfig: Loaded properties from hadoop-metri
cs2.properties
2022-07-05 09:20:28,792 INFO impl.MetricsSystemImpl: Scheduled Metric snapshot perio
d at 10 second(s).
2022-07-05 09:20:28,793 INFO impl.MetricsSystemImpl: JobTracker metrics system start
ed
org.apache.hadoop.mapred.FileAlreadyExistsException: Output directory hdfs://localho
st:9000/user/zp/out already exists
```

图 11-50　out 目录导致执行错误

此时出现以下错误提示：

```
Output directory hdfs://localhost:9000/user/zp/out already exists
```

这是因为 Hadoop 运行程序时，为了防止覆盖结果，程序指定的 out 目录不能存在，否则会提示错误，所以运行前需要先删除 out 目录。使用如下命令可以删除 hdfs 中的目录。

```
[zp@localhost ~]$ hadoop fs -rm -r out
```

然后执行如下命令。

```
[zp@localhost ~]$ hadoop jar $example wordcount input/in out
```

执行效果如图 11-51 所示。

```
[zp@localhost ~]$ hadoop fs -rm -r out
Deleted out
[zp@localhost ~]$ hadoop jar $example wordcount input/in out
2022-07-05 09:21:51,866 INFO impl.MetricsConfig: Loaded properties from hadoop-metri
cs2.properties
```

图 11-51　再次运行 Hadoop 测试

5．关闭 Hadoop

作为对比，首先执行 jps 查看当前运行的进程，然后运行./stop-dfs.sh 关闭 Hadoop，最后重新执行 jps 查看进程变化情况。执行如下命令。

```
[zp@localhost ~]$ cd /usr/local/hadoop-3.3.3/sbin
[zp@localhost sbin]$ jps
[zp@localhost sbin]$ ./stop-dfs.sh
[zp@localhost sbin]$ jps
```

执行效果如图 11-52 所示。

```
[zp@localhost ~]$ cd /usr/local/hadoop-3.3.3/sbin
[zp@localhost sbin]$ jps
40352 SecondaryNameNode
40163 DataNode
40027 NameNode
43708 Jps
[zp@localhost sbin]$ ./stop-dfs.sh
Stopping namenodes on [localhost]
Stopping datanodes
Stopping secondary namenodes [localhost.localdomain]
[zp@localhost sbin]$ jps
44215 Jps
```

图 11-52　关闭 Hadoop

6．再次启动 Hadoop

再次启动 Hadoop 时，无须进行 NameNode 的初始化，直接运行如下命令即可。

```
[zp@localhost sbin]$ jps
[zp@localhost sbin]$ ./start-dfs.sh
[zp@localhost sbin]$ jps
```

执行效果如图11-53所示。

```
[zp@localhost sbin]$ jps
44233 Jps
[zp@localhost sbin]$ ./start-dfs.sh
Starting namenodes on [localhost]
Starting datanodes
Starting secondary namenodes [localhost.localdomain]
[zp@localhost sbin]$
[zp@localhost sbin]$ jps
44704 SecondaryNameNode
44933 Jps
44519 DataNode
44381 NameNode
```

图11-53 再次启动 Hadoop

习题 11

1. 大数据的核心技术有哪些？
2. 简述Hadoop平台的基本配置流程。
3. 简述Hadoop常见的3种运行模式。
4. 比较单机模式和伪分布模式的异同。
5. 分别以单机模式和伪分布模式运行大数据测试案例。
6. 调研大数据的具体应用案例。

实训 11

1. 请下载一部经典的英文文学名著或者收集大量英文新闻，利用Hadoop自带的wordcount对其进行分析。

2. 以第1题的结果为基础，统计该名著或新闻中出现次数为20的单词，以及单词you和单词the出现的次数。

3. 以第1题的结果为基础，统计该名著或新闻中出现次数排在前面50位的单词（提示：可以使用sort命令）。

第12章 Docker 容器

容器因 Docker 的普及而迅速受到了业界的广泛关注。Kubernetes（简称 K8S）项目对 Docker 容器的支持，为容器带来了集群化、服务化等新特性，从根源上影响了云计算应用的运行模式，迅速引发了新的技术浪潮，对传统系统运维工程师、应用运维工程师、数据库运维工程师等都有很大的冲击。

科技自立自强

云计算平台

云计算平台通常可分为存储型云平台、计算型云平台和综合型云平台。国内的阿里云、腾讯云、华为云、天翼云、金山云、百度云等，具有高性价比、安全可靠、开放稳定等特点，具备全球性的线上/线下服务能力，已开始引领国际发展趋势。

12.1 云计算与容器概述

云计算与容器概述

虚拟化（Virtualization）是云计算的重要概念之一，它是一种资源管理技术。虚拟化的目的是在一台计算机上同时运行多个操作系统或应用，从而提高资源的利用率，节约成本。将单台服务器中的各种资源，如网络、存储、CPU 及内存等，整合转换为一台或多台虚拟机，用户就可以从多个方面充分利用资源。硬件虚拟化是指对宿主机的硬件进行虚拟化，使硬件对用户隐藏，并将虚拟化的硬件呈现在用户面前。Intel-VT（Intel Virtualization Technology，Intel 公司的虚拟化技术）和 AMD-VT（AMD Virtualization Technology，AMD 公司的虚拟化技术）是两种典型的硬件虚拟化技术。随着时间的推移，虚拟化的概念慢慢被扩大，从原先的 CPU 虚拟化、I/O 虚拟化、网络虚拟化扩大到当前的软件定义一切，如软件定义网络（Software Defined Network，SDN）、软件定义存储（Software Defined Storage，SDS）等。通过虚拟化技术，一台物理机上可以创建多台虚拟机。我们通常将物理机称为虚拟机的宿主机，虚拟机都运行于对应的物理机上，共享该物理机的硬件设备，因此，在创建多台虚拟机时，需要考虑物理机的配置是否能够承载足够数量的虚拟机。

容器（Container）技术是一种新型的轻量级虚拟化技术。容器技术与传统虚拟化技术都对需要运行的程序进行隔离，形成一个独立的运行空间，与物理机系统互不干扰，但是它们之间具有显著的差别。传统虚拟化技术是基于系统的隔离，如图 12-1 所示。传统虚拟化技术为每台虚拟机模拟一套硬件，并在其上运行一套完整的操作系统，该操作系统拥有自己独立的内核。各台虚拟机均包含应用程序（及必需的库和二进制文件），以及一款完整的用户操作系统。传统虚拟化技术的隔离性强，但结构臃肿，无论是部署还是迁移都要消耗大量时间。容器技术的隔离是基于程序的，不需要将系统进行隔离，如图 12-2 所示。容器没有进行硬件虚拟，其操作系统是共享的。容器包含应用程序和它所有的依赖项，容器中的应用进程直接运行在物理机的内核上，与物理机共享内核，因此容器要比传统的虚拟机更加轻便。容器的部署与迁移都十分快速，结构更加精简，运行效率更高。

图 12-1 传统虚拟化技术

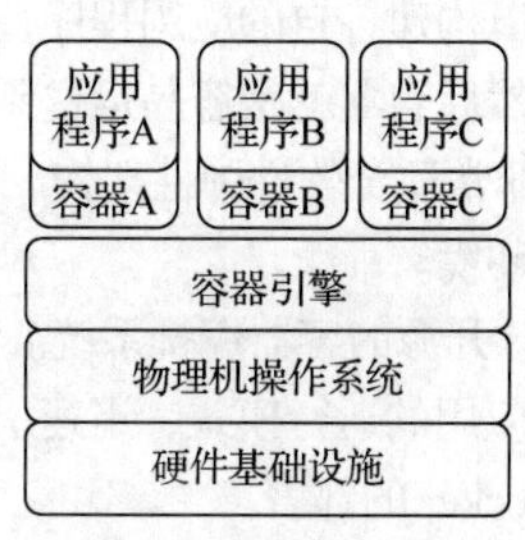

图 12-2 容器技术

云计算的一大特性就是将服务构建在云上，供多种设备同时无缝调用。然而，传统的云计算发展过程中并没有很好地实现共融共通。不同云服务提供商是相对独立的。开发者基于某一个云服务提供商构建的系统并不一定适用于另一个云服务提供商。例如，阿里云的应用向腾讯云迁移时，就可能存在各种问题。容器技术有望解决这一难题。利用容器技术，软件可以快速在各类云服务和基础设施上转换。随着生产力的发展，尤其是弹性架构的广泛应用（如微服务），许多开发者都将应用托管到了应用容器上。容器技术已经成为未来发展的主流技术。

容器浪潮对传统系统运维工程师、应用运维工程师、数据库运维工程师等都有很大的冲击。运维工程师在容器技术发展过程中，面临着一个很艰巨的转变挑战，这个转变不只是工作内容的转变，更多的是做事方式和理念的转变。随着云平台功能的丰富，越来越多的底层运维需求开始被封装，仔细思考后可以发现云平台正在慢慢地代替传统运维。原来运维工程师需要在 IDC 机房部署服务器，现在变成了可以在云平台上直接申请云主机；原来需要运维工程师关注机器的 IP 地址等底层网络配置，现在变成了云平台自动处理这些配置。但是，云计算平台运维比传统运维的物理服务器更加复杂。相比传统运维的物理服务器，云计算平台运维除了要关注物理服务器外，还需要考虑云计算特有的架构逻辑。

前沿动态

容器编排

Docker 和 Podman 两种技术适合于管理单个容器。随着企业业务需求的增长，容器技术呈现大规模使用态势。为高效管理这些容器，容器编排工具应运而生。具有代表性的产品包括 Apache 的 Mesos，Docker 的 Machine、Compose 和 Swarm，以及 Kubernetes。

12.2 Docker 技术

Docker 是一个开源的应用容器引擎。Docker 提供了一种以容器化的方式打包、分发和部署应用程序的方式，可以轻松地为任何应用创建一个轻量级的、可移植的、自给自足的容器。Docker 是一个开放平台，它使开发人员和管理员可以在称为容器的松散隔离的环境中构建镜像、交付和运行分布式应用程序，并在开发和生产环境之间进行高效的应用程序生命周期管理。开发者在本地编译通过的容器可以批量地在生产环境中部署。由于产品的巨大影响力，事实上，Docker 已经成为容器的代名词，并在行业内占有绝对的领导地位。

Docker 类似于集装箱，各式各样的货物都需要经过集装箱的标准化进行托管，集装箱和集装箱之间保持相对独立。船只、火车或卡车运输集装箱时需要关注其内部货物。Docker 平台就是一个软件集装箱化平台。我们可以构建各自的应用程序，将其依赖关系一起打包到一个容器中。软件容器充当软件部署的标准单元，然后容器就很容易运送到其他的机器上运行。按照这种方式容器化的软件，易于装载、复制、移除，非常适合软件弹性架构。开发人员和 IT 专业人员只需进行极少修改或不修改，即可将其部署到不同的环境。

Kubernetes 是一款开源的容器编排系统。Kubernetes+Docker 为容器带来了集群化、服务化等新特性，从根源上影响了应用的运行模式，迅速引发了新的技术浪潮——容器浪潮，大量的云平台纷纷开始支持 Kubernetes+Docker 的部署。

Docker 包括以下 3 个最基本的概念。

- 镜像（Image）：Docker 镜像相当于一个 root 文件系统。例如官方镜像 ubuntu:22.04 就包含完整的一套 Ubuntu 22.04 最小系统的 root 文件系统。
- 容器（Container）：镜像是静态的定义，容器是镜像运行时的实体。容器可以被创建、启动、停止、删除、暂停等。
- 仓库（Repository）：仓库用来保存镜像。

Docker 工具的基本用法如下。

```
[zp@localhost ~]$ docker [options] [command]
```

Docker 工具包括大量命令和参数。限于篇幅，本章仅介绍常用的命令及其用途，如表 12-1 所示。关于这些命令的基本用法，读者可以结合实例和后面的综合案例进行理解。

表 12-1　Docker 工具常用的命令及用途

命令	用途	命令	用途
run	创建并启动一个新的容器	search	从镜像仓库中查找镜像
start/stop/restart	启动、停止、重启容器	images	列出本地镜像
rm	删除一个或多个容器	rmi	删除本地一个或多个镜像
exec	在运行的容器中执行命令	save	将指定镜像保存成 tar 归档文件
ps	列出容器	load	导入使用 docker save 命令导出的镜像
export	将容器的文件系统导出成一个 tar 归档文件	build	用于使用 Dockerfile 创建镜像
import	从归档文件中创建镜像	history	查看指定镜像的创建历史
port	列出指定的容器的端口映射	cp	用于容器与主机之间的数据复制
pull	从镜像仓库中拉取或者更新指定镜像		

12.3 Podman 技术

Podman 技术

早期的 PaaS 平台主要有 Pivotal、Docker 和 OpenShift。Pivotal 是 EMC 和 VM 于 2013 年创建的公司，专注于开源 PaaS 的解决方案。Docker 是企业解决方案的后起之秀。OpenShift 是 Red Hat 公司的云开发平台即服务（Platform as a Service，PaaS）。2015 年，Red Hat 公司发布了 OpenShift 3.0，该版本 OpenShift 底层采用 Docker 容器，同时开始使用 Kubernetes 来编排镜像。Docker 认为，OpenShift 存在模仿行为，并于 2016 年 Red Hat 公司峰会期间，通过发放带有"Accept no imitations"的 T 恤衫来对此进行抗议。双方关系由此不合。Red Hat 公司加大了对 Kubernetes 的资源投入，Kubernetes 大获成功，并且获得了整个行业的拥护。Docker 为了挽回败局而推出了 Docker Swarm，但为时已晚。2016 年后半年，Kubernetes 超过了 Docker Swarm，成了行业事实上的标准。尽管如此，Docker 一直是 Kubernetes 一个重要组成部分。

然而，事情并没有就此完结。2020 年 12 月，Kubernetes 团队发布了 1.20 版本，并正式宣布弃用 Docker 支持，这对于开发者社区来说无疑是一枚"重磅炸弹"。1.19 版本以前的 Kubernetes 需要通过一个名为 Dockershim 的模块连接到 Docker，然后由 Docker 连接到 Containerd 来创建容器。Kubernetes 1.20 中，Kubernetes 绕过 Docker，直接在 Containerd 上创建容器，Docker 已不再是必需的技术。虽然目前容器市场上 Docker 还是占有很大的比例，但读者应当意识到这一变化对 Docker 带来的深远影响。

尽管 Docker 公司的商业模式失败了，但我们必须承认 Docker 为整个行业做出的巨大贡献。Docker 公司带来的技术是业内领先的。没有 Docker，也很难有 Kubernetes 的成功，而且 Kubernetes 依然有 Docker 的影子。弃用 Docker 之后，开发者对其替代品的讨论逐渐激烈，其中 Containerd 和 Podman 备受期待。Containerd 是一个工业级标准的容器运行时项目，它强调简单性、健壮性和可移植性。它可以管理容器的生命周期，也可以被 Kubernets CRI 等项目使用，并为广泛的行业合作打下基础。Podman 原来是 CRI-O 项目的一部分，后来被分离成一个单独的项目。

Podman 是一个开源的容器运行时项目，可在大多数 Linux 平台上使用。Podman 提供与 Docker 非常相似的功能。Podman 可以管理和运行任何符合 OCI（Open Container Initiative）规范的容器和容器镜像。Podman 提供了一个与 Docker 兼容的命令行前端来管理 Docker 镜像。Podman 的使用体验和 Docker 类似，不同的是 Podman 没有 daemon，直接通过 OCI runtime（默认为 runc）来启动容器，所以容器的进程是 Podman 的子进程。其比较像 Linux 的 fork/exec 模型，而 Docker 采用的是 C/S（客户端/服务器）模型。

【实例 12-1】基于 Podman 定义 Docker 别名。

CentOS Stream 9 内置 Podman。从用户角度出发，Podman 与 Docker 的命令基本类似，都包括容器运行时（run/start/kill/ps/inspect）、本地镜像（images/rmi/build）、镜像仓库（login/pull/push）级别命令。表 12-1 列出的 Docker 命令都适用于 Podman。

编者不建议初学者在 CentOS Stream 9 中安装 Docker。对于习惯使用 Docker 的读者，在这里可以直接基于 Podman 定义 Docker 别名，以直接使用 Podman 替换熟悉的 Docker。读者即便使用了 Podman，仍然可以使用 http://docker.io 作为镜像仓库。执行如下命令。

```
[zp@localhost ~]$ alias docker=podman
```

执行效果如图 12-3 所示。本命令将基于 Podman 定义 Docker 别名。由于 Podman 的用法与 Docker 的用法完全一致，读者既可以使用 Podman，也可以使用 Docker。后文给出的两个综合案例中，分别使用 Docker 和 Podman。读者不难发现，它们的用法一致，可以互相替换。

```
[zp@localhost ~]$ alias docker=podman
[zp@localhost ~]$ alias
alias docker='podman'
alias egrep='egrep --color=auto'
alias fgrep='fgrep --color=auto'
alias grep='grep --color=auto'
```

图 12-3 基于 Podman 定义 Docker 别名

【实例 12-2】容器版 hello-world。

作为入门案例，我们运行容器版 hello-world。执行如下两条命令中的任意一条。

```
[zp@localhost ~]$ podman run hello-world
[zp@localhost ~]$ docker run hello-world
```

执行效果如图 12-4 所示。图 12-4 中的输出信息被空白行分割成 3 个部分：第 1 部分的内容仅在首次运行上述命令时出现；第 2 部分为容器运行时输出的内容；第 3 部分（仅部分截图）详细解释了本实例的具体运行过程。

```
[zp@localhost ~]$ podman run hello-world
Resolved "hello-world" as an alias (/etc/containers/registries.conf.d/000-short
names.conf)
Trying to pull docker.io/library/hello-world:latest...
Getting image source signatures
Copying blob 2db29710123e done
Copying config feb5d9fea6 done
Writing manifest to image destination
Storing signatures

Hello from Docker!
This message shows that your installation appears to be working correctly.

To generate this message, Docker took the following steps:
```

图 12-4　首次运行容器版 hello-world

尽管本案例非常简单，但它涉及了之前提到的镜像、容器和仓库这 3 个基本概念。为了运行 hello-world 容器，我们需要先从镜像仓库中下载 hello-world 镜像。镜像是一个静态的概念，容器是镜像运行时的实体。本实例中，由于首次运行上述命令时，本地并不存在 hello-world 镜像，系统自动从镜像仓库中下载了最新的 hello-world 镜像（hello-world:lastest），详见图 12-4 中第 3 行输出信息。实际使用过程中（例如后文的两个综合案例中），我们一般会使用 pull 命令预先下载指定的镜像，然后使用 run 命令创建并运行相应的容器。我们可以使用 images 命令查看下载到本地的 hello-world 镜像。执行如下两条命令中的任何一条。

```
[zp@localhost ~]$ podman images |grep hello-world
[zp@localhost ~]$ docker images |grep hello-world
```

执行效果如图 12-5 所示。

```
[zp@localhost ~]$ podman images |grep hello-world
docker.io/library/hello-world  latest      feb5d9fea6a5  10 months ago  19.9 kB
[zp@localhost ~]$ docker images |grep hello-world
docker.io/library/hello-world  latest      feb5d9fea6a5  10 months ago  19.9 kB
```

图 12-5　查看 hello-world 镜像

我们还可以使用如下命令列出容器（可执行如下两条命令中的任何一条，此处以执行第 2 条为例）。

```
[zp@localhost ~]$ podman ps -a
[zp@localhost ~]$ docker ps -a
```

执行效果如图 12-6 所示。图 12-6 中显示系统中存在两个 hello-world 容器，这是因为编者运行了前面的 run 命令两次。它们基于同一个镜像（IMAGE 列）创建，它们的容器 ID（CONTAINER ID 列）各不相同，目前这两个容器状态（STATUS 列）均为 Exited（停止）。其他各列含义，后文还会进一步介绍。

```
[zp@localhost ~]$ docker ps -a
CONTAINER ID  IMAGE                                COMMAND     CREATED
 STATUS                    PORTS       NAMES
a0352486edd4  docker.io/library/hello-world:latest  /hello     23 minutes ago
 Exited (0) 23 minutes ago             pensive_tharp
40f49b35c40e  docker.io/library/hello-world:latest  /hello     21 minutes ago
 Exited (0) 21 minutes ago             sad_noether
```

图 12-6 查看 hello-world 容器

12.4 综合案例：nginx 容器部署

12.4.1 案例概述

nginx 是一款轻量级的 Web 服务器、反向代理服务器以及电子邮件代理服务器。nginx 具有占用内存少、稳定性高、并发能力强、模块库丰富、配置方便等优势。

本案例将介绍如何使用 Docker 部署 nginx 容器。由于 Podman 的操作方式与 Docker 的操作方式高度兼容，因此本案例也可以使用 Podman 实现。对于 Podman 用户，只需要简单地将下面各条命令中的 docker 替换成 podman，便可以实现 Docker 向 Podman 的切换。本案例中，我们将演示如何查找、下载最新 nginx 镜像；如何使用该镜像启动一个容器实例，并查看运行效果；如何访问该容器、修改默认主页内容，并查看修改后的效果。

12.4.2 案例详解

1．下载 nginx 镜像

读者可以通过访问 Docker 官方镜像仓库来获取其他镜像仓库，查看 nginx 镜像信息。读者也可以直接使用命令查看 nginx 可用版本。执行如下命令。

```
[zp@localhost ~]$ docker search nginx
```

对于本案例而言，上一步查找镜像的操作并不是必需的。读者可以直接获取最新版的 nginx 镜像。执行如下命令。

```
[zp@localhost ~]$ docker pull nginx:latest
```

执行效果如图 12-7 所示。图 12-7 的输出信息表明，当前有多个镜像满足需求，它们分别存储在不同的镜像仓库中。

```
[zp@localhost ~]$ docker pull nginx:latest
? Please select an image:
    registry.fedoraproject.org/nginx:latest
    registry.access.redhat.com/nginx:latest
    registry.centos.org/nginx:latest
    quay.io/nginx:latest
  ▸ docker.io/library/nginx:latest
```

图 12-7 选择镜像仓库

编者习惯于使用 docker.io 镜像仓库，它位于图 12-7 所示列表的末尾。读者可以使用键盘上的上、下方向键选择合适的镜像库，然后按“Enter”键确认，此时将开启镜像下载过程。执行效果如图 12-8 所示。

```
[zp@localhost ~]$ docker pull nginx:latest
✓ docker.io/library/nginx:latest
Trying to pull docker.io/library/nginx:latest...
Getting image source signatures
Copying blob b34d5ba6fa9e done
Copying blob 44d36245a8c9 done
Copying blob 8128ac56c745 done
Copying blob 060bfa6be22e done
Copying blob 461246efe0a7 [=============>-----] 22.5MiB / 29.9MiB
Copying blob ebcc2cc821e6 done
```

图 12-8　下载 nginx 镜像

镜像下载完后，读者可以查看下载到本地的 nginx 镜像。执行如下命令。

```
[zp@localhost ~]$ docker images
```

执行效果如图 12-9 所示。由图 12-9 可知，目前下载到本地的是最新版本（latest）的 nginx 镜像，该镜像创建于 7 个小时之前，容量为 146MB。

```
[zp@localhost ~]$ docker images
REPOSITORY                TAG       IMAGE ID       CREATED       SIZE
docker.io/library/nginx   latest    670dcc86b69d   7 hours ago   146 MB
```

图 12-9　查看本地镜像

2．运行容器

镜像是一个静态的概念，它并不能为我们提供服务。我们需要以镜像为基础，创建一个容器实例。容器是镜像运行时的实体。容器可以被执行创建、启动、停止、删除等操作。执行如下命令。

```
[zp@localhost ~]$ docker run --name nginx-zp -p 8080:80 -d nginx
[zp@localhost ~]$ docker ps
```

执行效果如图 12-10 所示。第 1 条命令基于前述的 nginx 镜像创建一个名称为 nginx-zp 的容器。该命令中涉及的选项和参数含义如下。

- --name nginx-zp：容器名称为 nginx-zp。
- -p 8080:80：对端口进行映射，将本地 8080 端口映射到容器内部的 80 端口。
- -d nginx：设置容器在后台运行，并返回容器 ID。返回的容器 ID 非常长，实际使用时，一般只使用该 ID 的前面一小部分（例如前 12 个字符 3438483f2212）。

```
[zp@localhost ~]$ docker run --name nginx-zp -p 8080:80 -d nginx
3438483f2212316c28369f916d097a003906f6870e71f0952ffed9f515f5c6b6
[zp@localhost ~]$ docker ps
CONTAINER ID  IMAGE                           COMMAND               CREATED
  STATUS              PORTS                   NAMES
3438483f2212  docker.io/library/nginx:latest  nginx -g daemon o...  5 seconds ago
  Up 5 seconds ago  0.0.0.0:8080->80/tcp  nginx-zp
```

图 12-10　创建并运行容器

第 2 条命令 docker ps 用于查看正在运行的容器相关信息。输出信息包含 7 列。由于编者当前窗口尺寸较小，这 7 列数据分成了两行，其中最后 3 个字段（STATUS、PORTS 和 NAMES）位于第 2 行。这 7 列的含义如表 12-2 所示。

表 12-2　docker ps 输出信息的含义

列名	含义	列名	含义
CONTAINER ID	容器 ID	STATUS	容器状态
IMAGE	使用的镜像	PORTS	容器的端口信息和使用的连接类型（如 tcp、udp）
COMMAND	启动容器时运行的命令	NAMES	自动分配的容器名称
CREATED	容器的创建时间		

例如，图 12-10 中的 STATUS 一列显示“Up 5 seconds ago”，这表明该容器目前处于运行状态。其他常见的状态还包括“Exited”（停止）等。

3．测试运行效果

nginx 容器默认使用 80 端口对外提供服务。之前创建容器的命令中，我们将该端口映射到了本机的 8080 端口。因此，我们直接访问该端口，即可获取 nginx 容器提供的服务。执行如下命令。

```
[zp@localhost ~]$ curl 127.0.0.1:8080
```

执行效果如图 12-11 所示。通过该端口获取到的是一份 HTML 文件，它的内容是 nginx 默认的主页内容。接下来，我们还将进入该容器，定位该 HTML 文件，并对其进行修改。

```
[zp@localhost ~]$ curl 127.0.0.1:8080
<!DOCTYPE html>
<html>
<head>
<title>Welcome to nginx!</title>
<style>
html { color-scheme: light dark; }
body { width: 35em; margin: 0 auto;
font-family: Tahoma, Verdana, Arial, sans-serif; }
</style>
</head>
<body>
<h1>Welcome to nginx!</h1>
<p>If you see this page, the nginx web server is successfully installed
and
working. Further configuration is required.</p>

<p>For online documentation and support please refer to
<a href="http://nginx.org/">nginx.org</a>.<br/>
Commercial support is available at
<a href="http://nginx.com/">nginx.com</a>.</p>

<p><em>Thank you for using nginx.</em></p>
</body>
</html>
```

图 12-11　测试运行效果

对于 GUI，我们可以直接使用浏览器访问 8080 端口的 nginx 服务进行效果测试。读者可以在 Linux 发行版中打开浏览器，访问如下地址。

```
127.0.0.1:8080
```

执行效果如图 12-12 所示。

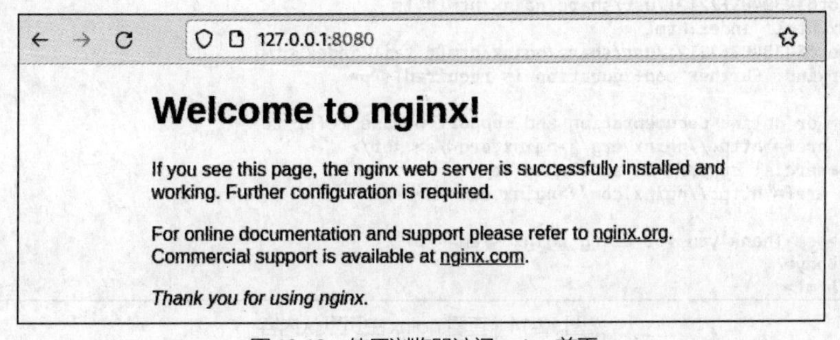

图 12-12　使用浏览器访问 nginx 首页

4．进入 nginx 容器

前文第 2 步中，我们使用-d 选项启动容器。此时，容器启动后将会在后台运行。如果想要进入后台运行的容器，我们可以通过以下命令之一实现。

```
docker attach
docker exec
```

编者推荐读者使用 docker exec 命令。如果使用 docker attach，当从该容器退出时，会导致容器停止。而使用 docker exec 命令，退出容器终端时，并不会导致容器停止。执行如下命令。

```
[zp@localhost ~]$ docker ps
[zp@localhost ~]$ docker exec -it nginx-zp /bin/bash
```

执行效果如图 12-13 所示。第 1 条命令查看并获取正在运行容器的名称。第 2 条命令使用 docker exec 命令进入该容器，该命令中包含两个选项，含义如下。

- -t：在新容器内指定一个伪终端或终端。
- -i：允许你对容器内的标准输入（STDIN）进行交互。

细心的读者会发现，进入容器后，命令提示符内容会发生变化。其中“root@3438483f2212:/#”中包含容器的 ID 信息。读者的容器 ID 信息一般不会与编者的相同。

```
[zp@localhost ~]$ docker ps
CONTAINER ID  IMAGE                            COMMAND                 CREATED
      STATUS                PORTS                  NAMES
3438483f2212  docker.io/library/nginx:latest  nginx -g daemon o...  About a minut
e ago  Up About a minute ago  0.0.0.0:8080->80/tcp  nginx-zp
[zp@localhost ~]$ docker exec -it nginx-zp /bin/bash
root@3438483f2212:/#
```

图 12-13　进入 nginx 容器

5．修改主页内容并重新测试

nginx 服务器的默认主页内容位于容器中的/usr/share/nginx/html/index.html。为了对该主页文件进行修改，读者需要确保其位于容器之中，这一点可以通过命令提示符进行区分。例如，目前编者命令提示符为“root@3438483f2212:/#”，因此编者目前位于容器 nginx-zp 之中。

首先，查看默认主页文件内容。执行如下命令。

```
root@3438483f2212:/# cd /usr/share/nginx/html/
root@3438483f2212:/# ls
root@3438483f2212:/# tail index.html
```

执行效果如图 12-14 所示。读者可以将 index.html 的内容与之前 curl 获取到的内容的末尾几行进行对比，并可以发现两者完全相同。

```
root@3438483f2212:/# cd /usr/share/nginx/html/
root@3438483f2212:/usr/share/nginx/html# ls
50x.html  index.html
root@3438483f2212:/usr/share/nginx/html# tail index.html
working. Further configuration is required.</p>

<p>For online documentation and support please refer to
<a href="http://nginx.org/">nginx.org</a>.<br/>
Commercial support is available at
<a href="http://nginx.com/">nginx.com</a>.</p>

<p><em>Thank you for using nginx.</em></p>
</body>
</html>
```

图 12-14　查看 nginx 主页默认内容

接下来，我们将对 index.html 文件进行修改。index.html 是一个按照 HTML 语法规则编写的文件，但我们并不打算详细讲解 HTML 语法规则。

由于这里旨在展示如何修改 nginx 容器中的主页内容，且考虑到部分读者可能并没有前端开发的相关知识背景，因此，为简单起见，我们直接将 index.html 原有内容替换成如下文本。

```
Hello, I am zp.
```

nginx 镜像中没有安装 Vi 编辑器。由于修改后文本内容不多，因此我们直接使用在第 2 章介绍的重定向技术生成自己的 index.html 文件。

```
root@3438483f2212:/usr/share/nginx/html# cat >index.html <<EOF
> Hello, I am zp.
> EOF
root@3438483f2212:/usr/share/nginx/html# cat index.html
```

修改后的 index.html 文件中并没有包含 HTML 标签，但这并不妨碍效果展示。对于没有 GUI 的 Linux 系统，读者可以输入“exit”退出容器，并在命令行界面中执行如下命令进行测试。

```
[zp@localhost ~]$ curl 127.0.0.1:8080
```

执行效果如图 12-15 所示。

```
root@3438483f2212:/usr/share/nginx/html# cat >index.html <<EOF
> Hello, I am zp
> EOF
root@3438483f2212:/usr/share/nginx/html# cat index.html
Hello, I am zp
root@3438483f2212:/usr/share/nginx/html# exit
exit
[zp@localhost ~]$ curl 127.0.0.1:8080
Hello, I am zp
```

图 12-15 修改 nginx 主页内容并测试效果

读者也可以在有 GUI 的 Linux 操作系统中重新使用浏览器访问该地址，以得到图 12-16 所示的效果。

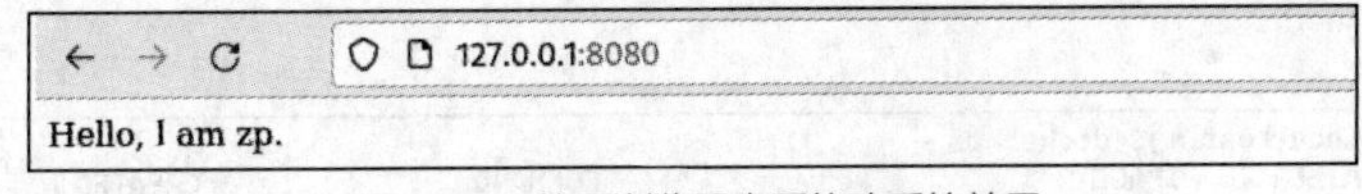
127.0.0.1:8080
Hello, I am zp.

图 12-16 使用浏览器查看修改后的效果

读者如果修改 index.html 后，无法在浏览器中查看到修改后的效果，可以在容器内的命令行界面中执行如下命令。

```
[zp@localhost ~]$ docker exec -it nginx-zp /bin/bash
root@3438483f2212:/# nginx -s reload
root@3438483f2212:/# exit
```

执行效果如图 12-17 所示。然后重新用 curl 或者浏览器访问、测试。

```
[zp@localhost ~]$ docker exec -it nginx-zp /bin/bash
root@3438483f2212:/# nginx -s reload
2022/07/26 08:37:53 [notice] 42#42: signal process started
root@3438483f2212:/# exit
exit
[zp@localhost ~]$
```

图 12-17 例外情况处理实例

6．使用新方法修改内容并重新测试

上述修改方法中，我们直接进入容器并修改内容。该方法适用于小范围修改。我们也可以在宿主机上准备好修改后的内容，通过命令将其复制到容器中。执行如下命令。

```
[zp@localhost ~]$ vi index.html
[zp@localhost ~]$ cat index.html
[zp@localhost ~]$ docker cp index.html nginx-zp:/usr/share/nginx/html
[zp@localhost ~]$ curl 127.0.0.1:8080
```

执行效果如图 12-18 所示。第 1 条命令创建新的主页内容。第 2 条命令查看修改后的具体内容。第 3 条命令将该新的主页复制到容器中指定目录中。第 4 条命令查看修改后的效果。

```
[zp@localhost ~]$ vi index.html
[zp@localhost ~]$ cat index.html
Hello, this is a new version.
[zp@localhost ~]$ docker cp index.html nginx-zp:/usr/share/nginx/html
[zp@localhost ~]$ curl 127.0.0.1:8080
Hello, this is a new version.
```

图 12-18　通过 cp 命令修改主页内容

读者也可以在有 GUI 的 Linux 操作系统中，重新使用浏览器访问该地址，以得到图 12-19 所示的效果。

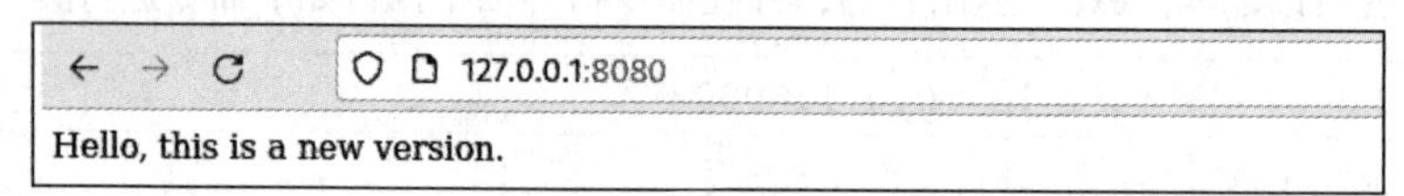
127.0.0.1:8080
Hello, this is a new version.

图 12-19　使用浏览器查看效果

7．删除容器

执行如下命令。

```
[zp@localhost ~]$ docker ps
[zp@localhost ~]$ docker rm -f nginx-zp
[zp@localhost ~]$ docker ps
```

执行效果如图 12-20 所示。第 1 条命令查看容器名称。第 2 条命令删除指定容器。第 3 条命令验证该容器已被删除。

```
[zp@localhost ~]$ docker ps
CONTAINER ID  IMAGE                            COMMAND                  CREATED
  STATUS              PORTS                  NAMES
3438483f2212  docker.io/library/nginx:latest  nginx -g daemon o...  19 minutes ag
o  Up 19 minutes ago  0.0.0.0:8080->80/tcp  nginx-zp
[zp@localhost ~]$ docker rm -f nginx-zp
3438483f2212316c28369f916d097a003906f6870e71f0952ffed9f515f5c6b6
[zp@localhost ~]$ docker ps
CONTAINER ID  IMAGE       COMMAND     CREATED     STATUS      PORTS       NAMES
[zp@localhost ~]$
```

图 12-20　删除容器

12.5 综合案例：MySQL 容器部署

综合案例：MySQL 容器部署

12.5.1 案例概述

本案将介绍如何使用 Podman 部署 MySQL 容器。MySQL 是世界上最受欢迎的开源数据库之一。由于 Podman 的操作方式与 Docker 的操作方式高度兼容，本案例也可以使用 Docker 实现。对于 Docker 用户，只需要简单地将下面各条命令中的 podman 替换成 docker，便可以实现 Podman 向 Docker 的切换。

本案例中，我们将演示如何查找、下载最新 MySQL 镜像；如何使用该镜像启动一个容器实例，并查看运行效果；如何访问该容器，并连接 MySQL 服务器；如何使用该 MySQL 服务器进行数据库列表查看与切换、数据表及其内容查看等常用数据库操作。

12.5.2 案例详解

1. 下载 MySQL 镜像

读者可以通过访问 Docker 官方镜像仓库来获取其他镜像仓库，查看 MySQL 镜像信息。读者也可以直接使用命令搜索 MySQL 可用版本。执行如下命令。

```
[zp@localhost ~]$ podman search mysql
```

对于本案例而言，上一步查找镜像的操作并不是必需的。读者可以跳过搜索，直接获取最新版的 MySQL 镜像。执行如下命令。

```
[zp@localhost ~]$ podman pull mysql:latest
```

执行效果如图 12-21 所示。图 12-21 的输出信息表明，当前有多个镜像满足需求，它们分别存储在不同的镜像仓库中。

```
[zp@localhost ~]$ podman pull mysql:latest
? Please select an image:
    registry.fedoraproject.org/mysql:latest
    registry.access.redhat.com/mysql:latest
    registry.centos.org/mysql:latest
    quay.io/mysql:latest
  ▸ docker.io/library/mysql:latest
```

图 12-21　选择镜像仓库

编者习惯于使用 docker.io 镜像仓库，它位于图 12-21 所示列表的末尾。读者可以使用键盘上的上、下方向键选择合适的镜像仓库，然后按“Enter”键确认，此时将开启镜像下载过程。执行效果如图 12-22 所示。

```
[zp@localhost ~]$ podman pull mysql:latest
✔ docker.io/library/mysql:latest
Trying to pull docker.io/library/mysql:latest...
Getting image source signatures
Copying blob 7d1cc1ea1b3d skipped: already exists
Copying blob e54b73e95ef3 skipped: already exists
Copying blob 327840d38cb2 skipped: already exists
Copying blob 642077275f5f skipped: already exists
Copying blob e077469d560d skipped: already exists
Copying blob cbf214d981a6 skipped: already exists
Copying blob d48f3c15cb80 skipped: already exists
Copying blob 94c3d7b2c9ae skipped: already exists
Copying blob 4e93c6fd777f done
Copying blob f6cfbf240ed7 done
Copying blob e12b159b2a12 done
Copying config 33037edcac done
Writing manifest to image destination
Storing signatures
33037edcac9b155a185e9555a5da711d754c88cb244e3d13e214db029c3b28ed
```

图 12-22　下载镜像

镜像下载完后，读者可以查看下载到本地的 MySQL 镜像。执行如下命令。

```
[zp@localhost ~]$ podman images
```

执行效果如图 12-23 所示。由图 12-23 可知，目前下载到本地的是最新版本（latest）的 MySQL 镜像，该镜像创建于 7 天之前，容量为 455MB。

```
[zp@localhost ~]$ podman images
REPOSITORY                  TAG      IMAGE ID      CREATED       SIZE
localhost/zp/ubuntu         v1       36fb29aa0fa1  3 hours ago   80.3 MB
docker.io/library/nginx     latest   670dcc86b69d  15 hours ago  146 MB
docker.io/library/mysql     latest   33037edcac9b  7 days ago    455 MB
docker.io/library/ubuntu    22.04    27941809078c  6 weeks ago   80.3 MB
docker.io/training/webapp   latest   6fae60ef3446  7 years ago   364 MB
```

图 12-23　查看本地镜像

2．运行容器

执行如下命令。

```
[zp@localhost ~]$ podman run -itd --name mysql-zp -p 3306:3306 -e MYSQL_ROOT_
PASSWORD=123456 mysql
[zp@localhost ~]$ podman ps
```

执行效果如图 12-24 所示。第 1 条命令基于前述的 MySQL 镜像创建一个名称为 mysql-zp 的容器。该命令中涉及的选项和参数含义如下。

- --name mysql-zp：容器名称为 mysql-zp。
- -p 3306:3306：对端口进行映射，将本地 3306 端口映射到容器内部的 3306 端口。外部主机可以直接通过宿主机 IP:3306 访问到 MySQL 的服务。
- -e MYSQL_ROOT_PASSWORD=123456：为容器设置了一个 MYSQL_ROOT_PASSWORD 环境变量。通过该变量，我们将 MySQL 服务 root 用户的密码设置为 123456。

第 2 条命令 podman ps 用于查看正在运行的容器相关信息。其中各个字段的含义与 12.4 节的综合案例相关内容相同。

```
[zp@localhost ~]$ podman run -itd --name mysql-zp -p 3306:3306 -e MYSQL_ROOT_PAS
SWORD=123456 mysql
933b42acf39d2b8ddf5be92ee515f7f58f0147c8dcb973ead9fda238af9752bc
[zp@localhost ~]$ podman ps
CONTAINER ID  IMAGE                           COMMAND     CREATED         STATUS
              PORTS                           NAMES
933b42acf39d  docker.io/library/mysql:latest  mysqld      45 seconds ago  Up 45
seconds ago  0.0.0.0:3306->3306/tcp  mysql-zp
```

图 12-24　运行容器

3．进入容器

前文第 2 步中，我们使用-d 选项启动容器。此时，容器启动后将会在后台运行。如果想要进入后台运行的容器，我们可以通过以下命令之一实现。

```
podman attach
podman exec
```

编者推荐大家使用 podman exec 命令。如果使用 podman attach，当从容器退出时，会导致容器停止。而使用 podman exec 命令，退出容器终端时，并不会导致容器停止。执行如下命令。

```
[zp@localhost ~]$ podman exec -it mysql-zp /bin/bash
bash-4.4# ls
bash-4.4# pwd
```

执行效果如图 12-25 所示。第 1 条命令使用 podman exec 命令进入容器。细心的读者会发现，进入容器后，命令提示符内容会发生变化，变为“bash-4.4#”。第 2 条和第 3 条命令实际上是在该容器中执行相关命令。

```
[zp@localhost ~]$ podman exec -it mysql-zp /bin/bash
bash-4.4# ls
bin   docker-entrypoint-initdb.d  home   media  proc  sbin  tmp
boot  entrypoint.sh               lib    mnt    root  srv   usr
dev   etc                         lib64  opt    run   sys   var
bash-4.4# pwd
/
```

图 12-25　进入容器

4．连接 MySQL 服务器

读者进入容器后，可以使用 mysql 命令连接该容器中的 MySQL 服务器。执行如下命令。

```
bash-4.4# mysql -h localhost -u root -p
```

执行效果如图 12-26 所示。其中用户名为 root，密码为 123456。连接成功后，将进入 mysql 命令行交互界面，效果如图 12-26 的最后一行所示。读者在“mysql>”后输入 SQL 命令，可以使用 MySQL 服务器提供的各项服务。

```
bash-4.4# mysql -h localhost -u root -p
Enter password:
Welcome to the MySQL monitor.  Commands end with ; or \g.
Your MySQL connection id is 8
Server version: 8.0.29 MySQL Community Server - GPL

Copyright (c) 2000, 2022, Oracle and/or its affiliates.

Oracle is a registered trademark of Oracle Corporation and/or its
affiliates. Other names may be trademarks of their respective
owners.

Type 'help;' or '\h' for help. Type '\c' to clear the current input statement.

mysql>
```

图 12-26　连接 MySQL 服务器

5．使用 MySQL 服务器提供的服务

考虑部分读者可能没有深入学习过 MySQL，在此对 MySQL 做简单介绍。跟大多数数据库系统类似，MySQL 从大到小依次由下面几个概念组成：数据库服务器、数据库、数据表、数据表的行与列。数据库服务器中存放着一个到多个数据库，一个应用项目通常对应一个数据库，例如，学校的教务管理系统通常对应着一个数据库。数据库中存放着多个与之相关的数据表，例如学生信息相关的表、学生成绩相关的表。MySQL 是关系数据库，其数据表从逻辑结构上而言，与读者日常接触到的 Excel 表格较为类似，它由行与列组成。一行代表一条记录，一列代表一个字段。

首先，我们查看一下当前数据库服务器上的数据库列表，执行如下命令。

```
mysql> show databases;
```

执行效果如图 12-27 所示。注意命令行后面有一个分号。

```
mysql> show databases;
+--------------------+
| Database           |
+--------------------+
| information_schema |
| mysql              |
| performance_schema |
| sys                |
+--------------------+
4 rows in set (0.00 sec)
```

图 12-27　查看数据库列表

当前系统目前有 4 个数据库。我们需要选择其中某个具体的数据库，然后才能访问数据库中的具体内容。编者打算查看一下 information_schema 数据库中的内容。执行如下命令。

```
mysql> use information_schema;
mysql> show tables;
```

执行效果如图 12-28 所示。第 1 条命令切换到 information_schema 数据库。第 2 条命令查看该数据库中所有数据表。编者机器上显示该数据库中目前有数据表 79 个。

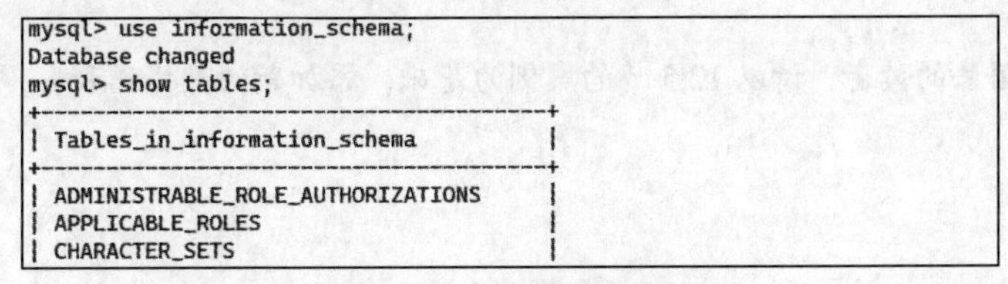
```
mysql> use information_schema;
Database changed
mysql> show tables;
+---------------------------------------+
| Tables_in_information_schema          |
+---------------------------------------+
| ADMINISTRABLE_ROLE_AUTHORIZATIONS     |
| APPLICABLE_ROLES                      |
| CHARACTER_SETS                        |
```

图 12-28　查看数据表列表

接下来，我们查看图 12-28 所示列表中第 3 个数据表 CHARACTER_SETS 的信息。

（1）查看 CHARACTER_SETS 的结构信息。执行如下命令。

```
mysql> describe  CHARACTER_SETS;
```

执行效果如图 12-29 所示。输出信息第 1 列表明该数据表有 4 个字段，第 2 列是各个字段的数据类型。

```
mysql> describe  CHARACTER_SETS;
+--------------------+---------------+------+-----+---------+-------+
| Field              | Type          | Null | Key | Default | Extra |
+--------------------+---------------+------+-----+---------+-------+
| CHARACTER_SET_NAME | varchar(64)   | NO   |     | NULL    |       |
| DEFAULT_COLLATE_NAME | varchar(64) | NO   |     | NULL    |       |
| DESCRIPTION        | varchar(2048) | NO   |     | NULL    |       |
| MAXLEN             | int unsigned  | NO   |     | NULL    |       |
+--------------------+---------------+------+-----+---------+-------+
4 rows in set (0.01 sec)
```

图 12-29 查看数据表结构信息

（2）查看该数据表的具体内容。执行如下命令。

```
mysql> select * from CHARACTER_SETS;
```

可以看到，图 12-29 所示的表中的 4 个字段出现在图 12-30 所示列表的第 1 行。该数据表有 41 条记录。图 12-30 所示列表中第 1 条记录是经典的 big5 字符集信息。

```
mysql> select * from CHARACTER_SETS;
+--------------------+----------------------+-----------------------+--------+
| CHARACTER_SET_NAME | DEFAULT_COLLATE_NAME | DESCRIPTION           | MAXLEN |
+--------------------+----------------------+-----------------------+--------+
| big5               | big5_chinese_ci      | Big5 Traditional Chinese |   2 |
| dec8               | dec8_swedish_ci      | DEC West European     |      1 |
```

图 12-30 查看数据表内容

习题 12

1. 什么是 Docker？
2. 容器和虚拟机有什么不同？
3. 什么是镜像？
4. 简述镜像、容器和仓库的关系。

实训 12

1. 使用 Docker 或者 Podman 部署一个 Ubuntu 容器。进入该容器，执行本书前述各个章节中介绍的一些常用命令。注意体会 Ubuntu 和 CentOS Stream 9 的异同。

2. 熟悉 HTML 语法的读者，请以 12.4 节的案例为基础，开发由多个 HTML 页面组成的项目，并测试效果。

3. 熟悉 SQL 语法的读者，请以 12.5 节的案例为基础，添加新的数据库和表，并在新表中添加多条记录。